Praxis der mikrobiologischen Bodensanierung

Springer
*Berlin
Heidelberg
New York
Barcelona
Hong Kong
London
Mailand
Paris
Tokyo*

R. Margesin, M. Schneider, F. Schinner (Hrsg.)

Praxis der mikrobiologischen Bodensanierung

Mit 100 Abbildungen und 21 Tabellen

 Springer

R. MARGESIN
Institut für Mikrobiologie
der Universität Innsbruck
Technikerstraße 25
A-6020 Innsbruck, Österreich

M. SCHNEIDER
Umweltbundesamt
Spittelauer Lände 5
A-1090 Wien, Österreich

F. SCHINNER
Österreichische Gesellschaft
für Biotechnologie, Sektion West
c/o Institut für Mikrobiologie
Technikerstraße 25
A-6020 Innsbruck, Österreich

ISBN-13: 978-3-540-59014-9   e-ISBN-13: 978-3-642-85196-4
DOI: 10.1007/978-3-642-85196-4

Die Deutsche Bibliothek – CIP-Einheitsaufnahme
Praxis der mikrobiologischen Bodensanierung : mit 21 Tabellen / R. Margesin ... (Hrsg.). – Berlin;
Heidelberg; New York; Barcelona; Hong Kong; London; Mailand; Paris; Tokyo: Springer, 1995
NE: Margesin, R. [Hrsg.]

Dieses Werk ist urheberrechtlich geschützt. Die dadurch begründeten Rechte, insbesondere die der Übersetzung, des Nachdrucks, des Vortrags, der Entnahme von Abbildungen und Tabellen, der Funksendung, der Mikroverfilmung oder der Vervielfältigung auf anderen Wegen und der Speicherung in Datenverarbeitungsanlagen, bleiben, auch bei nur auszugsweiser Verwertung, vorbehalten. Eine Vervielfältigung dieses Werkes oder von Teilen dieses Werkes ist auch im Einzelfall nur in den Grenzen der gesetzlichen Bestimmungen des Urheberrechtsgesetzes der Bundesrepublik Deutschland vom 9. September 1965 in der jeweils geltenden Fassung zulässig. Sie ist grundsätzlich vergütungspflichtig. Zuwiderhandlungen unterliegen den Strafbestimmungen des Urheberrechtsgesetzes.

© Springer-Verlag Berlin Heidelberg 1995
Softcover reprint of the hardcover 1st edition 1995

Einbandgestaltung: Springer-Verlag, Design & Production
Satz: Reproduktionsfertige Vorlage vom Autor

SPIN 10493920   30/3136- 5 4 3 2 1 0 – Gedruckt auf säurefreiem Papier

R. Margesin, M. Schneider, F. Schinner (Hrsg.)

Praxis der mikrobiologischen Bodensanierung

Mit 100 Abbildungen und 21 Tabellen

 Springer

R. MARGESIN
Institut für Mikrobiologie
der Universität Innsbruck
Technikerstraße 25
A-6020 Innsbruck, Österreich

M. SCHNEIDER
Umweltbundesamt
Spittelauer Lände 5
A-1090 Wien, Österreich

F. SCHINNER
Österreichische Gesellschaft
für Biotechnologie, Sektion West
c/o Institut für Mikrobiologie
Technikerstraße 25
A-6020 Innsbruck, Österreich

ISBN-13: 978-3-540-59014-9   e-ISBN-13: 978-3-642-85196-4
DOI: 10.1007/978-3-642-85196-4

Die Deutsche Bibliothek - CIP-Einheitsaufnahme
Praxis der mikrobiologischen Bodensanierung : mit 21 Tabellen / R. Margesin ... (Hrsg.). - Berlin;
Heidelberg; New York; Barcelona; Hong Kong; London; Mailand; Paris; Tokyo: Springer, 1995
NE: Margesin, R. [Hrsg.]

Dieses Werk ist urheberrechtlich geschützt. Die dadurch begründeten Rechte, insbesondere die der
Übersetzung, des Nachdrucks, des Vortrags, der Entnahme von Abbildungen und Tabellen, der
Funksendung, der Mikroverfilmung oder der Vervielfältigung auf anderen Wegen und der Speicherung in Datenverarbeitungsanlagen, bleiben, auch bei nur auszugsweiser Verwertung, vorbehalten.
Eine Vervielfältigung dieses Werkes oder von Teilen dieses Werkes ist auch im Einzelfall nur in den
Grenzen der gesetzlichen Bestimmungen des Urheberrechtsgesetzes der Bundesrepublik Deutschland
vom 9. September 1965 in der jeweils geltenden Fassung zulässig. Sie ist grundsätzlich vergütungspflichtig. Zuwiderhandlungen unterliegen den Strafbestimmungen des Urheberrechtsgesetzes.

© Springer-Verlag Berlin Heidelberg 1995
Softcover reprint of the hardcover 1st edition 1995

Einbandgestaltung: Springer-Verlag, Design & Production
Satz: Reproduktionsfertige Vorlage vom Autor

SPIN 10493920   30/3136- 5 4 3 2 1 0 - Gedruckt auf säurefreiem Papier

Vorwort

Ein funktionsfähiger Boden ist Grundlage für das Leben von terrestrischen Mikroorganismen, Pflanzen und Tieren, und damit auch für den Menschen. Der Boden spielt neben seiner unersetzlichen Rolle als Produktionsfaktor in der Rohstoff- und Nahrungsmittelproduktion auch eine wichtige Rolle als Siedlungsraum und als Standort von Betrieben. Die Wiederbenutzung von mit gefährlichen oder toxischen Chemikalien oder Abfällen kontaminierten Standorten wurde als ein gesundheitliches und damit auch wirtschaftliches Problem erkannt. Weiterhin wurde klar, daß der Boden die ihn kontaminierenden Stoffe in das Grundwasser abgeben kann und damit eine Gefährdung der Trinkwasserreserven der Zukunft besteht. Diese Erkenntnisse führten dazu, daß die Notwendigkeit der Sanierung verunreinigter Böden und sogenannter Altlasten verstärkt in umweltpolitischen Überlegungen berücksichtigt wurde.

Primäres Ziel eines vorsorgenden Umweltschutzes muß es sein, den Boden und seine Fruchtbarkeit zu bewahren sowie das Grundwasser vor Verschmutzung zu schützen. Für bereits bestehende sowie trotz aller Vorsorgemaßnahmen neu hinzukommende Kontaminationen stellt sich jedoch die Aufgabe der Reinigung bzw. Sanierung, nicht zuletzt auch aus dem Grund der nur mehr beschränkt verfügbaren Kapazitäten für eine Deponierung von verunreinigtem Erdreich.

Für die Sanierung von Böden stehen unterschiedliche Technologien zur Verfügung, die in-situ, on-site und Off-site eingesetzt werden. Solche Verfahren sind das Waschen des Bodens mit Wasser, die Extraktion mit organischen Lösungsmitteln, die thermische Behandlung, die Verfestigung des Bodens (Immobilisierung der Schadstoffe) und die biologische Reinigung. Die Vorteile der biologischen Bodenreinigung liegen in einer hohen Umweltverträglichkeit des Verfahrens, das durch minimalen Energieeinsatz ohne Schaffung neuer Entsorgungsprobleme die Elimination und auch Mineralisation der Schadstoffe ermöglicht. Die Nachteile dieser Methode liegen in einem größeren Zeitbedarf und in der zu langsamen Abbaubarkeit mancher organischer Schadstoffe.

Die Tagung "Mikrobiologische Bodensanierung - Theorie und Praxis" im Dezember 1993 in Innsbruck-Igls hatte zum Ziel, die Möglichkeiten und Grenzen der mikrobiologischen Bodensanierung aus wissenschaftlicher und angewandter Sicht aufzuzeigen, den Wissens- und Erfahrungsaustausch zu fördern und neue Wege der Machbarkeit zu finden. Die Tagungsbeiträge zeigten, daß neben verfeinerten Technologien der mikrobiologischen Bodensanierung von Mineralölkohlenwasserstoffen vor allem Methoden für den Abbau schwer abbaubarer Verbindungen, wie z.B. polycyclische aromatische Kohlenwasserstoffe, in den Vordergrund des Interesses rücken. Die noch spezifischeren Leistungsanforderungen an die für solche Aufgaben einsetzbare pilzliche und bakterielle Mikroflora lassen Anwender und Wissenschaftler näher zusammenrücken.

Trotz beachtlicher Fortschritte verschiedener biologischer Sanierungstechnologien ist nicht zu übersehen, daß die ursächlichen Zusammenhänge für Erfolg und Mißerfolg einer Behandlung weitgehend unbekannt sind. Erst durch die bessere Kenntnis der zwischen Boden, Schadstoff und Organismen ablaufenden komplexen physikalischen, chemischen und biologischen Prozesse kann ein Verfahren optimiert und das angestrebte Sanierungsziel erreicht werden. Die bisher schwierige Kalkulierbarkeit von Sanierungserfolgen trug des öfteren dazu bei, daß biologische Verfahren in Mißkredit gerieten. Zur Sicherung des Erfolges sollte eine umfangreiche bodenkundliche, bodenmikrobiologische und chemische Prüfung jedes zu sanierenden Bodens, einschließlich einer Machbarkeitsstudie, durchgeführt werden. Wo immer möglich, sollte auch die gewiß aufwendigere Möglichkeit einer wissenschaftlichen Begleitung gesucht werden. Kausale Zusammenhänge sind in gut ausgestatteten Laboratorien von spezialisierten Fachkräften leichter aufzuklären und können kurzfristiger zur Optimierung oder Neuentwicklung von Verfahren beitragen. In diesem Zusammenhang sei auch auf die Notwendigkeit der Festlegung von Grenz- oder Zielwerten und die Qualitätssicherung des Endproduktes als wesentliches Kriterium für eine erfolgreiche mikrobiologische Bodensanierung und deren Akzeptanz hingewiesen.

Die Inhalte dieses Buches basieren auf der im Dezember 1993 in Innsbruck-Igls (A) abgehaltenen Tagung "Mikrobiologische Bodensanierung - Theorie und Praxis". An der Entstehung wirkten Behördenvertreter, Wissenschaftler und Vertreter namhafter Sanierungsfirmen mit. Bei den Autoren der einzelnen Beiträge, die zum Gelingen der Tagungsveranstaltung und zu diesem Buch beitrugen, möchten wir uns ganz besonders bedanken. Unser Dank gilt auch den fördernden Unternehmen Umweltschutz Nord GmbH & Co. in Ganderkesee (D), Proterra Umwelttechnik GmbH in Wien (A) und Freudenthaler & Co. Umwelttechnik in Inzing (A).

R. MARGESIN F. SCHINNER	M. SCHNEIDER
Österreichische Gesellschaft für Biotechnologie, Sektion West und Institut für Mikrobiologie der Universität Innsbruck	Umweltbundesamt Wien

Inhaltsverzeichnis

1   Biologische Bodenreinigung - eine Einführung
     H. Wohlmeyer 1

2   Grenzwerte für den Bereich Altlasten
     - Interpretation, Bewertung, Bedarf
     H.W. Wichert... 11

3   Vom Reagenzglasversuch zur biotechnologischen Bodensanierung
     - Probleme des Scaling-up and -down
     W. Dott, M. Steiof 25

4   Verfahrenstechnische Konsequenzen von Einflußfaktoren
     auf biologische Bodensanierungsverfahren
     R. Braun, E. Bauer, Ch. Pennerstorfer, G. Kraushofer 43

5   Aktivitäten von Pilzen zum Einsatz für die Bodensanierung
     W. Fritsche 71

6   Feldversuche zur mikrobiologischen Sanierung eines
     PAK-belasteten Bodens (ehemaliger Gaswerkstandort)
     in Solingen-Ohligs
     N. Steilen, T. Heinkele, W. Reineke.. 81

7   Abbau von polyzyklischen aromatischen Kohlenwasserstoffen
     in metallbelasteten Böden
     K. Giersig, F. Schinner 107

8   Bioprozesse zur Sanierung von Boden und Wasser
     L. Diels, S. Van Roy, L. Hooyberghs, M. Carpels 117

9   Mikrobiologische Bodensanierung
     - Grundlagen und Fallbeispiele
     G.A. Henke.. 123

10	**Bodensanierung mit Weißfäulepilzen** M. Röckelein	133
11	**Das BIOPUR®-Verfahren: Bioreaktor zur Behandlung von Grundwasser und Bodenluft** H.B.R.J. van Vree, J.H.M. Vijgen, E.H. Marsman, L.G.C.M. Urlings, B.A. Bult	143
12	**Dynamische Bodenbearbeitung und intensive Prozeßkontrolle zur biologischen Sanierung kontaminierter Böden** R. Eisermann, B. Daei	155
13	**Bodensanierung durch gesteuerte Mietentechnologie** M. Stracke	163
14	**Biologische Bodensanierung nach dem Terraferm-Verfahren** H. Wentner	169
15	**Anwendung mikrobiologischer Abfallbehandlungsverfahren** P. Braun	173
16	**Biologische Bodensanierung nach dem Arjobas-Verfahren** E. Joas, D. Pressler, W. Zahn	175
17	**BIOCRACK - ein Nährstoffkonzentrat eröffnet neue Möglichkeiten der biologischen Bodensanierung** J. Bochberg, H. Warning	181
18	**Einsatz kombinierter Technologien bei biologischen in-situ und on-site Sanierungen** P. Niederbacher, P.J. Rissing	185
19	**Das Bio-Puster-Verfahren** R. Angeli	187
20	**In-situ Sanierung von Mineralölverunreinigungen mit Hilfe einer Sauerstoff-Infiltrationstechnologie** H. Schnepf	199
21	**Biotechnologische Boden- und Altlastenreinigung aus der Sicht des Umweltbundesamtes, Wien** H. Gaugitsch, M. Schamann, M. Schneider	205

1 Biologische Bodenreinigung – eine Einführung

H. Wohlmeyer[1]

"Es gibt in der ganzen Natur keinen wichtigeren, keinen der Betrachtung würdigeren Gegenstand als den Boden! Es ist ja der Boden, welcher die Erde zu einem freundlichen Wohnsitz der Menschen macht; er allein ist es, welcher das zahllose Heer der Wesen erzeugt und ernährt, auf welchem die ganze belebte Schöpfung und unsere eigene Existenz letztlich beruhen." (Fallou 1862)

1.1 Zusammenfassung

Die derzeit praktizierte Bodenwirtschaft baut in ihrem Basisverständnis auf der scheinbar unbegrenzten Verfügbarkeit fossiler Rohstoff- und Primärenergieträger auf.

Die Bewahrung der Böden und die Förderung der natürlichen "Bodenfruchtbarkeit" ist daher in den Hintergrund getreten. Die Spielregeln der Bodenwirtschaft werden nicht mehr aus dem Gesichtspunkt der generellen Knappheit an ökologisch intakten Böden, sondern eher aus dem Blickwinkel des Grundwasserschutzes definiert.

In einer aufrechterhaltbaren Wirtschaft hingegen sind die Böden ein knappes Gut, da die energie- und materialsparende Wahrnehmung aller sich bietenden natürlichen Synergismen im Zentrum der Bedarfsdeckungsstrategien des Menschen stehen muß.

Was die Wahl der Methode der Bodensanierung betrifft, so wird im Rahmen eines aufrechterhaltbaren Zivilisationsstiles den energie- und materialsparendsten Techniken der Vorzug zukommen müssen. Dies bedeutet Vorrang für die biotechnologische Bodensanierung.

Bodensanierung zur Wiederherstellung intakter Böden ist daher eine zentrale Aufgabe der Zukunftssicherung.

---

[1] Österreichische Vereinigung für Agrarwissenschaftliche Forschung, Kleine Sperlgasse 1/37, A–1020 Wien

1.2 Die bodenlose Gesellschaft (Standortbestimmung)

Das vorangestellte Zitat von F.A. Fallou steht in dramatischem Gegensatz zur Praxis unserer fossil getriebenen Zivilisation.

Die Land- und Forstwirtschaft ist zur ökonomischen Bedeutungslosigkeit herabgesunken. Ihr wird de facto nur mehr die Funktion der Erhaltung eines liebgewonnenen Landschaftsbildes und die Reservehaltung von Grund und Boden für den industriell-gewerblichen Bereich sowie für Siedlungs- und andere Kommunalzwecke zugemessen.

In einer Periode der Menschheitsentwicklung, die von Agrarüberschüssen gekennzeichnet ist, die ein regelmäßiges Thema der Presseberichterstattung darstellen ("Getreide- und Butterberge", "Milchseen" etc.), hat sich stillschweigend die derzeit vorherrschende Meinung breit gemacht, daß lebende Böden, die land- und forstwirtschaftlich genützt werden, letztlich nur die erwähnte Reservehaltungsfunktion für die übrige Wirtschaft haben. Letztere hat ja die höhere Wertschöpfung und kann daher höhere Preise zahlen. Außerdem wird mit vorgehaltener Hand argumentiert, daß die Umwidmung von Böden die kostspieligen Agrarüberschüsse senkt. Wie falsch und selbstzerstörerisch diese Einschätzung ist, zeigt ein kurzer Blick auf die ökologische Situation und auf die notwendigen Spielregeln einer aufrechterhaltbaren Bewirtschaftung unseres Planeten.

1.2.1 Bodenwirtschaft – Traditionelle versus zukunftsorientierte Betrachtungsweise

Die gegenwärtig vorherrschende Dynamik der Bodenwirtschaft in den Industriestaaten ist nur auf dem Hintergrund einer die fossilen Ressourcen plündernden Gesamtwirtschaft zu verstehen. Diese führt zu temporären – nur für die Zeit der Plünderung aufrechterhaltbaren – Überschüssen in der land- und forstwirtschaftlichen Produktion (Abb. 1.1–1.2). Auf dem Hintergrund dieser plünderungsbedingten Überschüsse wird einerseits mit den Böden sorglos umgegangen und andererseits wird versucht, die Arbeitsproduktivität durch den Einsatz von chemischen Hilfsstoffen massiv anzuheben, um mit den steigenden Grenzproduktivitäten der Arbeit im industriellen Bereich mithalten zu können.

Das Bestreben, die maximale natürliche Bodenfruchtbarkeit zu erreichen, ist kein ökonomisches Zentralziel mehr. Die Böden werden zum Teil nur mehr als Nährstoffhaltesubstrat gesehen. Praktiziertes Ziel der "modernen" Hauptstroms-Agrikultur ist es, die Böden mittels erheblichen Fremdstoffeinsatzes auf ein möglichst einheitliches und jährlich gleichbleibendes Produktionsniveau zu bringen. Allerdings wurde in den letzten Jahrzehnten der notwendige Schutz der Grund- und Oberflächenwässer als Begrenzung für dieses Aktionsmuster entdeckt. Bodensanierung wird daher derzeit vor allem im Hinblick auf den Wasserschutz gesehen (Abb. 1.3). Dies ist auch deshalb verständlich, weil die

Ballungszentren eine höchst wasserintensive Hygiene und Entsorgung entwickelt haben, in denen bereits unter den derzeitigen Rahmenbedingungen konsumfähiges Wasser immer mehr zum begrenzenden Faktor wird. Eine zukunftsorientierte Bodenwirtschaft darf jedoch nicht nur auf den Wasserschutz beschränkt sein, sie muß von geänderten Leitvorstellungen (Paradigmen), von einer radikal korrigierten "geistigen Landkarte" ausgehen.

1.2.2 Die falsche "geistige Landkarte" der ökologisch bodenlosen Gesellschaft

Voraussetzung für diese Kurskorrektur sind zwei wesentliche ökologische Erkenntnisse:

- Die derzeitige ökologische Krise ist eine Stoffstromkrise, die es erfordert, daß in den Industriestaaten die Energie- und Materialintensität des Wirtschaftsstiles auf rund 1/10 des derzeitigen Niveaus abgesenkt wird.
- Die Erhaltung der Lebensgrundlagen des Menschen als Teil der Biosphäre erfordert die Beachtung der Systemprinzipien der Biosphäre als außerhalb der Disposition des Menschen stehende Systemgrenze (Abb. 1.4).

Sieht man die moderne Industriegesellschaft im Lichte der beiden vorstehenden unverzichtbaren Basisanforderungen, dann ist die synergistische Nutzung der Böden eine conditio sine qua non (ein unverzichtbarer Teil) eines aufrechterhaltbaren Bedarfsdeckungsstiles der Menschheit. Eine bodenlose Pflanzenproduktion in Nährlösungen, also industriell gestaltete Hydroponik, die gemäß der Phantasie der Hauptstrom–Agrikulturfachleute die traditionelle Landbewirtschaftung ablösen sollte, ist dann nicht mehr vertretbar. Sie scheidet nicht nur aus Gründen des Energie- und Materialbedarfes aus, sondern auch wegen der nicht im Prozeßdesign berücksichtigten Entsorgung (Kreislaufführung) der Nährlösungen, für die stillschweigend funktionstüchtige Böden vorausgesetzt werden müssen.

Letzteres leitet zur Tatsache hin, daß für die schadlose Reintegration von anthropogenen Abfallströmen in die Biosphäre immer Flächen mit reichem Bodenleben notwendig sind. Die Böden werden somit zum zentralen knappen Faktor und zur Stoffstromdrehscheibe im Rahmen eines aufrechterhaltbar gestalteten Bedarfsdeckungsstiles.

1.3 Das Anforderungsprofil der Zukunft

Strategische Planung im Unternehmensbereich muß versuchen, Rahmenbedingungen, die in 20–30 Jahren gegeben sein werden, zu antizipieren. Staatliche strategische Planung, die langfristig nutzbare und die Richtung der Gesamtentwicklung beeinflussende Strukturen schafft, sollte im Design jedoch um 100 Jahre vorausdenken, zumal es ein Erfahrungswert ist, daß grundlegende geistige Änderungen eine "Durchsickerzeit" von etwa 50 Jahren und die Ausformung neuer Technologien von ihrer Entdeckung bis zur kaum mehr verbesserbaren sowie breit anwendbaren Hochform eine Entwicklungszeit von ca. 30 Jahren (3–4 Abschreibungsperioden) haben.

Die sich unübersehbar aufbauenden ökologischen Risiken lassen es als höchst wahrscheinlich erscheinen, daß die Menschheit in absehbarer Zeit aus der Plünderung der fossilen Ressourcen und aus der Thermonukleartechnik aussteigen wird, um sich verspätet in allen Wirtschaftsbereichen ökosystemkonformen Bedarfsdeckungsstrategien zuzuwenden, weil die eingegangenen Risiken nicht länger verdrängt werden können. Die Beachtung der Systemprinzipien der Biosphäre sowie die Pflicht zur Nutzung der jeweils umweltfreundlichsten, nach dem Stand der Wissenschaft und Forschung zur Verfügung stehenden, Techniken werden dann zu den allgemeinen und selbstverständlichen Rechtspflichten gehören.

Die gesamte Erde wird als ökologisches Bilanzgebiet angesehen werden (Abb. 1.5) und der Schutz der das Überleben sichernden "Commons" (Gemeingüter der Menschheit) wird internationales Hauptanliegen sein.

Dies alles bedeutet, daß neben der solaren Orientierung der Energieversorgungssysteme biokatalytische Prozesse, die natürliche Synergismen nützen und es ermöglichen, menschliche Nutzungsschleifen im Bypass in natürliche Kreisläufe einzuhängen, Vorrang vor anderen Wegen der menschlichen Bedürfnisbefriedigung haben werden.

Böden mit hoher natürlicher Fruchtbarkeit wird höchster Stellenwert zukommen. Der nachhaltige Wohlstand eines Landes wird maßgeblich von den pro Einwohner zur Verfügung stehenden Quadratmetern an ökologisch intakten Böden bestimmt sein. Der Bodensanierung wird daher steigende Bedeutung zukommen.

Bezüglich der hierfür anzuwendenden Methoden wird der biotechnologischen Bodensanierung im Rahmen der von ihr abdeckbaren Aufgabenstellungen der Vorrang einzuräumen sein, weil es sich im Prinzip um eine energie- und materialsparende sowie ökosystemkonform anwendbare Technik handelt. Die strategische Planung auf staatlicher und unternehmerischer Ebene sollte daher der biotechnologischen Bodensanierung besonderes Augenmerk schenken. Dies gilt nicht zuletzt auch für die Forschungsplanung.

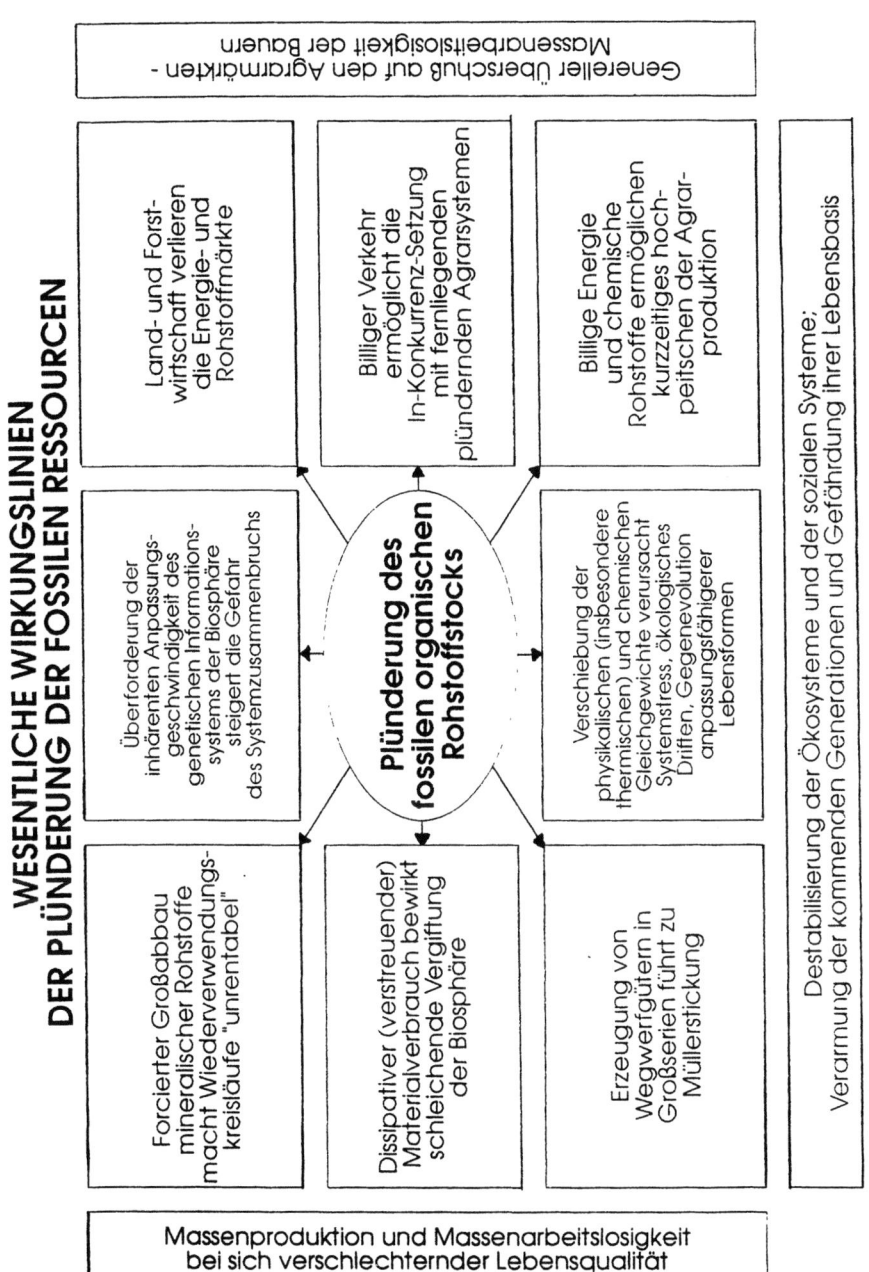

Abb. 1.1. Wesentliche Wirkungslinien der Plünderung der fossilen Ressourcen

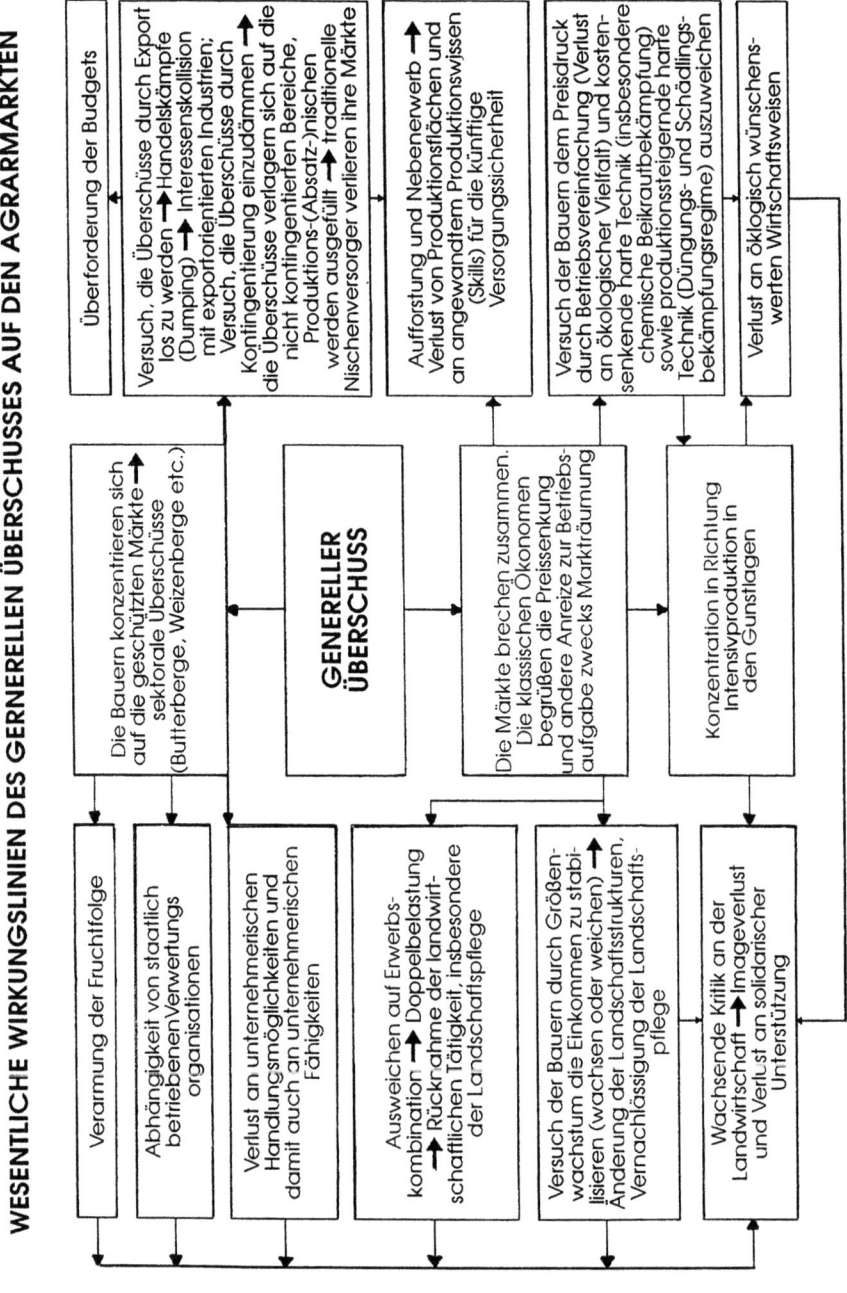

Abb. 1.2. Wesentliche Wirkungslinien des generellen Überschusses auf den Agrarmärkten

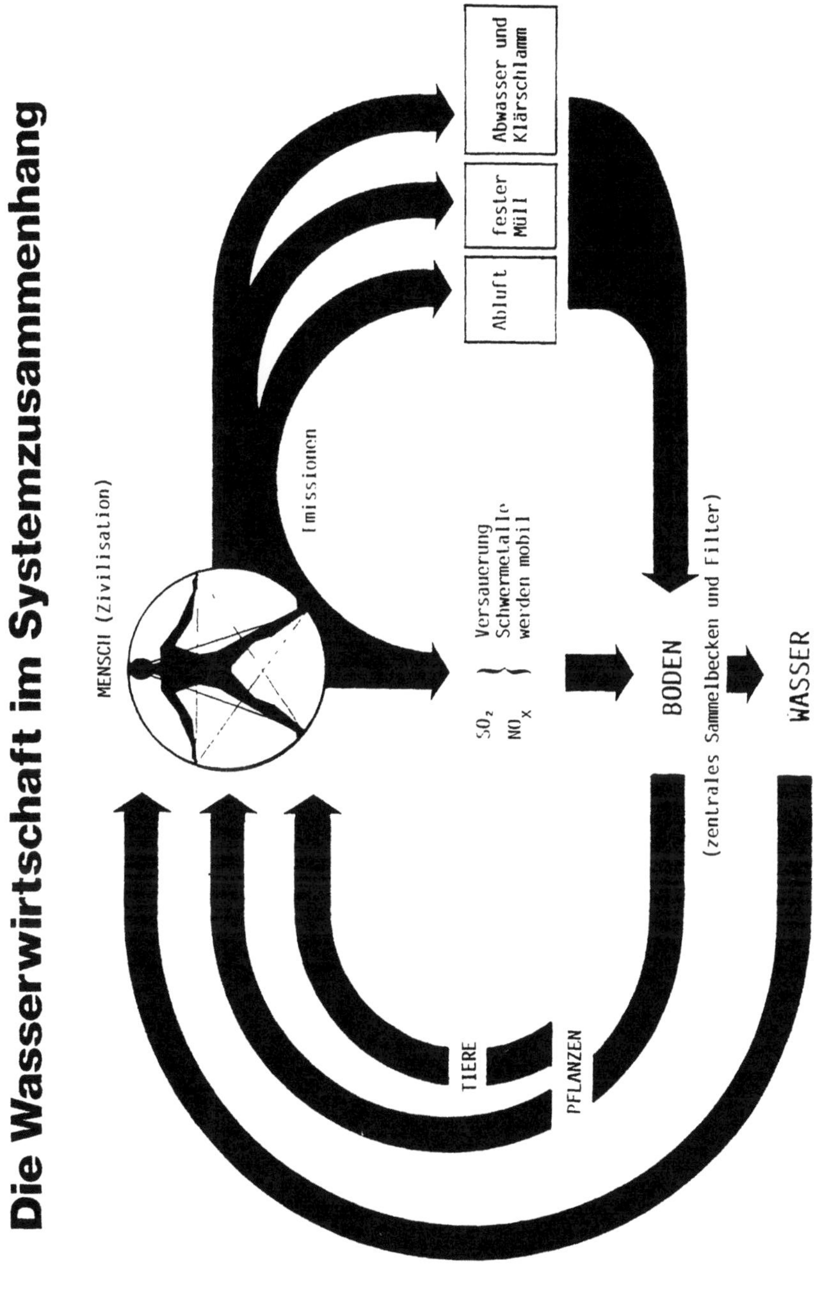

Abb. 1.3. Die Wasserwirtschaft im Systemzusammenhang

Prüfkriterien für politische und unternehmerische Entscheidungen (Entscheidungs-Checkliste)

Ebene 1:
Ausrichtung der Entwicklung auf Nachhaltigkeit: durch die Deckung unserer gegenwärtigen Bedürfnisse dürfen die Chancen zukünftiger Generationen nicht ausgehöhlt werden

Ebene 2:
Beachtung der Systemprinzipien der Biosphäre

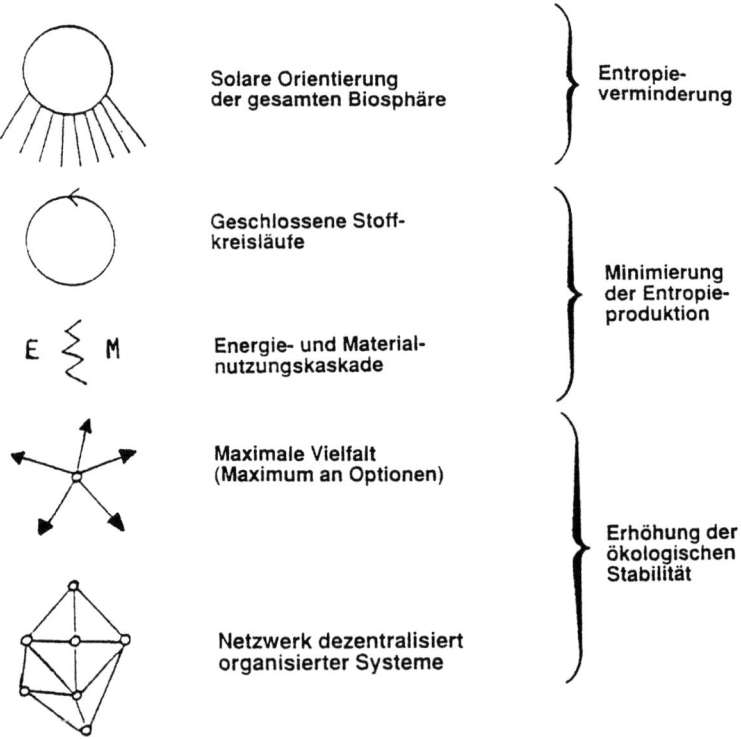

Abb. 1.4. Prüfkriterien für politische und unternehmerische Entscheidungen (Entscheidungs–Checkliste)

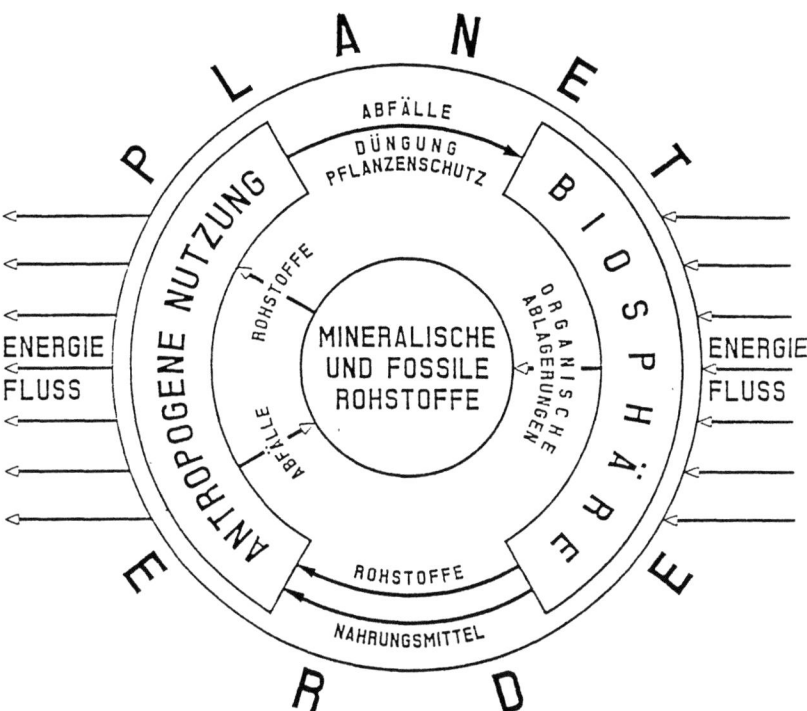

Abb. 1.5. Bilanzgebiete des Planeten Erde

2 Grenzwerte für den Bereich Altlasten – Interpretation, Bewertung, Bedarf

H.W. Wichert[1]

2.1 Zusammenfassung

Erhebliche Bemühungen zur Definierung von "Grenzwerten" um praktikable und juristisch gesicherte Werte sind für den Bereich Altlasten bundesweit zu verzeichnen. Gerade die Erfahrungen mit der sogenannten Hollandliste (Angabe von Prüfwerten für die verschiedenen Elemente ohne Bezug zu Nutzung, Bodenstruktur, chemischer Bindung und Löslichkeit der Stoffe) sind sehr unbefriedigend.

Eine Definition der Begriffe mit entsprechender rechtlicher Verbindlichkeit und der unterschiedlichen toxikologischen Bewertung ist bisher erst in Ansätzen gelungen.

Erst die Bewertung über die stoffspezifischen Wirkungspfade erlaubt eine bessere Erfassung der Gefährdung eines anzunehmenden Schutzgutes.

Für die im Labor gemessenen Werte in Verbindung mit der unbefriedigenden repräsentativen Probenahme brauchen wir dringend einheitliche Maßstäbe. Eine Vielzahl von Vorschlägen zur Vorgehensweise bei der Festsetzung von Werten wird vorgestellt.

Schließlich erfolgt ein Ausblick auf die weitere Entwicklung. Ein Konsens auf fachlicher Ebene scheint zwischen den verschiedenen Fachdisziplinen möglich, wenn es gelingt, "eine Sprache" zu sprechen.

2.2 Einführung

Der Aufgabe, für den Bereich der Altlasten "Grenzwerte" zu definieren und damit praktikable und juristisch gesicherte Werte zu erhalten, sind bundesweit erhebliche Aktivitäten gewidmet. Viele Arbeitskreise wollen und/oder sollen sich um diese schwierige Aufgabe verdient machen. In welcher Schwierigkeit diese Kreise

---

[1] Brüsseler Straße 83, D–50171 Kerpen

sich z.Z. befinden, ist u.a. darauf zurückzuführen, daß es auf dem Gebiet bis heute nicht einmal einheitliche Definitionen für die verwendeten Begriffe gibt.

Alle Auswertungsverfahren bedienen sich mehr oder weniger erfolgreich der sogenannten "Hollandliste", welche jedoch die ABC-Werte nicht einheitlich berücksichtigt. Inzwischen haben die Holländer ihre Liste in vielen Teilen überarbeitet, wir in Deutschland benutzen diese weiter in Ermangelung eigener Regelungen. Man beobachtet bei der täglichen Praxis der Gefährdungsabschätzung und Sanierungsanordnung, daß die "Hollandliste" z.Z. faktisch mehr Gesetzeskraft besitzt als manches Gesetz; wird doch gerade im Umweltschutz von einem erheblichen Vollzugsdefizit gesprochen. Zu hoffen ist, daß es neben der überarbeiteten Hollandliste nicht noch viele weitere Listen geben wird, z.B. Aachener Liste, Hamburger-Liste, LAGA-Liste etc. Die Gefahr der Listen auf Länderebene ist groß; es ist Zeit, daß der Bund hier rechtzeitig Flagge zeigt, wohin die "Reise" gehen soll.

Wir alle sollten wissen, daß es für den Boden den allgemeingültigen Meßwert für einen Stoff schlechthin eigentlich nicht geben kann. Die wichtigsten Bezugsgrößen neben der Toxizität müßten sein:

– künftige Nutzung,
– Bodenstruktur (Korngröße, pH-Wert, Tongehalt),
– chemische Bindung,
– Löslichkeit des Schadstoffes,
– geogene Hintergrundbelastung.

Zur Klärung dieser Fragen hat sich Herr Prof. Kloke, Berlin, besondere Verdienste erworben, zumal seine Wertetabellen früherer Jahre (Kloke-Liste, Klärschlammverordnung) – zwar zu gänzlich anderen Fragestellungen – besonders empfehlenswert sind (siehe Abb. 2.6).

Die Analytik von Böden kann das Meßergebnis im Spurenbereich nicht in der für einen Chemiker gewünschten Genauigkeit liefern. Die chemische Analytik ist im Bereich der Altlasten noch weit entfernt von einheitlichen und damit vergleichbaren Verfahren, ganz zu schweigen von der "genormten" Probenahme, hier allein sind Fehler von mehreren 100% möglich. Dies bedeutet, daß die Analytik endlich aus dem Zeitalter der Dienstmagd (nach Hulpke) heraus muß; das Liefern von Aktenordnern gefüllt mit Zahlenkolonnen ohne Bewertung des Befundes einschl. Angabe des Analyseverfahrens ist weitgehend wertlos. Zur Erläuterung: Der Begriff "Kohlenwasserstoffe" allein ist ohne Bedeutung, wenn nicht bekannt ist, um welche Stoffgruppe es sich handelt.

2.3 Begriffliche Definition

Eine große Schwierigkeit in der Diskussion um die Bewertung der Gefahren durch Altlasten ist allein schon im sprachlichen Gebrauch der Begriffe zwischen den verschiedenen Fachdisziplinen zu beobachten. Einige Begriffe seien hier beispielhaft genannt:

- Schutzziel,
- Nutzungsziel,
- Gefährdung,
- Risiko,
- Ökologischer Schaden,
- Bodenkonzentration,
- Orientierungswert,
- Richtwert,
- Grenzwert,
- Schwellenwert,
- Vorsorgewert,
- Prüfwert.

Ein Jurist wird die Begriffe entsprechend der rechtlichen Verbindlichkeit deuten, der Toxikologe sieht mehr den zunehmenden Gefährlichkeitsgrad.

Die in Abb. 2.1 dargestellte Systematik der Kennwerte zum Bodenschutz ist der Versuch des Arbeitskreises Bodenschutz zwischen dem Umweltministerium (BMU) und dem Bundesverband der Deutschen Industrie (BDI), eine Ordnung in die Verbindlichkeit der Bewertung zu bringen. Erst klare Definitionen schaffen die Grundlage für eine wissenschaftliche Diskussion, wie sie Kloke für die Festlegung von Umweltstandards vorgeschlagen hat.

Es ist zu erkennen, daß die Bewertung der Altlasten als Teil des übergeordneten Bodenschutzes eine außerordentlich komplexe und vielfältige Materie ist. Es ist daher kein Zufall, daß diese Thematik als letzte von allen Umweltkompartimenten intensiv behandelt wird. War doch der Glaube an die Selbstreinigungskräfte des Bodens bis zum Ende der siebziger Jahre noch ungebrochen. Vergraben und Vergessen war häufig die Lösung des Problems.

In Abb. 2.2 (nach Kloke 1990) sind die vielfältigen Parameter der Zusammenhänge dargestellt, beginnend mit den verschiedenen Bodenfunktionen über die Belastungswege, die Bodennutzung und die verschiedenen Ressort-Zuständigkeiten der verschiedenen Ministerien.

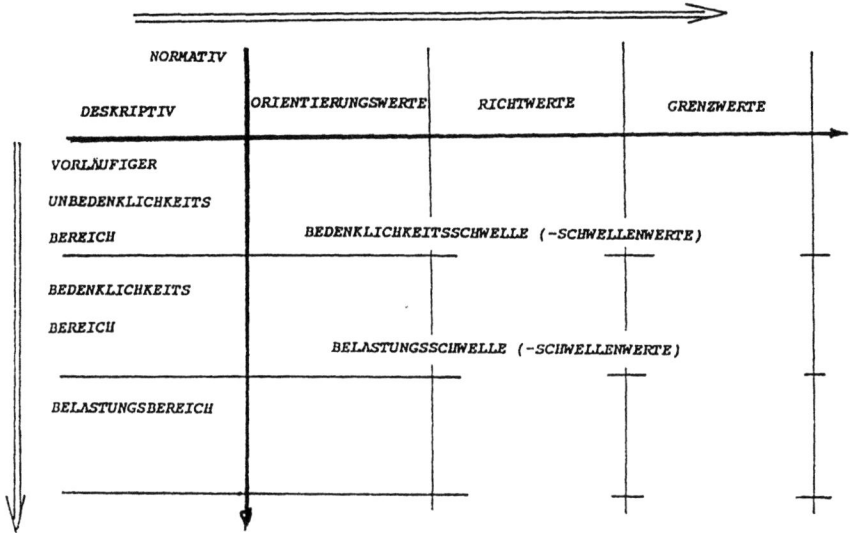

Abb. 2.1. Systematik der Kennwerte zum Bodenschutz

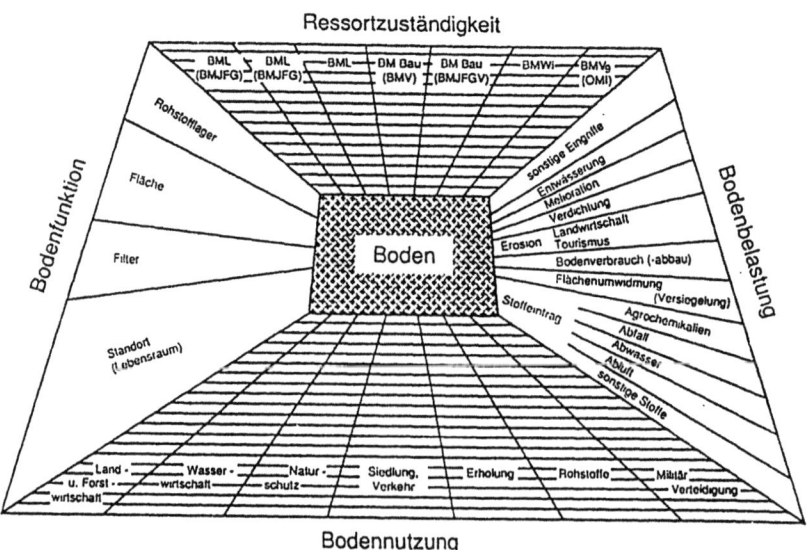

Abb. 2.2. Zusammenhänge des Bodenschutzes unter beispielhafter Betrachtung von Nutzung, Bodenfunktionen, Bodenbelastung und Zuständigkeit (nach Kloke 1990)

2.4 Wirkungspfad

Will man die Gefährdung für Menschen, Tiere, Pflanzen, aber auch für die Umwelt (Ökosystem) beurteilen, muß neben der stofflichen Betrachtung immer der Wirkungspfad eine entscheidende Rolle spielen. Abbildung 2.3 zeigt die Migration der Stoffe im Boden, die Pfade der Kontamination, aber auch der Abbaumechanismen, über die Stoffe das Schutzgut erreichen und damit zur Gefahr werden können. Chemische Zersetzung in Verbindung mit einer Wasserlöslichkeit können das Grundwasser gefährden, flüchtige Stoffe werden uns u.a. über den Luftpfad gefährden können. Man sieht, daß erst das Wissen um diese Stofftransporte uns erlaubt zu erkennen, ob eine Gefahr für die Schutzgüter gegeben ist.

Der Einfluß der Stoffe im Boden setzt sich aus den folgenden vier Elementen zusammen:

- Expositions–Konzentration,
- Stoffwirkungen,
- Einwirkzeit,
- Bindungsform.

Diese Elemente können nur stoffspezifisch betrachtet werden. Gilt ein Stoff im Boden als persistent, so ist die Wirkung auf ein anzunehmendes Schutzgut, Grundwasser und/oder Mensch gleich null, wenn der Stoff im Boden unterhalb der Geländeoberfläche, aber noch in ausreichendem Abstand zum Grundwasser liegt.

Wird hingegen ein Stoff rasch im Boden abgebaut, können die Pfade nicht nur als Gefährdung, sondern auch gleichzeitig als grundsätzliche ideale Möglichkeit der Sanierungstechnologien begriffen werden, denn es ist davon auszugehen, daß die Vorgänge in der Natur meist nach dem Minimumprinzip, also mit dem geringsten ökonomischen Aufwand, ablaufen.

Eine weitere wichtige Frage wird es sein, Maßstäbe zu entwickeln, welche die unterschiedlichen Schutzzielprofile
1. der Vermeidung eines Stoffeintrages als Vorsorge oder
2. der Gefahrenabwehr
differenzierend berücksichtigen. Es ist sicher so, daß häufig bei der Festlegung von Sanierungszielen gleich der niedrigere Vorsorgewert gefordert wird, u.a. wegen der juristischen Unsicherheit für die Genehmigungsbehörden.

2.5 Analytik

Die Analyse organischer Verbindungen hat in den letzten 40 Jahren eine dramatische Entwicklung erfahren (Bayer 1990). Die Meßgenauigkeit wurde seither um über 12 Zehnerpotenzen auf immer kleinere Nachweisgrenzen verbessert, vom Milligramm zum Attogramm. Bayer (1990) schreibt unter der Überschrift "Nachweisgrenze und unendliche Dioxingeschichte":

"Die analytische Chemie ist nun in den vergangenen Jahren weit über die zur Diagnose unmittelbarer Gefahren notwendige Empfindlichkeit vorgestoßen. Während die Begriffe ppm, ppt und Nanogramm heute von Laien gebraucht werden, ist Ihnen vielleicht der eingangs von mir gebrauchte Begriff eines Femtogramms oder eines Attogramms noch nicht geläufig. Der Nachweis von einem Teil in 10^{-18} Teilen (Femtogramm/kg) bedeutet, daß noch nachweisbar wäre, wenn 1 Tonne einer Substanz in allen Weltmeeren homogen verteilt würde. Reine Produktionstechnik und selbst die Natur kann so reine Substanzen liefern, daß mit diesen empfindlichen Methoden nicht noch Verunreinigungen nachweisbar wären."

Es wird das Vorkommen schädlicher Substanzen in der Umwelt schon weit vor einer Risikokonzentration nachweisbar. Ein unübersehbarer Nachteil resultiert jedoch aus dem ökologischen Bewußtsein. Dieses Bewußtsein beeinflußt selbstverständlich das Verhalten. Wenn nun weiter bekannt ist, daß menschliches Verhalten nicht nur durch objektiv feststellbare Tatsachen geprägt wird, sondern durch die Einstellungen der Menschen, dann wird deutlich, wie wichtig nicht nur das "Messen können" ist, sondern eine Bewertung der unvorstellbaren kleinen Größen nötig wäre. Leider ist der rasanten Beschleunigung der Analytik die Bewertung nicht gefolgt.

Die Folge ist, daß die Fachdisziplinen ihre eigenen subjektiven Bewertungen – zum Teil politisch motiviert – als die alleinige Wahrheit empfinden, und das birgt die Gefahr in sich, Meinungen unversöhnlich zu polarisieren.

Neben der schwierigen Einzelstoffbewertung über die Wirkungspfade scheint eine objektive Bewertung eines Stoffgemischs mittels einer rein chemisch-analytischen Bewertung nicht mehr möglich. Hier müssen Summenparameter bzw. biologische Wirktests den zukünftigen Weg weisen. Medizinisch-toxikologische Überprüfungen mit Originalsubstanzen können hier allein auch nicht weiterhelfen. Aus all diesen Schwierigkeiten hat man in Nordrhein-Westfalen die Konsequenz gezogen und zur Bewertung von komplexen Altlastfällen eine Altlastenkommission berufen. Diese sieben unabhängigen Sachverständigen, bestehend aus Toxikologen, Ingenieuren, Chemikern, Geologen und Bodenkundlern, haben im November 1989 eine umfassende Stellungnahme über die Anwendbarkeit von Richt- und Grenzwerten aus den Regelwerken des Umweltschutzes, des Arbeitsschutzes, u.a. für die Beurteilung von Altlast-Verdachtsflächen und Altlasten, vorgelegt. Ihrer Stellungnahme sind grundsätzliche Erwägungen über die Möglichkeiten und Grenzen einer Beurteilung von Schadstoff-Höchstwerten und anderer Zahlenwerte vorangestellt (Materialien zur Ermittlung und Sanierung von Altlasten, Stellungnahme der Altlastenkommission 1989).

Wie Bayer (1990) feststellt, scheinen in gewissen Gebieten des Umweltschutzes logische Regeln außer Kraft gesetzt zu sein. Annahmen und Hypothesen werden gelegentlich und immer häufiger so dargestellt, als seien es wissenschaftliche Fakten, ohne daß in der Öffentlichkeit, noch nicht einmal in der wissenschaftlichen Gemeinde, dies in Frage gestellt wird.

Hier werde die Wissenschaft zur Fiktion, die, ohne die ihre eigenen Gesetzmäßigkeiten zu berücksichtigen, extrapoliert. Frau Prof. Novotny, Universität Wien, sagt sogar, die Wissenschaft verliere zunehmend die Position als Wahrheitsfinder.

2.6 Ableitung von Werten

Für das abschließende Konzept eines umfassenden Regelwerkes für Grenzwerte zur Sanierung der Altlasten ist es noch zu früh; trotzdem muß jede Chance genutzt werden, auf dem Weg in die richtige Richtung voran zu kommen. Letztlich ist z.Z. sogar die Entscheidung, ob aus einer Verdachtsfläche nach einer Gefährdungsabschätzung eine "Altlast" wird, abhängig von eben dem Nachweis der Gefährdung. Heißt es doch nach §28 des AbfG in Nordrhein-Westfalen vom 21.1.1988:

"Altlasten sind Altablagerungen und Altstandorte, sofern von diesen nach den Erkenntnissen einer im einzelnen Fall vorausgegangenen Untersuchung und einer darauf beruhenden Beurteilung durch die zuständige Behörde eine Gefahr für die öffentliche Sicherheit oder Ordnung ausgeht".

Die zahlreichen Versuche, konkrete Werte für die Grenzwerte festzulegen, können im Rahmen dieses Referates nur gestreift werden. Als eine der letzten zusammenfassenden, ordnenden, bewertenden Darstellungen sei das Sondergutachten des Rates von Sachverständigen für Umweltfragen (1989) genannt. Auch hier werden die Exposition, die Schutzgüter und die Nutzungen in den Vordergrund der Betrachtung gestellt.

Fehlau (1990) faßt die bisherige fachliche und rechtliche Diskussion in acht Thesen zusammen. In These 2 wird ausgesagt: Das bloße Vorhandensein von Schadstoffen im Boden ist aber noch keine Einwirkung auf die menschliche Gesundheit oder andere Schutzgüter, erst recht keine nachteilige Wirkung. Erst wenn Schadstoffe auf einem oder mehreren Wirkungspfaden (Abb. 2.4) auf rechtlich geschützte Güter einwirken können, sind nachteilige Wirkungen zu befürchten (Schuldt 1990; Abb. 2.5).

18 H.W. Wichert

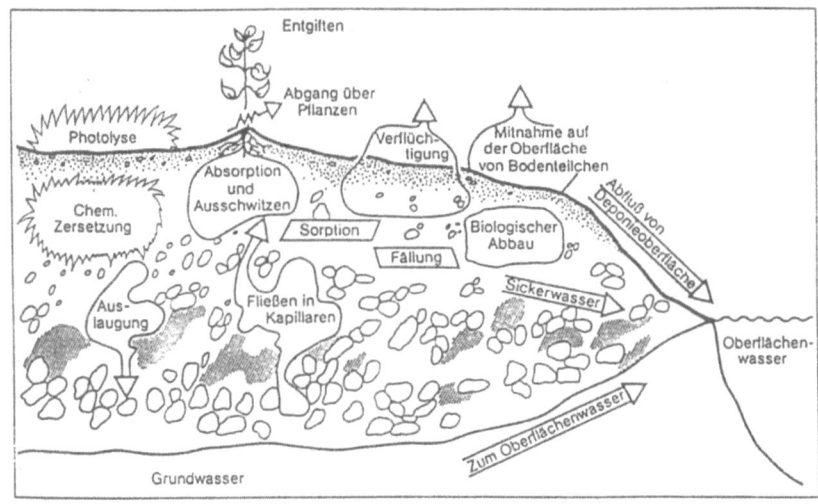

Abb. 2.3. Migration der Stoffe im Boden (nach EPA 1984)

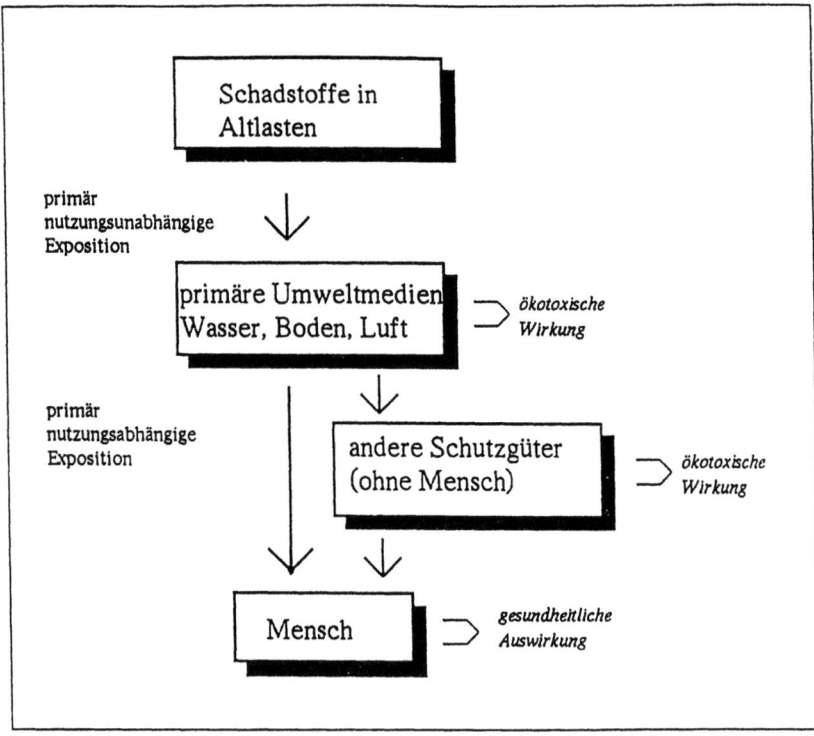

Abb. 2.4. Abhängigkeit der Exposition von der Nutzung (aus Sondergutachten des Rates von Sachverständigen 1989)

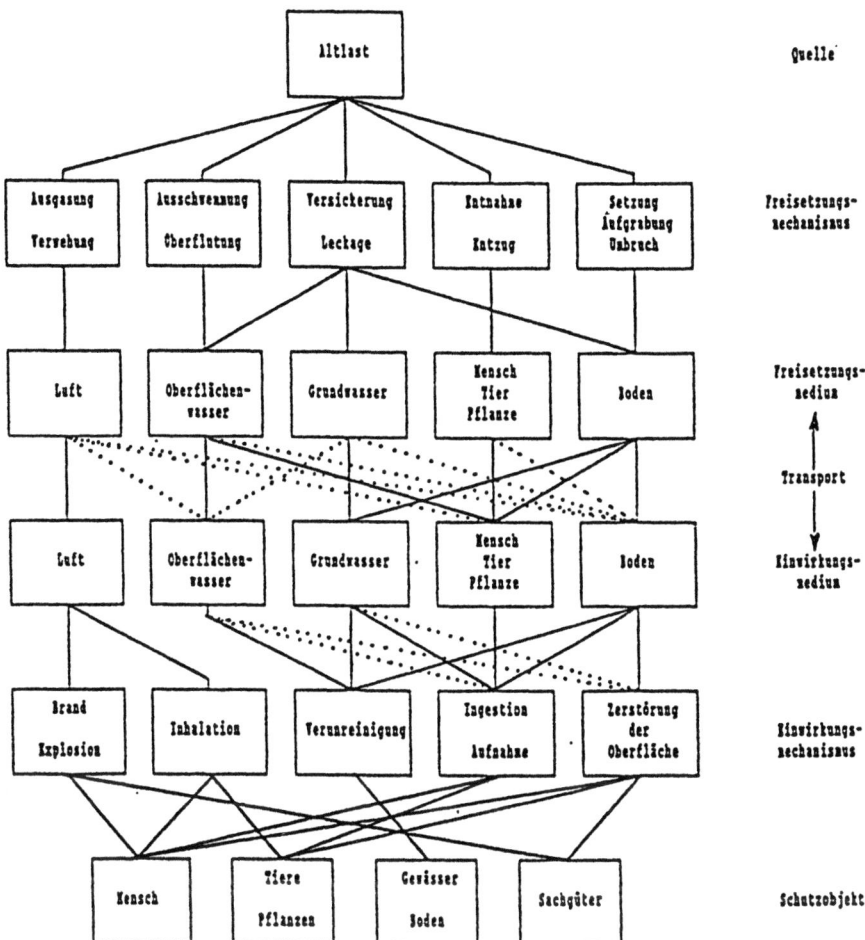

Abb. 2.5. Möglichkeiten der Freisetzung, Ausbreitung und Einwirkung von Schadstoffen (vereinfacht, wichtige Ausbreitungspfade sind als durchgezogene Linien dargestellt; aus Schuldt 1990).

Es ist das Verdienst von Kloke (1988) – siehe hierzu auch gleichlautende Aussagen von Lühr (1990) –, diese vielfältigen Überlegungen in einem Vorschlag so verdichtet zu haben, daß man von einer guten Grundlage ausgehen kann. Sein "Drei-Bereiche-System" ist aus seiner allgemeinen Erfahrung entstanden.

Bereich A: Uneingeschränkte, standortübliche Multifunktionalität und Nutzungsmöglichkeit des Bodens.
Bereich B: Eingeschränkte, aber standort- und schutzbezogene Nutzungsmöglichkeit des Bodens.
Bereich C: Toxizitätsbereich ohne produktive Nutzungsmöglichkeit des Bodens für den Anbau von Pflanzen.

Zum Schadstoffbezug schreibt Kloke (1988) folgendes:

"Forschungen des letzten Jahrzehnts haben gezeigt, daß elementbezogene Richt- und Grenzwerte als Vorsorgewerte ihre volle Berechtigung haben, daß aber bei hochbelasteten Böden die Bindungsformen, Löslichkeits- und Sorptionsverhältnisse der jeweiligen Elemente am Standort berücksichtigt werden müssen. Die meisten Schadstoffe werden im Boden nicht als Element, sondern in den verschiedensten Bindungsformen angetroffen. Die chemischen, physikalischen, biologischen und toxikologischen Eigenschaften der verschiedenen Verbindungen sind recht unterschiedlich. Dies gilt nicht nur für anorganische, sondern auch für organische Verbindungen und Stoffe. Bei organischen Stoffen kommt hinzu, daß sie in einem steten Umbau und Abbau begriffen sind und es für viele Verbindungen zahlreiche Isomere gibt, die sich in ihrer Toxizität für Pflanze, Tier und Mensch wesentlich unterscheiden können. Metabolite können toxischer sein als die Ausgangsstoffe".

Weitere Aussagen zum Standardbezug, Nutzungsbezug und Schutzgutbezug münden in Bewertungskriterien, die sehr anschaulich in Abb. 2.6 dargestellt sind.

Letztlich münden Klokes bisherige Vorschläge in eine einfache formelmäßige Erfassung der verschiedenen Einflüsse (Abb. 2.7).

Konkret u.a. für das Element Blei (Pb) hat Lühr (1990) einen Vorschlag für "Nutzungsbezogene Orientierungswerte" auf dem Euroforum in Saarbrücken vorgestellt (Abb. 2.8).

Ähnliche Vorschläge wurden von einer Arbeitsgruppe im Verband der Chemischen Industrie (VCI) in Zusammenarbeit mit dem Gesamtverband des Deutschen Steinkohlenbergbaus (GVSt) und dem Bundesverband der Deutschen Industrie (BDI) auf einem Symposium zur "Bewertung und Begrenzung stoffbedingter Umweltrisiken" im Oktober 1989 in Frankfurt vorgestellt (Zimmermeyer 1990). Für vier sogenannte Modellsubstanzen

- Benzo(a)pyren, B(a)P,
- Cadmium,
- Hexachlorbenzol,
- Perchlorethen,

wurde die Methodik in dem Buch "Ableitung von Bodenrichtwerten" (1989) vorgestellt. Beispielhaft ist hier die Darstellung der Zahlenwerte in Abb. 2.9.

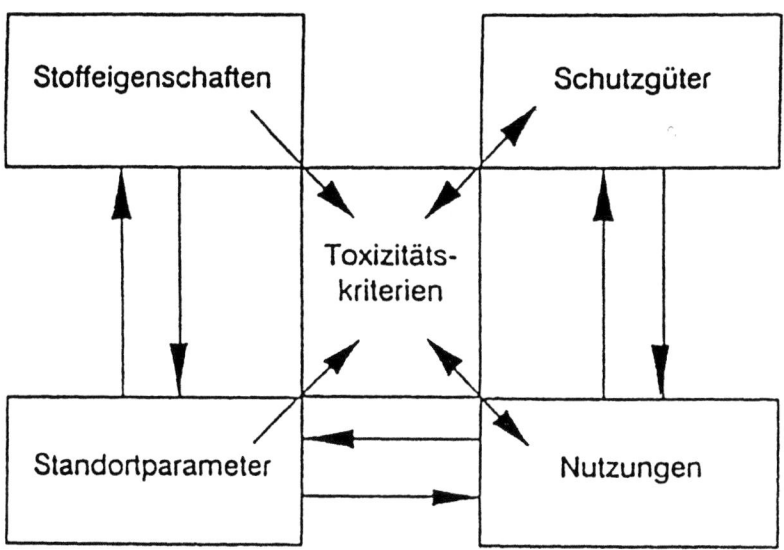

Abb. 2.6. Bewertungskriterien für die Setzung von maximal tolerierbaren Schadstoffgehalten in Böden und ihre Wechselbeziehungen (aus Kloke 1988)

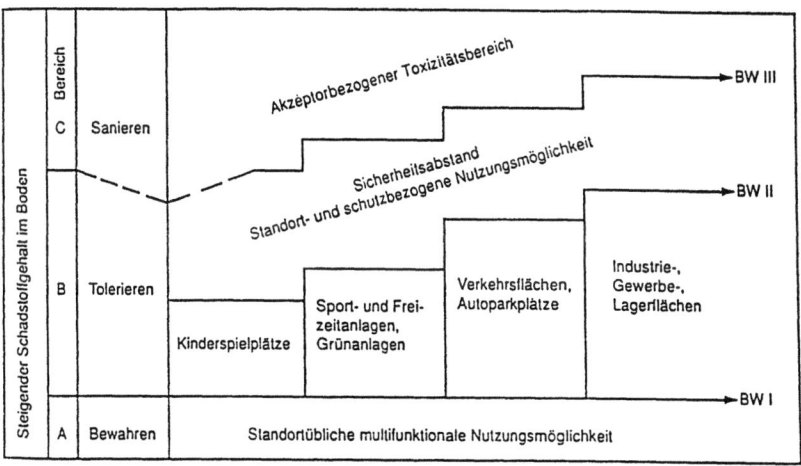

Abb. 2.7. Abgrenzung der Nutzungsmöglichkeit des Bodens durch die Bodenwerte BWI, BWII und BWIII bei steigendem Stoffgehalt in Böden (aus Lühr 1990)

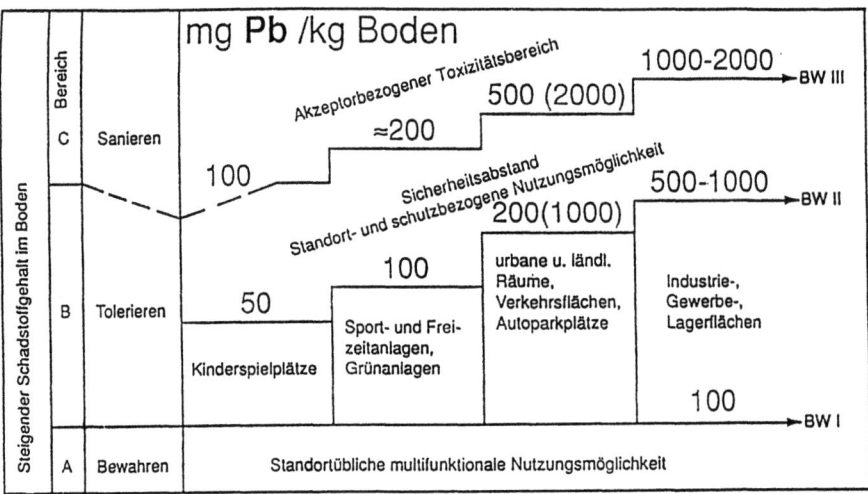

Abb. 2.8. Vorschlag für "Nutzungsbezogene Orientierungswerte" für Blei (nach Lühr 1990)

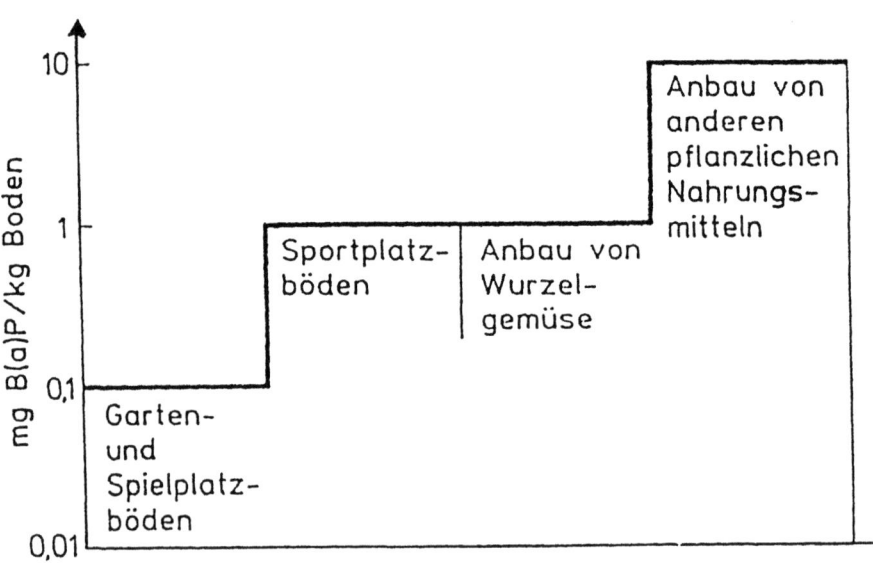

Abb. 2.9. Bodenrichtwerte für Benzo(a)pyren (Zimmermeyer 1990)

Für landwirtschaftlich und gärtnerische Nutzung hat die Landesanstalt für Ökologie, Landschaftsentwicklung und Forstplanung in Nordrhein-Westfalen einige wertvolle Angaben zur Gefährdungsabschätzung im "Mindestuntersuchungsprogramm Kulturboden" erarbeitet. Auch für die in letzter Zeit besonders ins Blickfeld gerückte Dioxindiskussion war die Bundesregierung gefordert. Ein bisher unveröffentlichter Sachstandsbericht und Maßnahmenkatalog des Bundesgesundheitsamtes und des Umweltbundesamtes zum Dioxinsymposium und Anhörung vom Januar 1990 gab in einem Vorentwurf Empfehlungen für Richtwerte zur Bodensanierung (Flächenmanagement, Bodenaustausch, Bodenentsorgung). Gerade die Bewertung der über Jahrzehnte entstandenen Dioxinanreicherungen im Umfeld von Kabelabbrandöfen hat akuten Handlungsdruck erzeugt, aber auch gezeigt, daß aus wissenschaftlicher Sicht die Bewertungsbasis für Dioxine und Furane (außer TCDD) als ungenügend bezeichnet werden muß.

2.7 Ausblick

Erhebliche Anstrengungen sind auf dem Gebiet der Altlastensanierung in bezug auf Grenzwerte zu verzeichnen. Ein Konsens auf fachlicher Ebene scheint zwischen den verschiedenen Fachdisziplinen möglich, wenn es gelingt, "eine Sprache" zu sprechen. Ziel muß es sein, einfach überschaubare Maßstäbe zu finden, die eine realistische Bewertung erlauben. Wichtig wird es sein zu bedenken, daß allein gerichtsfeste Werte dem Problem einer volkswirtschaftlich sinnvollen Altlastensanierung nicht gerecht werden. Es geht bei der Altlastensanierung nicht um die Verhinderung neuer oder zusätzlicher Belastungen, sondern es geht um den Bewertungsmaßstab "Verschlechterungsverbot", wie Förstner (1990) es treffend ausdrückt. Es dürfe durch die Verdachtsfläche keine nachteilige Veränderung der bestehenden Grundlast in den Umweltmedien erfolgen. Der Bedarf einer bundesweit einheitlicheren Regelung und Transparenz der Entscheidung ist dringend erforderlich, allein der Weg zu dem Konsens ist steinig.

Noch ein Wort zur Bewertung der Sanierungsverfahren nach dem zu erreichenden bzw. erreichbaren Sanierungsziel unter wirtschaftlichen Aspekten. Wird eine Sanierung erforderlich, so sollten die festgelegten Werte wiederum Anhaltspunkte für das Sanierungsziel bieten. Es müssen solche Maßnahmen auf jeden Fall ausreichend sein, die es ermöglichen, die Bodenwerte in den Bereich der nutzungsorientierten Richtwerte zu bringen. Es wäre sicher nicht wünschenswert, wenn man zur Behandlung von Altlasten grundsätzlich die bestmögliche Sanierungstechnik verlangt. Eine in dieser Weise umfassende Sanierung wäre bei der Vielzahl der Fälle in absehbarer Zeit und mit den verfügbaren Mitteln nicht durchführbar. Häufig wird eine Sanierung nicht erforderlich sein, wenn sich die ermittelten Risiken in vertretbaren Grenzen halten (Zimmermeyer 1990).

Ebenso wichtig sollte es sein, Lehren aus der Altlastensanierung derart zu ziehen, daß wir alles tun, um neue Altlasten (Baldlasten) zu vermeiden. Der sorglose Umgang mit u.a. wassergefährdenden Stoffen – auch der verschüttete stete Tropfen – muß vermieden werden. Die 150jährige Industrialisierung mit dem besonders rasanten wirtschaftlichen Aufstieg in den letzten 50 Jahren hat auch das Speichervermögen und die Selbstreinigungskräfte des Bodens überfordert und örtlich zu den Altlasten geführt, die wir heute sanieren müssen.

Wissenschaftliche Erforschung des Mehrphasensystems Boden (Wasser, Luft und Boden) steht erst am Anfang, wird aber auf breiter Basis von den unterschiedlichen Fachdisziplinen verstärkt betrieben. Dem Bodenschutz als Ziel unserer Bemühungen muß für die nächsten Jahrzehnte erhöhte Priorität gegeben werden; die von der Bundesregierung vorgelegte Bodenschutzkonzeption legte bereits 1985 erste Ziele fest. Mit dem Sondergutachten des Rates von Sachverständigen für Umweltfragen (1989) wird die Bedeutung des Schutzes von Boden und Grundwasser unterstrichen.

2.8 Literatur

Bayer E (1990) Die Verantwortung der Wissenschaft im Umweltschutz: Erfahrung, Fiktion und Vision. Vortrag anläßlich der Verleihung des internationalen Rheinlandpreises für Umweltschutz. TÜV Köln

Fehlau KP (1990) Altlasten – Gefahrbeurteilung und notwendige Entscheidungen aus Sicht der Verwaltung. In: IRA, Völklingen (Hrsg) Euroforum Altlasten, Saarbrücken

Förstner U (1990) Umweltschutztechnik: Eine Einführung. Springer Verlag, Berlin Heidelberg New York

Kloke A (1988) Vorschlag für ein "Drei-Bereiche-System" zur Bewertung der Schadstoffbelastung im Boden. In: Rosenkranz D (Hrsg) Bodenschutz-Handbuch. Erich Schmidt Verlag, Berlin

Lühr HP (1990) Ableitung von Sanierungszielen und Sanierungswerten. In: IRA, Völklingen (Hrsg) Euroforum Altlasten, Saarbrücken

Schuldt M (1990) Prüfwerte für Bodenverunreinigungen. FGU-Seminar "Sanierung kontaminieter Standorte", Berlin

Sondergutachten des Rates von Sachverständigen für Umweltfragen (1989) Altlasten. Metzler-Poeschel, Stuttgart

Stellungnahme der Altlastenkommission 11/89 (1989) Anwendbarkeit von Richt- und Grenzwerten aus Regelwerken anderer Anwendungsbereiche bei der Untersuchung und sachkundigen Beurteilung von Altablagerungen und Altstandorten. Materialien zur Ermittlung und Sanierung von Altlasten, Band 2, Düsseldorf

Verband der chem. Industrie e.V., Gesamtverband des deutschen Steinkohlenbergbaus, Bundesverband der Deutschen Industrie e.V. (1989) Ableitung von Bodenrichtwerten, Frankfurt a.M.

Zimmermeyer N (1990) Bewertung und Begrenzung stoffbedingter Umweltrisiken. Symp 10/90. Nachrichten aus Chemie, Technik und Laboratorium 1:85–114

3 Vom Reagenzglasversuch zur biotechnologischen Bodensanierung – Probleme des Scaling-up and -down

W. Dott, M. Steiof[1]

3.1 Zusammenfassung

Neben den thermischen Dekontaminationsverfahren stellen die biologischen Sanierungstechniken die einzigen Technologien dar, bei denen es zu einer tatsächlichen Eliminierung der Schadstoffe und nicht zu einer Umlagerung kommt. Die Kenntnis der grundsätzlichen Abbaubarkeit vieler mineralölstämmiger Kohlenwasserstoffe durch Mikroorganismen ist bereits 80 Jahre alt (Söhngen 1913). Die ersten Untersuchungen zur Migration von Mineralölen in Bodensystemen wurden bereits vor über 20 Jahren durchgeführt (Schwille 1971a,b,c). Die erste biologische in-situ Sanierung wurde Mitte der 70er Jahre beschrieben (Raymond 1974), aber trotzdem muß angesichts der bestehenden Diskrepanzen zwischen durchgeführten Sanierungen und der Veröffentlichung ihrer Resultate konstatiert werden, daß speziell die biologischen in-situ Sanierungstechnologien prinzipiell noch in den Anfängen stecken. Eine wesentliche Voraussetzung zur zukünftigen Nutzung dieser Verfahren ist eine seriöse und interdisziplinäre Herangehensweise an dieses Problem. In letzter Zeit sind die biologischen Verfahren sowohl in der breiten Öffentlichkeit als auch in der Fachwelt aufgrund von negativen Fallbeispielen erheblich in Mißkredit geraten. Im folgenden soll nun versucht werden, einige Gründe für diesen Umstand zu erörtern. Dazu wird kurz auf Vor- und Nachteile von in-situ und ex-situ Sanierungen eingegangen. Auch werden die Voraussetzungen und die notwendigen Voruntersuchungen für biotechnologische Sanierungen erläutert. Anhand eines Fallbeispieles werden schließlich die Schwierigkeiten der Bilanzierung des mikrobiologischen Abbaus speziell bei in-situ Sanierungen und der Versuch einer realistischeren Gefährdungsabschätzung, die von einer Altlast ausgeht, besprochen.

---

[1] Fachgebiet Hygiene, Technische Universität Berlin, Amrumer Straße 32, D–13353 Berlin

3.2 Einführung

Zum Stand vom 15.01.1993 waren in der Bundesrepublik Deutschland bereits 131.448 Altlastenverdachtsflächen erfaßt (Franzius 1993). Davon entfielen 68.396 auf die alten und 63.052 auf die neuen Bundesländer, ohne daß militärische Altlasten (Summe etwa 5.700) dazugerechnet wurden. Die aktuellsten Schätzungen aufgrund detaillierterer Erfassungen in Pilotgemeinden liegen etwa 240.000 Altlastenverdachtsflächen. Bei einem Sanierungsbedarf von etwa 10% der erfaßten Flächen wird das erhebliche ökonomische Ausmaß der Altlastensanierung für die nahe Zukunft deutlich.

Neben den thermischen Verfahren und den chemisch/physikalischen Waschverfahren stellen die biotechnologischen Sanierungsmethoden nicht nur ökonomisch eine sinnvolle Alternative dar. Die biologischen Verfahren eröffnen gute Möglichkeiten zur Dekontamination von Altlasten, führen sie doch im Idealfall zu einer Umwandlung der organischen Kontaminanten in Kohlendioxid und Wasser. Es werden also bei einer mikrobiologischen Mineralisierung keine zeitlichen oder geographischen Verlagerungen der Schadstoffe vorgenommen. Der Einsatz biologischer Verfahren hängt aber auch entscheidend von einigen Voraussetzungen ab (Zusammensetzung der Schadstoffmatrix; Potential der heterotrophen Mikroorganismen; Geologie und Hydrogeologie des kontaminierten Areals) und besitzt dadurch Einschränkungen. Auf die Problematik des Spannungsfelds zwischen den grundsätzlichen biologischen Möglichkeiten und den Grenzen der Anwendbarkeit dieser Sanierungstechnologien soll im folgenden näher eingegangen werden (Tabelle 3.1).

3.3 Biotechnologische Sanierungstechnologien

Man unterscheidet bei den biotechnologischen Sanierungsverfahren die in-situ und die ex-situ Verfahren. Bei den in-situ Sanierungen bleibt der kontaminierte Boden in unausgehobenem Zustand und auch das Grundwasser wird hauptsächlich im verunreinigten Areal gereinigt. Bei einer ex-situ Sanierung hingegen wird der Boden ausgekoffert und oberirdisch behandelt. Die ex-situ Sanierungen lassen sich weiterhin in on-site Verfahren (Reinigung direkt auf dem Gelände der Kontamination) und die off-site Verfahren (Tranport zu und Reinigung in einer zentralen Anlage) unterscheiden, die aber vom Prinzip der Technologie her in der Regel keine Unterschiede besitzen.

Es ist trotzdem unabdingbar bei der Betrachtung biotechnologischer Sanierungstechnologien zu unterscheiden, ob es sich um in-situ oder um ex-situ Techniken handelt. Die pauschale Kritik hingegen berücksichtigt eine Unterscheidung der beiden Verfahren üblicherweise nicht. Ursächlich für die Kritik waren

Sanierungsfälle, bei denen auch Kontaminationen in-situ behandelt wurden, die wegen ihrer unpolaren Zusammensetzung im Untergrund nicht vollständig ausgetragen oder abgebaut werden konnten. Eine in-situ Reinigung von relativ gut wasserlöslichen Verunreinigungen (z.B. Benzin oder Kerosin) ist in der Regel ohne größere Probleme durchführbar. Sobald aber die Durchlässigkeit des Aquifers zu klein wird und gleichzeitig das Schadstoffspektrum zu unpolar ist, wird man mit einer in-situ Behandlung keinen Erfolg mehr haben und muß den Boden auskoffern. Vorteil einer ex-situ Technologie ist die bessere Beherrschung und Steuerung des Sanierungsgeschehens, da eine Miete als Reaktor zu betrachten ist, während ein in-situ Spülkreislauf nach wie vor eher einer black-box gleicht.

Tabelle 3.1. Vor- und Nachteile von biologischen Sanierungen

Vorteile	Nachteile
– weitgehend umweltfreundlich (keine ökologischen Veränderungen beim Einsatz autochthoner Bakterien; keine Abfallprodukte bei der Mineralisierung der Schadstoffe)	– unwirksam bei toxischen Schadstoffen – wenig wirksam bei hochkonzentrierten Schadstoffen
– geeignet sowohl für wasserlösliche als auch -unlösliche Kontaminaten	*in-situ* – wenig wirksam bis unwirksam bei schlecht durchlässigem Aquifer
in-situ – Sanierungsmaßnahme kann dem Ausbreitungspfad der Schadstoffe folgen	– Nebenwirkungen zudosierter Nährstoffe möglich (Ausfällungen) – Nebenwirkung der mikrobiellen Biomasse möglich (Verstopfungen)
– technisch und energetisch weniger anspruchsvoll; Bodenaushub entfällt, daher relativ preiswert	– Langzeiteffekte beim Einsatz von allochthonen (standortfremden) Bakterien sind noch nicht erforscht
ex-situ – im Gegensatz zu den in-situ Verfahren bessere Beherrschbarkeit und Beobachtung des Sanierungsverlaufes möglich	

3.4 Voraussetzungen biologischer Sanierungen

Voraussetzung für eine biologische Behandlung kontaminierter Böden ist eine genaue Kenntnis der Geologie und Hydrogeologie (z.B. Durchlässigkeit des Aquifers; hauptsächlich interessant bei in-situ Technologien) sowie der Chemie (Zusammensetzung, Lage und Ausdehnung der Kontamination) des Standortes (Tabelle 3.2). Zur Klärung der Durchführbarkeit müssen aber vor jeder einzelnen biologischen Sanierung Voruntersuchungen durchgeführt werden. Diese dienen zusammengefaßt der Klärung folgender Fragestellungen (Steiof 1988, Dott 1989):

1. Sind in dem kontaminierten Bodenmaterial genügend lebensfähige Mikroorganismen vorhanden?
2. Können diese autochthonen Mikroorganismen die vorliegenden Schadstoffe mineralisieren?
3. Kann ihre Aktivität gegebenenfalls durch geeignete Nährstoffzugabe gesteigert werden?

Man kommt im Vorfeld einer biotechnologischen Sanierung nicht um diese "Machbarkeitsuntersuchung" im Labor herum. Sie muß im ersten Stadium einfache biologische Parameter (Quantifizierung der heterotrophen Mikroflora; Bestimmung der aktuellen und potentiellen Atmungsaktivität) umfassen, während in weiteren Stadien auch Mikrokosmosuntersuchungen (Lysimeter; Perkolationssäulen; Reaktor) wichtig sind. Diese weitergehenden Versuche sollten bereits in Hinsicht auf die geplante Technologie (in-situ oder ex-situ) spezifiziert sein.

In den "Labormethoden zur Beurteilung der biologischen Bodensanierung" (Dechema 1992) wird ein guter Überblick für alle notwendigen Untersuchungen gegeben. Die Logistik dieser Untersuchungen ist in verschiedene Phasen unterteilt. Zunächst werden in einem Minimalprogramm die Zellzahlen der lebensfähigen Mikroorganismen in Bodenproben erfaßt und in einem einfachen "Weckglas"-Versuch mit kontaminiertem Bodenmaterial die aktuelle und potentielle Atmungsaktivität bestimmt. Damit lassen sich gute Anhaltspunkte für eine eventuelle Hemmung der autochthonen Mikroflora ermitteln. In der nächsten Stufe, einer orientierenden Prüfung des mikrobiellen Schadstoffabbaus, wird das mikrobiologische Untersuchungsdesign derart verfeinert, daß die Frage beantwortet werden kann, ob die Kontamination mit der standorteigenen (autochthonen) Mikroflora abbaubar ist. Diese Versuche werden im einfachen Becherglas-Maßstab durchgeführt. In der dritten Phase werden schließlich weiterführende Abbauversuche unter "Boden-nahen" Bedingungen durchgeführt (Lysimeter; Perkolator; Mikrokosmostests).

Eine Standardisierung dieser Voruntersuchungen ist deshalb notwendig, weil die Laborergebnisse nicht auf unterschiedliche Standorte übertragbar sind. Es liegen in der Regel andere physikalisch/chemische Milieubedingungen und neben der unterschiedlichen Kontamination auch andere Biozönosen vor.

Tabelle 3.2. Sinnvolle Vorgehensweise bei biotechnologischen Sanierungen

1. Parallelschritt	
Charakterisierung der autochthonen Mikroflora und ihrer Aktivität	Charakterisierung von bodenkundlichen, geochemischen und hydrogeologischen Standortbedingungen
2. Parallelschritt	
Bestimmung direkter Wirkungen der Kontaminanten auf die Mikroflora; Ermittlung von Hemmeffekten	Untersuchung von Wechselwirkungen zwischen Kontaminanten und den abiotischen Standortbestandteilen
3. Schritt	
Einstellung optimaler Bedingungen in einem Mikrokosmos	
4. Schritt	
Ermittlung spezifischer Prozeßkinetik; Analyse eventueller Nebenwirkungen; Entwurf eines Sanierungs-Monitoring	
5. Schritt Technische Vorbereitung des Standortes	
6. Schritt Sanierung und Monitoring	

Weiterhin besteht bis heute eine erhebliche Diskrepanz zwischen den Laborergebnissen und den erwarteten Bilanzen bei der praktischen Sanierung. Genau darin liegt das Kernproblem des Scaling-up von Laborstudien. Eine Aussage über die grundsätzliche Abbaubarkeit der Kontaminanten und auch über eventuelle Hemmeffekte durch andere Schadstoffe läßt sich problemlos treffen. Aber von diesen Ergebnissen ausgehend eine Bilanzierung der geplanten Sanierung (bis auf welche Konzentration werden die Schadstoffe in welcher Zeit abgebaut) vorzunehmen, ist aufgrund der fehlenden Übertragbarkeit der Laborergebnisse nicht statthaft. Es ist in der Praxis nicht möglich, die im Labor einstellbaren optimalen Bedingungen zu erreichen. Aufgrund der fehlenden Übertragbarkeit der Laborergebnisse in den Praxismaßstab müssen als Zielgrößen unbedingt verschiedene

Untersuchungsschritte zum Scaling-up in den technischen Maßstab vorgesehen werden.

Sowohl bei der Untersuchung von Wasser- als auch von Bodenproben müssen aber nicht nur vor, sondern auch während und nach einer Sanierung unterschiedliche biologische und toxikologische Parameter ermittelt werden (Anzahl koloniebildender Einheiten, Biomasse, qualitative und quantitative Erfassung verschiedener Gruppen physiologisch spezialisierter Organismen, unterschiedliche Toxizitätstests etc.).

Auch hierbei muß berücksichtigt werden, daß alle biologischen Parameter in der Regel nur einen Ausschnitt aus der tatsächlich vorhanden Aktivität oder Quantität der Mikroorganismen darstellen. Dieses Problem des Scaling-down führt wiederum zu der Schwierigkeit, aus dem biologischen Sanierungs-Monitoring Rückschlüsse auf das Voranschreiten der eigentlichen Sanierung abzuleiten.

3.5 Fallbeispiel Dieselöl-Kontamination

Die notwendigen Voruntersuchungen einer biotechnologischen Sanierung, die Probleme des Scaling-up der Laborergebnisse sowie verschiedene Schwierigkeiten, die sich zumeist erst in der praktischen Sanierung einstellen (und damit auch das Scaling-down beeinflussen), sollen nun anhand eines Fallbeispieles erläutert werden. Es handelt sich dabei um eine Dieselölkontamination.

In Abb. 3.1 sind zwei Gaschromatogramme dargestellt. Man erkennt an dem Chromatogramm der vorliegenden Verunreinigung (unten) das hohe Alter der Kontamination, da sich die Zusammensetzung des Dieselöls erheblich verändert hat. So sind die mit den Zahlen 10-24 gekennzeichneten homologen n-Alkane bereits aus der Schadstoffmatrix eliminiert worden. Mit den Buchstaben A-J sind typische iso-Alkane des Dieselöls markiert, die in der Kontamination noch persistiert haben.

Bei den chemischen und mikrobiologischen Untersuchungen des Bodenmaterials eines Schlauchkerns ergab sich folgendes Bild vor Inbetriebnahme der Sanierung: Das Dieselöl war bereits weit in das Grundwasser eingedrungen und hatte die maximalen Konzentrationen (bis zu 7.500 mg/kg Trockengewicht) zwischen 6,00 und 7,00 m Tiefe. In allen Tiefenbereichen konnten lebensfähige Bakterien nachgewiesen werden (Abb. 3.2).

In Laboruntersuchungen wurde kontaminiertes Bodenmaterial aus drei verschiedenen Tiefen mit der autochthonen Mikroflora in eine Perkolationssäule eingebracht und mit unterschiedlichen Nährlösungen beschickt. Die Ergebnisse dieser Säulenversuche sind in Abb. 3.3 zusammengefaßt. Der Abbau während der dreiwöchigen Versuchsdauer konnte durch die Verwendung von Nährsalzen (Ammonium und Phosphat) im Vergleich zum Abbau mit reinem Leitungswasser deutlich verbessert werden und auch ein zusätzlicher Einsatz von Nitrat steigerte den Abbau erheblich. Es lagen also in dem kontaminierten Boden keinerlei Hemmeffekte vor und der Nachweis der Abbaupotenz der autochthonen Biozönose war erbracht. Zudem konnte der Abbau durch den Zusatz von geeigneten Nährsalzen entscheidend verbessert werden.

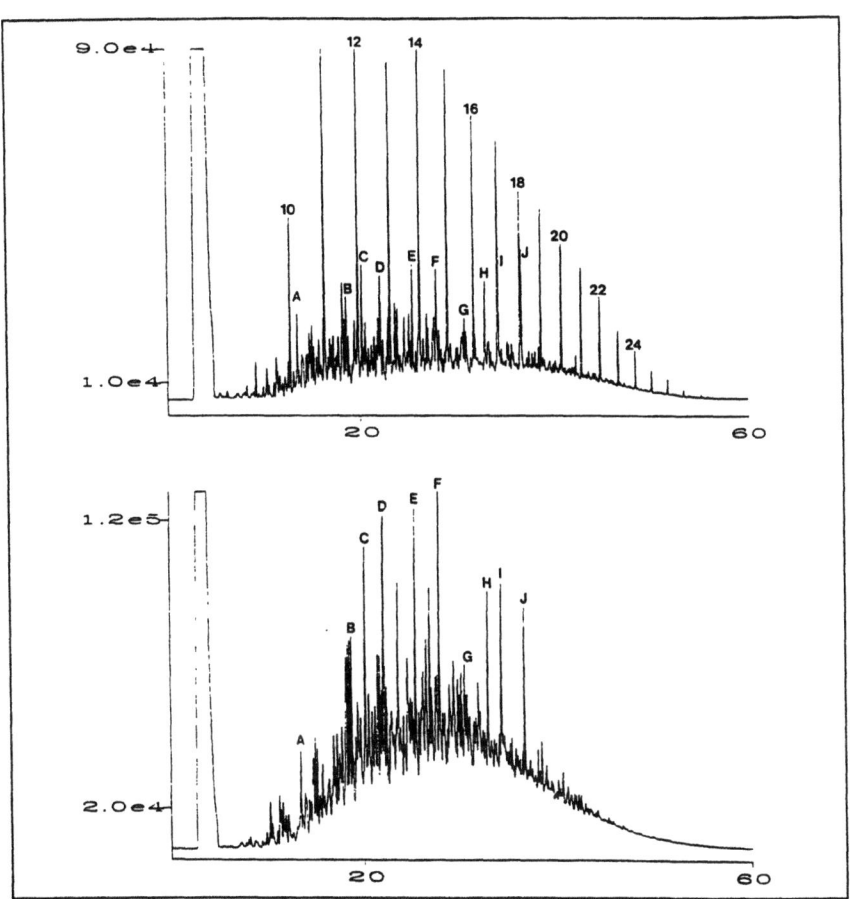

Abb. 3.1. Gaschromatogramme von Dieselöl (oben) und der vorliegenden Kontamination (unten) (aus Steiof 1993)

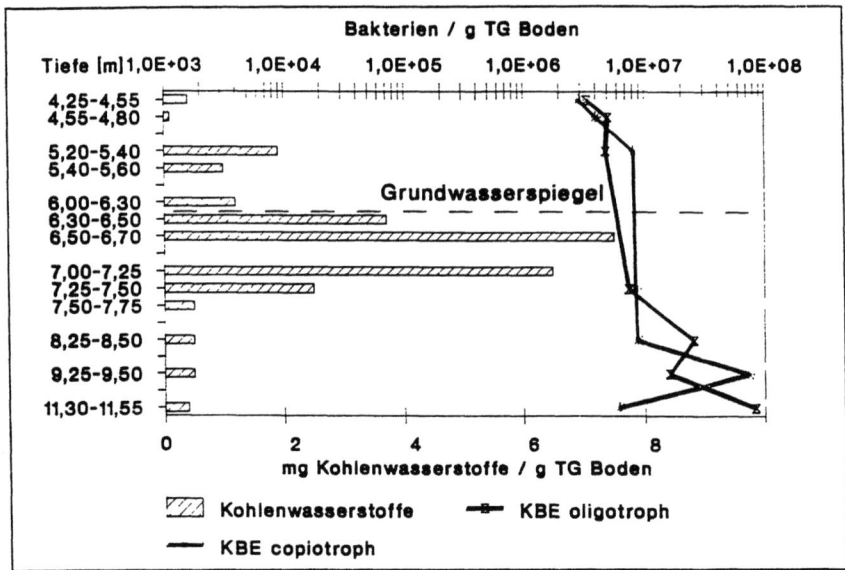

Abb. 3.2. Tiefenprofil der Schadstoffverteilung und der Bakterienzahlen in dem kontaminierten Bodenkörper

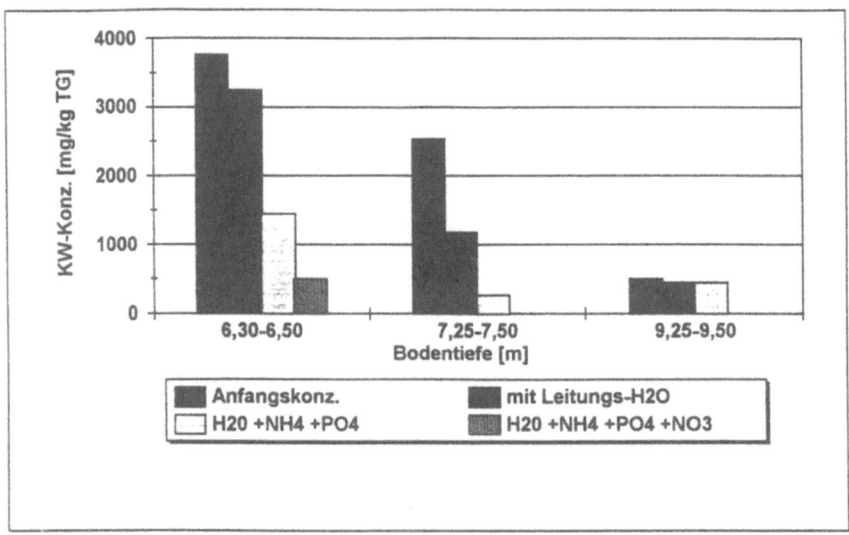

Abb. 3.3. Kohlenwasserstoff-Elimination in drei Bodenproben in den Perkolationssäulen während der 21tägigen Perkolation

3.6 Probleme der Bilanzierung einer biologischen in-situ Sanierung

Aufgrund der positiven Befunde in den Laboruntersuchungen wurde ein Spülkreislauf in dem kontaminierten Areal installiert und eine in-situ Sanierung eingeleitet. In Abb. 3.4 sind die Kohlenwasserstoff-Konzentrationen in 20 aus dem kontaminierten Gelände gewonnenen Bodenproben im Verlauf der Sanierung dargestellt. Die Beprobung von 1991 stellt die Ausgangsbelastung vor Inbetriebnahme der Sanierungsmaßnahmen dar. Die beiden in einjährigem Abstand folgenden Beprobungen wurden jeweils aus der gleichen Tiefe der gleichen Sondierungspunkte entnommen. In Abb. 3.4 wird deutlich, daß die Ölkonzentrationen in einigen Tiefen 1992 und 1993 sogar über den Ausgangswerten von 1991 lagen. Dieser Umstand verdeutlicht die Crux, mit der man es bei dem "blackbox"-Bodensystem einer in-situ Sanierung zu tun hat: es ist aufgrund der inhomogenen Struktur des Untergrundes und der inhomogenen Verteilung der Schadstoffe kaum möglich, eine repräsentative Bodenprobe zu entnehmen, und daher auch unmöglich, den biologischen Schadstoffabbau über die Bodenmatrix zu bilanzieren. Eine Bilanzierung in der Bodenmatrix kann also erst in einem weit vorangeschrittenen Abbaustadium signifikant bewertet werden.

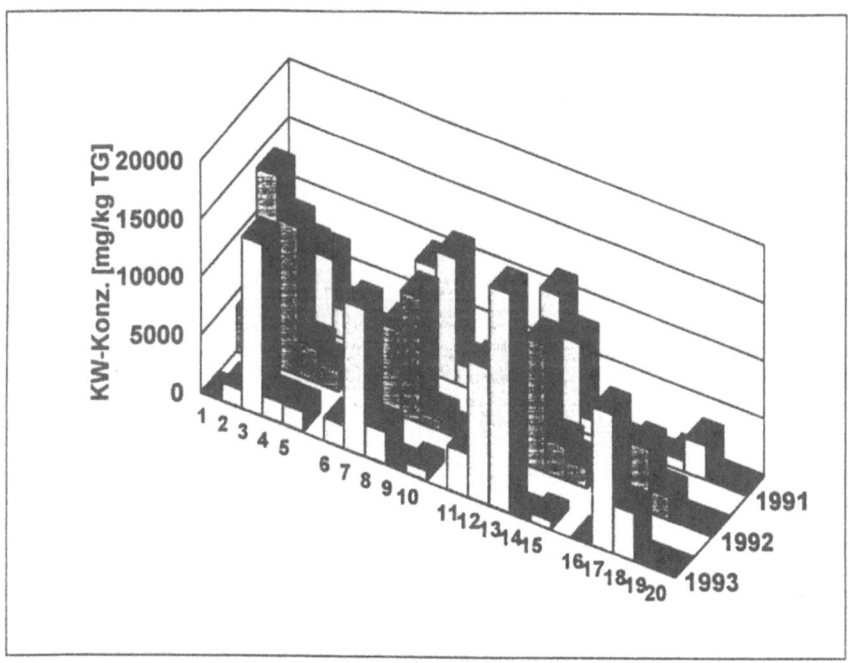

Abb. 3.4. Vergleich der Kohlenwasserstoff-Konzentration während der in-situ Sanierung in den 20 Bodenproben (1991 = vor Beginn der Sanierung)

Aus oben geschilderten Gründen versucht man eine Abbau-Bilanzierung über den Wasserpfad. Bei der Bilanzierung des mikrobiellen Kohlenwasserstoff-Abbaus über den Wasserpfad geht man von folgenden grundsätzlichen Reaktionsgleichungen aus:

Kohlenwasserstoff + Elektronenakzeptor ——> Biomasse + anorg. Kohlenstoff + Wasser

- Beispiel A:
  Oktan mit Sauerstoff als Elektronenakzeptor (ohne Ladungs- und Massenbilanz): $C_8H_{18} + O_2 + NH_4^+ \longrightarrow C_5H_7O_2N + CO_2 + H_2O + H^+$
- Beispiel B:
  Oktan mit Nitrat als Elektronenakzeptor (ohne Ladungs- und Massenbilanz): $C_8H_{18} + NO_3^- \longrightarrow C_5H_7O_2N + HCO_3^- + H_2O + N_2 + OH^-$

In Tabelle 3.3 sind zusammenfassend die Schwierigkeiten mit der Bilanzierung des mikrobiologischen Schadstoffabbaus bei einer in-situ Sanierung aufgelistet.

3.7 Abschätzung des Gefährdungspotentials

Die Möglichkeiten und Grenzen des mikrobiologischen Abbaus von Schadstoffen sind wesentlich von der genauen Zusammensetzung der Kontamination abhängig. Darüberhinaus spielen aber auch die vielfältigen Wechselwirkungen zwischen den Komponenten der Schadstoffmixtur und der jeweiligen Bodenmatrix eine erhebliche Rolle für den biologischen Abbau. So können sich sowohl die Abbaugeschwindigkeit als auch die erreichbare Restkonzentration ein und derselben Schadstoffmixtur in unterschiedlichen Böden deutlich voneinander unterscheiden. Eine Übertragung von Laborergebnissen auf andere Schadensfälle ist nicht möglich. Aus diesem Grund kann eine starre Fixierung auf vorgegebene Sanierungs-Grenzwerte bei biologischen Verfahren in der Zukunft als nicht sinnvoll erachtet werden. Vielmehr muß versucht werden, über die Abschätzung des Gefährdungspotentials, das von einem kontaminierten Gebiet ausgeht, eine Bemessungsgröße zu erhalten, die dem tatsächlichen Risiko das diese Altlast darstellt, besser entspricht. Ein erhöhtes Gefährdungspotential ist in der Regel nur von den Verbindungen zu erwarten, die über den Wasserpfad ausgetragen werden können. Organische Substanzen, die im Laufe einer Sanierung in die terrestrische Humusmatrix eingebaut werden (Humifizierung), stellen normalerweise keine Gefährdung für die Umwelt dar.

Als Instrument dieser Gefährdungsabschätzung dienen Toxizitätstests. In dem hier vorgestellten Beispiel wurden drei verschiedene Testsysteme eingesetzt:

1. Der Leuchtbakterientest mit *Photobacterium phosphoreum*, einem marinen Organismus, bei dem die Abnahme der Leuchtintensität als Meßparameter dient.

2. Der *Pseudomonas putida* Wachstumshemmtest, bei dem die Wachstumshemmung des heterotrophen Organismus als Meßparameter dient.
3. Der Wachstumshemmtest mit *Scenedesmus subspicatus*, eine Alge, bei der ebenfalls die Hemmung des Wachstums als Parameter für die Toxizität dient.

Tabelle 3.3. Probleme der Bilanzierbarkeit des Schadstoffabbaus bei einer in-situ Sanierung

Direkt	
Bodenmatrix	**Wassermatrix**
Keine Repräsentativität von Bodenproben aufgrund der inhomogenen Schadstoffverteilung. Erst in einem späten Abbaustadium signifikant bewertbar.	Verteilung der Einzelverbindungen in Wasser und Boden oft unbekannt. Selten Rückschlüsse auf die Bodenbelastung möglich, da oft ein sehr unpolares Stoffgemisch vorliegt.
Indirekt	
Ausgangsprodukte	**Endprodukte**
Wasserstoffperoxid und Sauerstoff Ausgasung von Sauerstoff; Oxidation anorg. Verbindungen; Chemisch-katalytische Peroxidzersetzung ohne Sauerstoff-Freisetzung möglich. *Nitrat* Assimilatorische Nitrat-; Ammonifikation lithotrophe Denitrifikation anorg. Verbindungen möglich; zusätzliche Quelle durch Nitrifikation.	*Kohlendioxid* Ausgasung von CO_2 möglich; Mobilisierung von mineral. Kalk. *Hydrogencarbonat* Fällung/Filtration in der Aufbereitung; Mobilisierung von mineral. Kalk. *Biomasse* Senke für organisch-C, falls in Wasser und Boden keine konstanten Zellzahlen vorliegen. *Chlorid* (bei CKW-Schaden) Niveau der geog. Grundbelastung; Abspaltung ist nicht gleichbedeutend mit einer Mineralisierung.

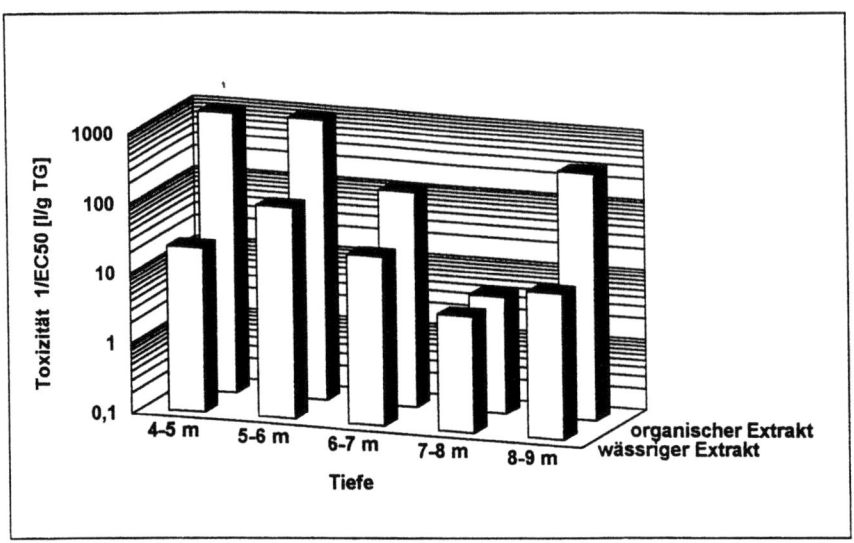

Abb. 3.5. Toxizität im Leuchtbakterientest der organischen und wäßrigen Extrakte von Bodenproben 16–20 im Jahre 1993

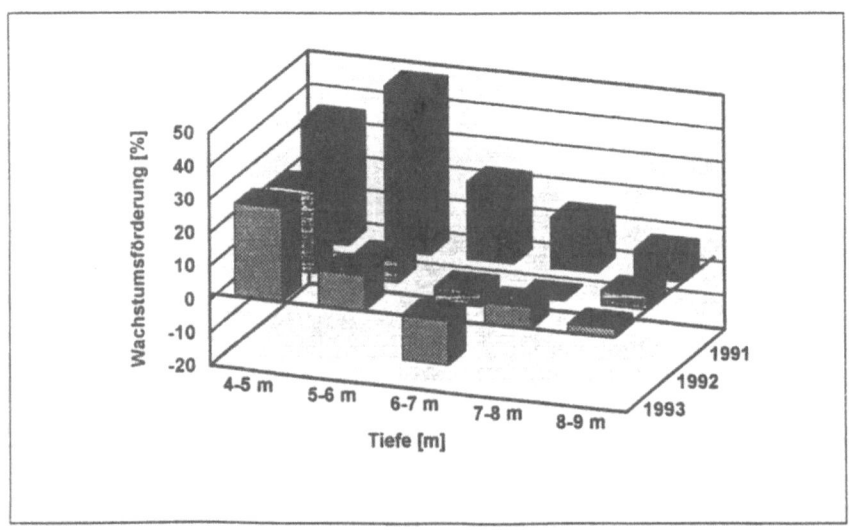

Abb. 3.6. Wachstumsförderung im *Ps. putida* Wachstumshemmtest der wäßrigen Extrakte aller 20 Bodenproben; Vergleich 1991–93

Zudem kann man neben der Untersuchung von Wasserproben auch wäßrige Extrakte (mit Pyrophosphatlösung) und organische Extrakte (mit Pentan oder DMSO) der kontaminierten Bodenproben herstellen und in den Toxizitätstest untersuchen. In den Abbildungen 3.5–3.7 sind die Ergebnisse von Toxizitätsuntersuchungen mit den drei beschriebenen Testsystemen dargestellt. Bei dem Vergleich der Toxizität im Leuchtbakterientest von organischen und wäßrigen Extrakten der kontaminierten Bodenproben (Abb. 3.5) ist die deutlich größere Toxizität der organischen Extrakt zu erkennen. Die Ergebnisse der organischen Extrakte können näherungsweise als "potentielles" Gefährdungspotential und die der wäßrigen Extrakte als "aktuelles" Gefährdungspotential des verunreinigten Bodens beschrieben werden.

In Abb. 3.6 ist der Vergleich der Wachstumsförderungen (da kaum Wachstumshemmungen auftraten) im *Ps. putida* Test der Bodenproben 16–20 von den Beprobungen 1991–1993 dargestellt. Der wäßrige Extrakt des Dieselöl-kontaminierten Bodens erzeugt in dem heterotrophen Organismus offensichtlich erst im Laufe der Sanierung (Abb. 3.6, Beprobung 1993) eine geringe Wachstumshemmung. In beiden Testsystemen (*Ph. phosphoreum* und *Ps. putida*) korreliert der Schadstoffgehalt der Bodenproben überhaupt nicht mit der ermittelten toxischen Wirkung der Extrakte. In Abb. 3.7 sind die Wachstumshemmung von *Sc. subspicatus* und die Kohlenwasserstoff-Konzentration in den organischen Bodenextrakten zusammen dargestellt. Mit diesem Testsystem ist eine gute Korrelation zwischen der Toxizität, aufgetragen als 1/EC50 (EC50 = effective concentration 50%, d.h. 50% des Algenwachstums waren gehemmt), und dem Kohlenwasserstoff-Gehalt zu erkennen.

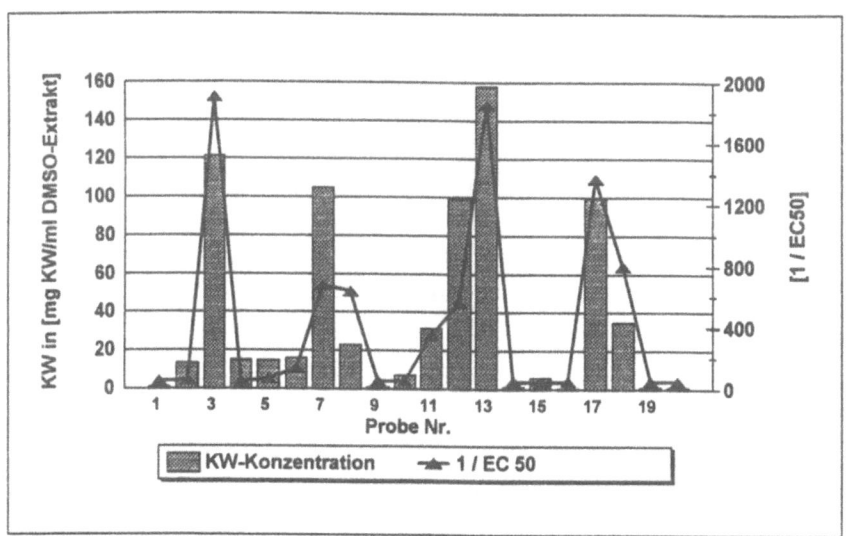

Abb. 3.7. Wachstumshemmung und Kohlenwasserstoff-Konzentration der organischen Bodenextrakte 1993 im Wachstumshemmtest mit der Alge *Scenedesmus subspicatus*

3.8 Einsatz von standortfremden (allochthonen) Bakterien

Den häufig geäußerten Vorwürfen, daß von biotechnologischen Sanierungsmaßnahmen ein infektiöses Risiko ausgeht, kann aufgrund detaillierter Untersuchungen begegnet werden (Dott 1992). Es kann davon ausgegangen werden, daß der Boden und das Grundwasser aus kontaminierten Gebieten hinsichtlich der vorhandenen Mikroorganismen vor und während einer biologischen Sanierungsphase kein erhöhtes Potential pathogener Bakterien enthält. Es ist mit dem Potential umbelasteter Böden (Ackerboden, Waldboden) oder dem aus Wasseraufbereitungsanlangen vergleichbar.

Diese Aussage ist bei einem geplanten Einsatz von allochthonen Bakterien allerdings zu relativieren. Obwohl die im Labor vorgezüchteten allochthonen Mikroorganismen nach ihrer Freisetzung in Boden oder Grundwasser in der Regel eine geringe Persistenz aufweisen und nach kurzer Zeit durch die autochthone Standortbiozönose überwachsen und damit eliminiert werden. Eine ausreichende Untersuchung des pathogenen Potentials dieser Bakterien im praktischen Einsatz wurde noch nicht durchgeführt.

Andererseits kann der Einsatz solcher Bakterienkulturen per se in Frage gestellt werden, da noch kein einziger Beweis dafür existiert, daß diese Mikroorganismen tatsächlich einen Anteil am Abbau der Kontaminanten übernommen hätten. In Abb. 3.8 sind die Abbauleistungen von neun käuflichen Spezialkulturen im Vergleich zu einer Belebtschlammbiozönose dargestellt. Keine Spezialkultur übertrifft die Abbauleistung der autochthonen Biozönose.

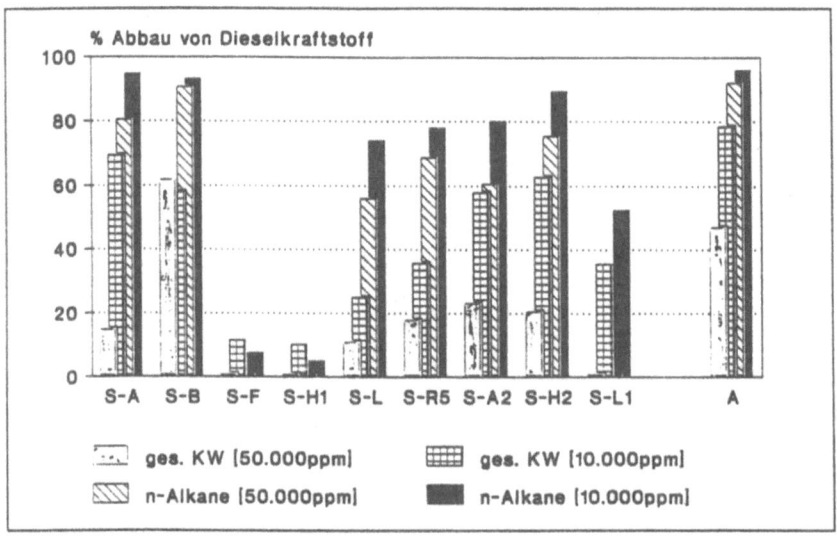

Abb. 3.8. Abbauleistungen speziell gezüchteter (S–) und autochthoner Bakterien (A = Belebtschlammbiozönose)

3.9 Forschungsbedarf

In Abb. 3.9 ist nochmal zusammenfassend ein sinnvolles Fließschema für die Voruntersuchungen zu einer biologischen Sanierungstechnik dargestellt. Unter der Kenntnis des Vorangegangenen lassen sich nun folgende Problempunkte formulieren, bei denen noch dringender Forschungsbedarf besteht:
- Verbesserung des Scaling-up von Laboruntersuchungen,
- Verbesserung der Bioverfügbarkeit der Schadstoffe,
- Verbesserung der Bilanzierung des biologischen Abbaus,
- Nachweis der Etablierung und des Abbaupotentials von allochthonen Mischkulturen,
- Standardisierung der Voruntersuchungen,
- Erfassung des ökotoxikologischen Potentials der erreichten Restkonzentration,
- Erweiterung der Gefährdungsabschätzung durch unterschiedliche biologische Testsysteme und Langzeitanalysen,
- Standardisierung der Verfahrenskontrolle (Sanierungs-Monitoring),
- Erarbeitung von Methoden zur Durchführung von Stoffbilanzen,
- Erfassung aller Emissionen (Ausfällungen, Ausgasungen etc.),
- Weiterentwicklung der in-situ und ex-situ Techniken,
- Entwicklung von Reaktoren und Reaktortechniken,
- Entwicklung von Verfahren zur Applikation von speziell gezüchteten Mikroorganismen für Problemschadstoffe.

Untersuchungen zum Abbau verschiedener Mineralölfraktionen zeigten, daß selbst unter optimalen Laborbedingungen von einigen Mineralölen ein erheblicher Restgehalt persistiert. Es liegen noch keine ausreichenden Kenntnisse über den Verbleib und das Gefährdungspotential dieser residualen Kohlenwasserstoffe nach einer biologischen Behandlung im Korngerüst der Bodenmatrix vor. Will man von den biologischen Verfahren in Zukunft konkurrenzfähige Erfolgsaussichten erwarten, wird es von entscheidender Bedeutung sein, die praxisbezogenen Erkenntnisse zu erweitern und die verschiedenen Fachdisziplinen gleichermaßen weiterzuentwickeln. Unter der Voraussetzung, daß eine biologische Reinigung eines kontaminierten Bodens nicht bis zur vollständigen Eliminierung der Kontaminanten möglich ist, müssen zur Zeit noch unzureichend untersuchte Forschungsschwerpunkte, wie z.B. die Humifizierung der bei einer biologischen Behandlung persistierten Mineralölkomponenten, verstärkt werden.

Die biotechnologischen Sanierungstechniken müssen in Zukunft durch eine interdisziplinäre Herangehensweise und fundierte Grundlagenuntersuchungen ihren guten Ruf zurückgewinnen, den sie in den letzten Jahren durch zuviel Vorschußlorbeeren teilweise verloren haben.

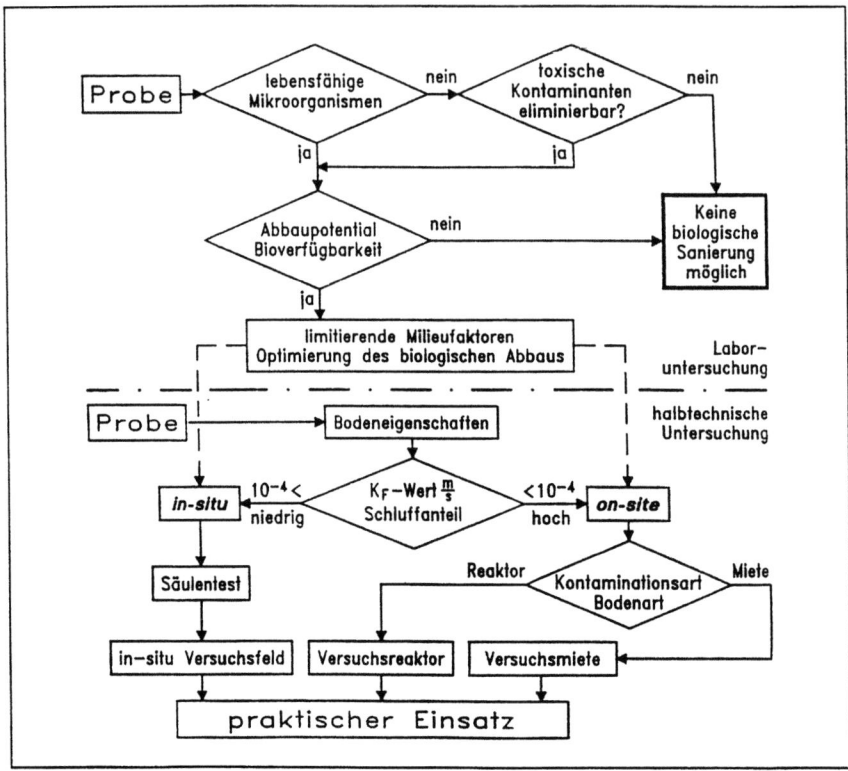

Abb. 3.9. Fließschema für praxisorientierte Voruntersuchungen (aus Dechema 1991)

3.10 Literatur

Dechema (1991) Einsatzmöglichkeiten und Grenzen mikrobiologischer Verfahren zur Bodensanierung. 1. Bericht des Arbeitskreises "Umweltbiotechnologie – Boden", Juni 1991, pp 34

Dechema (1992) Labormethoden zur Beurteilung der biologischen Bodensanierung. 2. Bericht des Arbeitskreises "Umwelttechnologie – Boden", Ad-hoc-Arbeitsgruppe "Labormethoden zur Beurteilung der biologischen Bodensanierung", Juni 1992, pp 44

Dott W (1989) Sanierung von Altlasten im Boden- und im Grundwasserbereich – Grenzen und Möglichkeiten mikrobiologischer Verfahren. Forum Städte-Hygiene 40:326–332

Dott W (1992) Mikrobiologisch/hygienische Beurteilung des Gefährdungspotentials durch aerobe und fakultativ anaerobe heterotrophe Bakterien bei der Anwendung biologischer Verfahren zur Bodensanierung. In: Dechema (Hrsg) Labormethoden zur Beurteilung der biologischen Bodensanierung, pp 37–44

Franzius V (1993) Überlegungen zum Kosten- und Finanzierungsbedarf der Altlastensanierung in den neuen Bundesländern. Zeitschrift für Angewandte Umweltforschung, Sonderheft 4

Raymond RL (1974) Reclamation of hydrocarbon contaminated ground waters. United States Patent No. 3,846,290

Schwille F (1971a) Die Migration von Mineralöl in porösen Medien. GWF-Wasser/Abwasser 112:307–311

Schwille F (1971b) Die Migration von Mineralöl in porösen Medien, Teil II. GWF-Wasser/Abwasser 112:331–378

Schwille F (1971c) Die Migration von Mineralöl in porösen Medien, Teil III. GWF-Wasser/Abwasser 112:465–472

Söhngen NL (1913) Benzin, Petroleum, Paraffinöl, und Paraffin als Kohlenstoff- und Energiequelle für Mikroben. Cbl Bakteriol Parasitkd Infektionskr 37:595–609

Steiof M (1988) Voruntersuchungen zur mikrobiologischen Sanierung eines mit Kohlenwasserstoffen verunreinigten Grundwasserleiters. In: Dott W, Rüden H (Hrsg) Untersuchungen zum mikrobiellen Kohlenwasserstoffabbau. Veröffentlichung aus dem FG Hygiene der TU Berlin und dem Institut für Hygiene der FU Berlin, HYG 2:125–246

Steiof M (1993) Biologische in-situ Sanierung eines mit Dieselöl kontaminierten Aquifers. In: Dott W, Rüden H (Hrsg) Untersuchungen zum mikrobiellen Kohlenwasserstoffabbau. Veröffentlichung aus dem FG Hygiene der TU Berlin und dem Institut für Hygiene der FU Berlin, HYG 14, pp 195

4 Verfahrenstechnische Konsequenzen von Einflußfaktoren auf biologische Bodensanierungsverfahren

R. Braun[1], E. Bauer, Ch. Pennerstorfer, G. Kraushofer

4.1 Einleitung

Verunreinigungen von Böden durch organische und anorganische Verbindungen haben sich großteils bereits in den vergangenen Jahrzehnten akkumuliert, erfolgen aber auch heute noch laufend durch unsachgemäße Ablagerung, Ausbringung von Schlämmen, insbesonders auf landwirtschaftlich genutzte Flächen, gasförmige Immissionen, sowie durch Unfälle. Allein in Österreich wurden von den Bundesländern gemäß Altlastensanierungsgesetz 1989 bisher etwa 18.000 Verdachtsflächen gemeldet, wovon etwa 1000 vom Umweltbundesamt bereits in den Verdachtsflächenkataster aufgenommen und 87 bereits zu Altlasten erklärt wurden. Europaweit schätzt man etwa 0,4% der Landfläche als kontaminiert ein (Thome-Kozmienski 1988).

Von zahlreichen dieser Altlasten sowie auch von laufend auftretenden Bodenverunreinigungen gehen erhebliche Gefahren, insbesondere für die Grundwasserströme, aber auch im Zuge unterschiedlichster Nutzung dieser Bodenflächen aus. Gemessen am langfristigen Gefahrenpotential nehmen sich die bisherigen Bemühungen zur Sanierung kontaminierter Standorte sehr bescheiden aus. Steirer (1993) berichtete kürzlich über eine bisher erfolgreich abgeschlossene und zwei laufende, seitens des Altlastensanierungsfonds geförderte, biologische Bodensanierungen. Nach eigenen Schätzungen sind österreichweit etwa 10 Sanierungsfirmen mit einer Jahreskapazität von insgesamt mehreren 100.000 t Boden tätig.

Nach Steirer (1993) wird der Großteil sanierungsbedürftiger Böden und Altlasten gegenwärtig jedoch nicht saniert, sondern deponiert oder auf verschiedene Arten gesichert (Abb. 4.1). Nur ein geringer Prozentsatz wird tatsächlich auf unterschiedliche Art wie durch Bodenluftabsaugung, Bodenwäsche oder biologisch behandelt. Diese aus ökologischen, wie auch aus Gründen der Deponieraumknappheit unbefriedigende Situation hat unterschiedlichste Ursachen.

---

[1] Institut für angewandte Mikrobiologie, Universität für Bodenkultur, A–1190 Wien

Die Gründe für die bisher in kaum nennenswertem Umfang erfolgten biologischen Sanierungen sind vor allem

- fehlende rasche und sichere Ansprech- und Beurteilungsverfahren,
- fehlende Grundlagen und Praxiserfahrungen für unterschiedliche Kontaminationen und Böden sowie
- fehlende gesetzliche Grenzwert- und Wiederverwendungsregelungen für gereinigte Böden.

Zur Lösung dieser unterschiedlichen Fragestellungen sind daher sowohl intensivierte Grundlagenarbeiten als Basis verbesserter Einsatzmöglichkeiten sowie auch klare gesetzliche Regelungen betreffend Sanierung und Wiederverwendung Grundvoraussetzung.

Am Institut für angewandte Mikrobiologie, Arbeitsgruppe Umweltbiotechnologie der Universität für Bodenkultur, werden seit etwa 4 Jahren systematische Grundlagen- und Anwendungsuntersuchungen, insbesonders hinsichtlich

- Beurteilungsverfahren zur Verfahrenswahl bei diversen Verunreinigungen,
- Labor-Schnelltests zum Nachweis des Abbauverhaltens und
- Einflußfaktoren auf Scale Up Parameter bei der biologischen Bodenreinigung durchgeführt. Die Untersuchungen werden sowohl im Labor- als auch Pilotmaßstab betrieben.

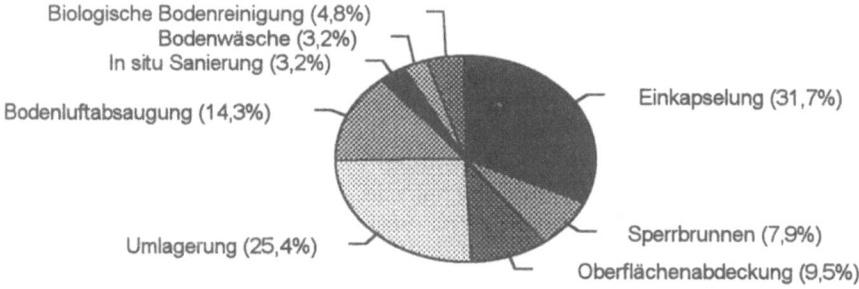

Abb. 4.1. Angewandte Sanierungs- und Sicherungsverfahren für Bodenverunreinigungen und Altlasten (nach Steirer 1993)

4.2 Voraussetzungen für den Einsatz biologischer Verfahren

4.2.1 Bodenbedingungen

Boden setzt sich aus einer festen Bodenmatrix, der flüssigen Phase (Bodenwasser) und der Gasphase (Bodenluft) zusammen. In den Boden eindringende organische und anorganische Fremdstoffe unterliegen zahlreichen komplexen biologischen und nichtbiologischen Reaktionen (Abb. 4.2). Art und Geschwindigkeit dieser Reaktionen werden von zahlreichen Faktoren wie den chemischen und physikalischen Eigenschaften des vorliegenden Fremdstoffes, der Bodenart (Ton-, Sand-, Humusgehalt), der Bodenstruktur (Porosität, Wasserkapazität), dem Nährstoffverhältnis, sowie von Temperatur, pH und der Aktivität der mikrobiellen Bodenflora beeinflußt. Je nach resultierenden Reaktionsbedingungen können Fremdstoffe reversibel oder irreversibel an tote und lebende Bodenbestandteile, organische und anorganische Partikel gebunden, aus dem Boden ausgewaschen, verflüchtigt, teilweise metabolisiert oder mineralisiert bzw. chemisch und photochemisch verändert werden. Gezielte äußere Einflußnahmen im Sinne einer Elimination störender Fremdstoffe gestalten sich aufgrund dieser komplexen Reaktionsabläufe ungemein schwierig.

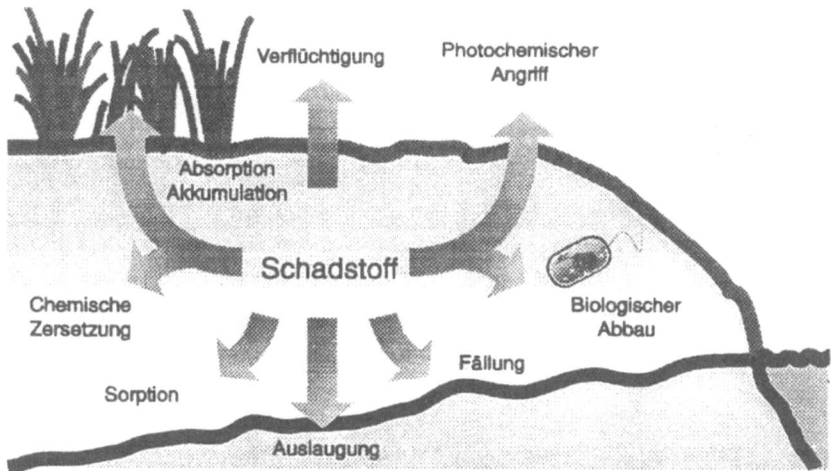

Abb. 4.2. Beispiele biologischer und nichtbiologischer Reaktionen von Schadstoffen im Boden

4.2.2 Chemisch-physikalische Eigenschaften von Bodenschadstoffen

Viele Bodenverunreinigungen wie verschiedene Kohlenwasserstoffe sind aufgrund ihrer Schwerlöslichkeit in Wasser, hohen Bindungsaffinität zur Bodenmatrix, Toxizität und Mutagenität besonders unangenehm handhabbar. Obschon manche Verbindungen mit einer Wasserlöslichkeit von $<10^{-6}$ g l^{-1} (Tabelle 4.1) nahezu unlöslich sind, konnte zumindest im Laborexperiment auch für derartige Substanzen ein biologischer Abbau nachgewiesen werden. Schwermetalle entziehen sich dem biologischen Abbau vollständig, wobei durch Mikroorganismen lediglich eine Mobilisierung (Lösung) bzw. Akkumulation an und in der Zelle auftreten kann.

Tabelle 4.1. Eigenschaften verschiedener als Boden- und Grundwasserverunreinigungen auftretender Verbindungen (*-K_{oc} Verhältnis zwischen im Boden adsorbierter und gelöster Menge einer Verbindung in bezug auf C_{org} im Boden; Rippen 1991)

Substanz	Löslichkeit ($g\,l^{-1}$)	Dampf- druck (Pascal)	Siede- punkt (°C)	Schmelz- punkt (°C)	Dichte ($g\,cm^{-3}$, 20°C)	Flamm- punkt (°C)	K_{oc}*	Grenzwerte im Boden (Holland, $mg\,kg^{-1}$)
n-Octan	<5·10⁻³ (25°C)	1,3·10³ (19,2°C)	125,6	-56,8	0,7028	22		A 0,1; B 5; C 50
n-Hexadecan	<5·10⁻³ (25°C)	1,3·10³ (149,2°C)	286,8	18	0,7751	135		-"-
Benzol	1,77	12700 (25°C)	80,1	5,5	0,879	-11	92	A 0,01; B 0,5; C 5
Phenol	90 (20,0°C)	4,07·10³ (25°C)	182	3	1,0708	79	44	A 0,05; B 1; C 10
Naphthalin	3,2·10⁻² (25°C)	11,2 (25°C)	218	80	1,162	78	790	A 0,01; B 5; C 50
Anthracen	4,8·10⁻⁵ (25°C)	10⁻³ (25°C)	342	218	1,252		21·10³	A 0,1; B10; C 100
Benzo(a)pyren	4,5·10⁻⁶ (22,5°C)	0,7·10⁻⁶ (22,5°C)	312	178	1,28		1,8-4,5·10⁶	A 0,05; B1; C 10
Dichlormethan	16 (25°C)	45000 (20°C)	39,75	-96	1,327		48	
Atrazin	4,5·10⁻² (20°C)	4·10⁻⁵ (20°C)	>300	174	1,2		145	A 0,01; B 1; C 10
Lindan	7,4·10⁻³ (25°C)	1,25·10⁻³ (20°C)	288	112,5	2		0,5-7·10³	A 0,001; B 0,5; C 5
Pentachlorphenol	1,9·10⁻² (20°C)	7,4·10⁻³ (25°C)	310	189	1,978		8200	A 0,1; B 0,5; C 5

Verfahrenstechnische Konsequenzen von Einflußfaktoren

Stoff						
2,3,7,8-Tetra-chlordibenzodioxin	$1,3 \cdot 10^{-8}$ (22,5°C)	$1,5 \cdot 10^{-7}$ (25°C)	900	325	1,83		$2,5 \cdot 10^{6}$
PCB's	$4 \cdot 10^{-3}$ bis unlösl. (20°C)	1-10	325-420	-7-26	1,36-1,55		A 0,01; B 1; C 10
Dieseltreibstoff	0,01-0,023	400 (20°C)	250-400		$0,82-0,86^{1)}$	>62	A 100; B 1000; C 5000
Heizöl	0,005	<100 (20°C)	180-350		$0,85-1,03^{1)}$	>55	-"-
Benzin	0,03-0,05	$400-900^{2)}$	30-200		$0,74-0,79^{1)}$	55-110	A 20; B 100; C 800
KCN	680	33 (697°C)		634,5	1,52		A 1; B 10; C 100
NaNO$_3$	880 (20°C)			308	2,26		
KNO$_3$	320 (20°C)			334	2,11		
HgCl$_2$	74 (20°C)	10^{-2} (20°C)	302	276	5,44		
Quecksilber	unlöslich	0,266 (25°C)	356,6	-38,8	13,54		A 0,3; B 2; C 10
Thallium	-"-	0,013 (473°C)	1457	302,5	11,85		
Cadmium	-"-	13,3 (318,6°C)	767,3	321	8,64		A 0,8; B 5; C 20
Blei	-"-	$2,35 \cdot 10^{2}$ (1000°C)	1740	327,4	11,34		A 85; B 150; C 600

[1] bei 15°C; [2] bei 37,8°C.

Viele Verbindungen entziehen sich infolge ihrer hohen Bindungsaffinität zur Bodenmatrix nicht nur dem quantitativen chemischen Nachweis, sondern auch dem vollständigen biologischen Abbau. Der Adsorptionskoeffizient (K_{OC}), als Verhältnis der an die Bodenmatrix adsorbierten Stoffmenge einer Substanz zu deren Konzentration in Lösung, definiert das Bindungsverhalten. Die K_{OC}-Werte sind auf den organischen C–Gehalt im Boden bezogen. Sie liegen im Bereich $10-10^6$ (Tabelle 4.1). Die Zahlenwerte der Tabelle 4.1 sind den einschlägigen Publikationen wie Foerst (1958), Liebmann (1962), D'ans Lax (1967), Budavari (1989), Rippen (1991), Aldrich Katalog (1992), Welzbacher (1993) und Firmenauskünften (Koliander 1991, Ploder 1991) entnommen.

4.2.3 Biologische Abbaubarkeit von Schadstoffen

Kohlenwasserstoffe stellen infolge ihrer weiten Verbreitung eine in der Praxis häufig auftretende Bodenverunreinigung dar. Die vollständige mikrobielle Mineralisierung von Kohlenwasserstoffen und anderer als Bodenverunreinigungen auftretender, organischer Verbindungen durch verschiedene Bakterien, Hefen und Pilze ist in der Literatur seit vielen Jahren bekannt. Im Laborversuch verläuft die Mineralisierung von Kohlenwasserstoffen trotz deren Schwerlöslichkeit zumeist innerhalb weniger Stunden oder Tage. Unter Stickstoffzusatz werden in einem Mineralmedium Alkane, einkernige und selbst mehrkernige Aromaten rasch umgesetzt. Selbst halogenierte aromatische Verbindungen und komplexe Substanzen wie Dioxine und Furane unterliegen einem mikrobiellen Angriff (Tabelle 4.2).

Der biochemische Abbau von Kohlenwasserstoffen erfolgt jeweils nach dem gleichen Grundschema (Abb. 4.3). Aliphatische Kohlenwasserstoffe werden mono-, di- oder subterminal durch Oxygenasen und Dehydrogenasen über Aldehyde und Alkohole schrittweise bis zur entsprechenden Fettsäure oxidiert. Der weitere Abbau erfolgt durch ß–Oxidation bzw. über den Citratcyklus schließlich zu CO_2 und Wasser. Ein- und mehrkernige ringförmige aromatische Verbindungen werden unter der Wirkung von Mono- oder Dioxygenasen zunächst hydroxyliert und anschließend in die entsprechende lineare C–Kette gespalten. Der weitere Abbau erfolgt durch Einschleusung der Spaltprodukte in den Citratcyklus. Halogenierte Kohlenwasserstoffe (CKW) widersetzen sich insbesondere im Falle von Mehrfachsubstituierung oft dem aeroben Abbau und werden erst nach anaerober reduktiver Dehalogenierung aerob weiter metabolisiert.

Tabelle 4.2. Nachgewiesene Metabolisierungen verschiedener als Bodenverunreinigung auftretender Verbindungen

Stamm	Substanz	Literaturzitat
Pseudomonas putida	n-C6 bis n-C10	Chakrabarty et al. (1973)
Pseudomonas aeroginosa	n-C6 bis n-C17	Nieder und Shapiro (1975)
Acinetobacter sp. HO1-N	C10–C20	Kennedy und Finnerty (1975)
Acinetobacter calcoaceticus	C14	
Pseudomonas Sol 20	n-C2 bis n-C12	Azoulay und Heidemann (1963)
-"- 196 Aa	n-C2 bis n-C10	Tassin und Vandecasteele (1972)
Candida tropicalis 101	n-C6 bis n-C16	Lebeault et al. (1970)
Saccharomyces cerevisiae SAT	n-C2 bis n-C12	Roche und Azoulay (1969)
Bakterium JOB5	n-C1 bis n-C22	Ooyama und Foster (1965)
	Trimethylmethan	
	2,2-Dimethylpropan	
	2-Methylbutan	
	2-/3-Methylpentan	
	2,4-Dimethylpentan	
	3-Methylhexan	
Mycobacterium rhodochrous	Dodecylcyclohexan	Feinberg et al. (1980)
Arthrobacter strain CA1		
Pseudomonas species 53/1	Naphthalin	Treccani et al. (1954)
Bacillus naphthalinicum	-"-	Walker und Wiltshire (1953)
Nocardia strain R	-"-	Treccani et al. (1954)
Nocardia species NRRI 3385	-"-	Wegner (1973)
Escherichia coli	Benz(a)pyrene	Martinsen und Zachariah (1978)
Salmonella heidelberg	N-2-Fluorenylacetamide	
Bacillus cereus	-"-	
Mycobacterium sp.	Pyren	Heitkamp et al. (1988)
Rhodococcus sp. P1	-"-	Walter et al. (1990)
-"-	Phenanthren	Guerin und Jones (1988)
Phanerochaete chrysosporium	Phenanthren	Sutherland et al. (1991)
Candida maltosa	n-Hexadekan	Blasig et al. (1988)
Pseudomonas butanovora	n-Butan	Takahashi (1980)
Moraxella species	Benzol	Högn und Jaenicke (1972)
Pseudomonas sp.	Cyclohexan	Murray et al. (1980)
Pseudomonas paucimobilis	Phenanthren	Weissenfels et al. (1990)
Pseudomonas vesicularis	Fluoren	
Alcaligenes denitrificans	Fluoranthen	
Mycobacterium sp.	Fluoranthen	Kelley und Cerniglia (1991)
Pseudomonas putida	Benzol	Gibson et al. (1970a)
Acinetobacter sp.	-"-	Högn und Jaenicke (1972)
Pseudomonas putida	Toluol	Gibson et al. (1970b)
	Chlorbenzol, p-Chlortoluol	

	p-Bromtoluol, p-Fluortoluol	
-"-	Ethylbenzol	Gibson et al. (1973)
-"-	p-Xylol	Gibson et al. (1974)
-"-	2-/3-Phenylbutan	Baggi et al. (1972)
-"-	4-Phenylheptan	-"-
Achromobacter	Butylbenzol	Sorlini (1972)
Beijerinckia sp.	Biphenyl	Gibson et al. (1973)
Pseudomonas putida	-"-	Catelani et al. (1971)
Xanthobacter sp.	Cyclohexan	Trower et al. (1985)
Sphingomonas sp. HH 69	Dibenzofuran, Dibenzo-p-dioxin	Figge et al. (1993)
-"- RW 1	1,2,4,5-Tetrachlorbenzol	
Pseudomonas sp. PS 14		
Xanthobacter autotrophicus	1,2-Dichlorethan	Janssen et al. (1985)
Pseudomonas sp.	Dichlormethan	Brunner et al. (1980)
Hyphomicrobium sp.	-"-	Stucki et al. (1981)
Pseudomonas putida	Trichlorethylen	Wackett und Gibson (1988)
Pseudomonas putida CB1-9	Chlorbenzol 1,4-Dichlorbenzol	Kröckel und Focht (1987)
Alcaligenes paradoxus	2,4-Dichlorphenoxy-säure	Fisher et al. (1978)
	2-CH$_3$-4-chlorphenoxy-acetat	
Pseudomonas sp. Stamm B 13	3,5-Dichlorcatechol	Schwien et al. (1988)
Alcaligenes eutrophus JMP134	2,4-Dichlorphenoxy-acetat	Pieper et al. (1988)
	4-Chlor-2-methyl -"-	
	2-Methyl -"-	
Definierte Mischkultur	Chlorphenolisomere	Schmidt et al. (1983)
Mischkultur aus	Mono-, Dichlorphenyl	Furukawa u. Chakrabarty (1982)
Acinetobacter sp. Stamm PC,		
Arthrobacter sp. Stamm MP und		
Pseudomonas sp.		
Alcaligenes sp. A 7-2	4-Chlorphenol	Balfanz und Rehm (1990)
Nitrosomonas europaea	Methylbromid	Rasche et al. (1990)
Nitrosolobus multiformis	1,2-Dichlorpropan	
	1,2-Dibrom-3-chlorpropan	
Hyphomicrobium	Methylchlorid	Hartmans et al. (1986)
Methylobacterium	Dichlormethan	Kohler-Staub u. Leisinger (1985)
Mycobacterium	Vinylchlorid	Hartmans et al. (1985)
Pseudomonas	Ethylchlorid	Scholtz et al. (1987)
Xanthobacter	1,2-Dichlorethan	Janssen et al. (1985)
	1-Chlorpropan	
	1,3-Dichlorpropan	

Methylosinus	Di-, Trichlorethylen	Oldenhuis et al. (1989)
		Tsien et al. (1989)
		Oldenhuis et al. (1991)
		Brusseau et al. (1990)
Nitrosomonas	Di-, Trichlorethylen	Arciero et al. (1989)
		Vannelli et al. (1989)
Pseudomonas	-"-	Nelson et al. (1988)
		Shields et al. (1989)
		Wackett und Gibson (1988)
		Zylstra und Gibson (1989)
Alcaligenes	-"-	Harker und Kim (1990)
Mycobacterium	-"-	Wackett et al. (1989)
Methylosinus	Dichlormethan	Oldenhuis et al. (1989)
	Chloroform	Oldenhuis et al. (1991)
Methylosinus	1,1,1-Trichlorethan	Rasche et al. (1990a)
Nitrosomonas	1,2-Dichlorpropan	Rasche et al. (1990b)
Arthrobacter	Pentachlorphenol (PCP)	Edgehill und Finn (1983)
Flavobacterium	-"-	Crawford und Mohn (1985)
Xanthobacter GJ10-12	1,2-Dichlorethan	Janssen et al. (1992)
Ancylobacter AD20	-"-	
Hyphomicrobium GH20-22	Dichlormethan	
Arthrobacter GJ70	1,6-Dichlorhexan	
	1,9-Dichlornonan	
Pseudomonas sp. NRRL B-12228	HCN	Ernst und Rehm (1990)
Achromobacter sp. Nicht identifiziert	CN-	Knowles (1988)
Heterotrophe Bakterien	Thiocyanate	Stafford und Callely (1969)
Pseudomonas sp.	CN-	White et al. (1988)
Pseudomonas fluorescens	-"-	Rollinson et al. (1987)

4.3 Untersuchung verschiedener Einflußfaktoren

4.3.1 Testverfahren zum Nachweis des biologischen Abbaus

In der Praxis liegen meist keine Reinsubstanzen, sondern komplexe Gemische wie Heizöl, Benzin u.ä. als Bodenverunreinigungen vor. Der Nachweis der Abbaubarkeit gestaltet sich dabei bereits aufgrund der Probenahmeproblematik sowie des aufwendigen analytischen Nachweisverfahrens schwieriger. Auf Basis einer repräsentativen Bodenprobe ist es jedoch möglich, sowohl in wäßrigen Bodensuspensionen, als auch in festen Bodenproben innerhalb von wenigen Wochen einen definitiven Abbaunachweis zu erbringen. Hierzu wird die Bodenprobe homogenisiert und gesiebt (2 mm). Nach Einstellung der Wasserkapazität auf 50(+/-10)% (Dechema 1992) und des C:N–Verhältnisses auf 10:1 wird das Bodenmaterial einerseits in flache Schalen (Volumen etwa 5 Liter) eingebracht, andererseits in Wasser suspendiert und in eine Serie von Schüttelkolben (100 ml) abgefüllt. Die Ansätze werden bei 20°C (Schalen) bzw. 30°C (Suspension) mehrere Wochen bebrütet, wobei laufend Wassergehalt, Atmung, Dehydrogenaseaktivität, Kohlenwasserstoffgehalt und pH–Wert kontrolliert werden. Nach 4–6 Wochen kann der Reinigungsverlauf beurteilt werden (Abb. 4.4).

4.3.2 Abbaulimitierungen

Die im Laborversuch erzielten Abbauwerte lassen im Hinblick auf ein technisches Sanierungsverfahren nur eine erste Beurteilung zu. In der Praxis hat sich nämlich wiederholt gezeigt, daß positive Abbauergebnisse im Labor nicht ohne weiteres auf den technischen Maßstab übertragbar sind. Der erzielbare maximale Abbau ist mit Laboruntersuchungen im Ausmaß von 6 Wochen ebenfalls nicht zu klären. Hierzu sind längerfristige Experimente in der Dauer von mehreren Monaten erforderlich, da sich der anfänglich rasche Abbau nach einigen Wochen allmählich verlangsamt. Das Abbauverhalten ist stoffspezifisch und daher von Fall zu Fall neu zu klären. In Tabelle 4.3 sind die experimentell ermittelten Halbwertszeiten einer Reihe praxisrelevanter Verbindungen aufgelistet (Block et al. 1990).

Unter technischen Verfahrensbedingungen wird der Abbau vor allem durch

– mangelnde Bioverfügbarkeit von Schadstoff und Nährstoffen (Stickstoff),
– unzureichende Sauerstoffversorgung oder
– Austrocknen des Bodens

behindert. In den meisten Fällen werden daher im Gefolge von Labortests als weiterer Scale Up Schritt Pilotversuche (Volumen etwa 5–10 m^3) notwendig sein. Dabei müssen die

– Manipulierbarkeit des Bodenmaterials (Zerkleinerung, Mischbarkeit, Fraktionierung),
– Verbesserung der Schadstoffverfügbarkeit (Grenzflächenerhöhung),
– Sicherstellung ausreichender Sauerstoffversorgung (Porosität) und die
– Milieuoptimierung (Nährstoffe, Wasserkapazität, pH etc.)

untersucht und entsprechend optimiert werden.

Erst derartige Voruntersuchungen lassen gesicherte Aussagen über die Anwendbarkeit biologischer Verfahren, den erzielbaren Reinigungsgrad und die damit mögliche Art der Wiederverwendung bzw. letztlich über die zu erwartenden Sanierungskosten zu.

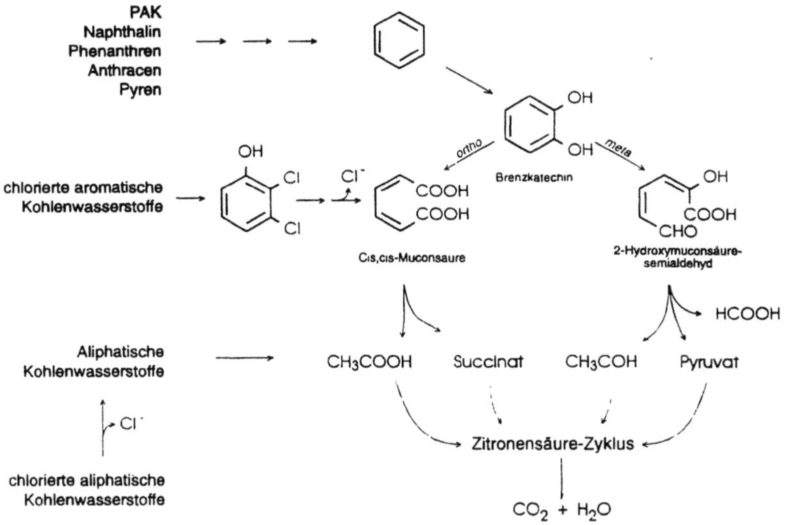

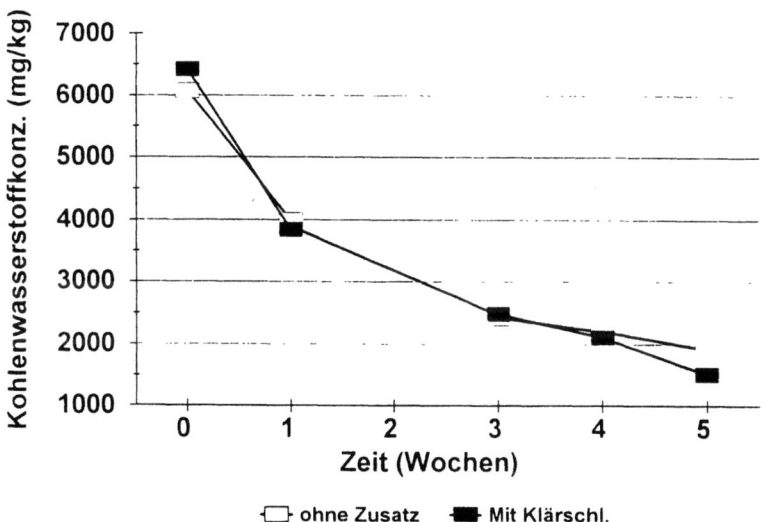

Abb. 4.3. Schema des mikrobiellen Abbaus verschiedener Kohlenwasserstoffe

Abb. 4.4. Nachweis des biologischen Abbaus an einer komplexen Bodenverunreinigung (n-C14 – n-C34, 6000 ppm; schwach alkalischer, sandreicher Boden) in einer Suspensionskultur (30 g Boden + 70 ml Wasser) im Laborversuch; Klärschlammzusatz 5 Gew.% bezogen auf Boden

Tabelle 4.3. Experimentell ermittelte Halbwertszeiten technisch relevanter Bodenschadstoffe (nach Block et al. 1990)

Verbindung	Halbwertszeit (Tage)
Toluol	5,8–6,5
Xylol	8,6–10,2
C12 Alkan	11–15
C13 Alkan	10
C14 Alkan	8–18
C18 Alkan	23–27
C22 Alkan	10–23
C24 Alkan	11–27
C28 Alkan	13–34
Naphthalin	9,1–13,9
2-Methyl-Naphthalin	14–23
Anthracen	9–53
Phenanthren	6–43
Chrysen	41–116

Tabelle 4.4. Vergleich des Bindungsvermögens von tonigen bzw. sandigen Böden. Das Kohlenwasserstoffgemisch wurde mit 1 l Wasser während 3 Stunden aus 100 g Boden eluiert (nach Werner und Kühn 1989)

| Substanz | Toniger Boden | | Sandiger Boden | |
	Boden ($mg \cdot kg^{-1}$)	Eluat ($mg \cdot l^{-1}$)	Boden ($mg \cdot kg^{-1}$)	Eluat ($mg \cdot l^{-1}$)
Inden	3	<0,01	2,5	0,1
Indan	6,2	<0,01	4	0,2
Naphthalin	70	0,04	105	6
1-Methyl-Naphthalin	82	0,04	65	0,8
2-Methyl-Naphthalin	110	0,07	210	1
Acenaphthen	210	0,01	140	0,9
Acenaphthylen	20	0,01	60	0,1
1,1-Biphenyl	25	0,02	60	0,2
Fluoren	265	0,02	400	0,15
Anthracen	130	0,01	250	0,08
Pyren	285	0,01	220	0,09
Fluoranthen	400	0,01	160	0,05
Chrysen	110	0,01	90	0,01
Benz(a)anthracen	165	0,01	110	0,02
Summe	2100	0,2	2200	10

4.3.3 Bioverfügbarkeit von Schadstoffen

Chemische Verbindungen werden in Abhängigkeit von ihren chemisch-physikalischen Eigenschaften in unterschiedlichen Böden unterschiedlich stark gebunden (vergl. K_{OC}–Werte in Tabelle 4.1). Wie aus Tabelle 4.4 erkennbar, ist aus einem Gemisch von polyaromatischen Kohlenwasserstoffen in einem stark tonhaltigen Boden nur etwa 1/50 der in sandigen Vergleichsböden eluierbaren Kohlenwasserstoffmenge nachweisbar (Werner und Kühn 1989). Infolge dieser starken Bindung der Polyaromaten an Bodenbestandteile sind diese in manchen Böden für Mikroorganismen nur schwer verfügbar. Viele Substanzen entziehen sich aus diesem Grund, vorrangig bei Alterung, auch dem quantitativen chemischen Nachweis mit konventionellen Extraktionsmethoden (Capriel et al. 1985). Erst der Einsatz wirksamerer analytischer Verfahren, wie beispielsweise die Verwendung von überkritischem CO_2 erlaubt eine sichere quantitative Bestimmung derartiger Verbindungen. Ein Vergleich der konventionellen Extraktionsmethode mit dem SFE-Verfahren (Supercritical Fluid Extraction) zeigte an Hand eines mit 5-Methyl-3-Heptanon (10.210 ppm), Naphthalin (10.642 ppm) und n-Tetradekan (8.391 ppm) künstlich kontaminierten Anmoor-Bodens deutlich unterschiedliche Wiederfindungsraten (Abb. 4.5). Waren die Ausgangswerte nach beiden Methoden am Tag der Kontamination noch gleich, so war bereits nach 163 Tagen steriler, luftdichter Lagerung bei 20°C im Dunkeln die Wiederfindungsrate mit der konventionellen Extraktionsmethode, insbesondere bei n-Tetradekan, erheblich niedriger.

Im gleichen Experiment zeigte sich der Einfluß der Alterung (Lagerung) bzw. des Bodentyps ebenfalls deutlich. Die mit 5-Methyl-3-Heptanon, Naphthalin und n-Tetradekan kontaminierten Paratschernosem- und Anmoor-Böden wurden in Schraubflächchen steril und luftdicht gelagert. Der Verlauf der Analysen nach 0, 7, 35, 75, 163 und 544 Tagen zeigt deutlich (Abb. 4.6), daß die Wiederfindung einerseits mit zunehmender Lagerdauer schlechter wird, andererseits in Anmoor-Böden nach 544 Tagen Lagerung 5-Methyl-3-Heptanon nur noch zu etwa 40% und n-Tetradekan nur noch zu etwa 60% nachgewiesen werden konnte, während im Paratschernosem nach wie vor alle Verbindungen zu über 90% wiedergefunden wurden. Die Analysenwerte der verschiedenen Bodentypen sind in Tabelle 4.5 zusammengestellt.

4.3.4 Manipulierbarkeit des Bodens

Die Struktur des Bodens muß insbesondere beim Einsatz von in situ Verfahren einen ausreichenden Stoffaustausch ermöglichen. Im Falle einer ex-situ Behandlung von kontaminiertem Boden ergibt sich die vorteilhafte Möglichkeit einer künstlichen Einflußnahme zur Verbesserung der Manipulierbarkeit des Bodenmaterials. Vor Inangriffnahme einer Sanierung ist daher eine Untersuchung der bodenphysikalischen Eigenschaften im Hinblick auf die Erzielung optimaler Milieubedingungen für Mikroorganismen wie Luftdurchlässigkeit, Wasserkapazität und Nährstoffverfügbarkeit unerläßlich. Verschiedene Böden neigen unter bestimmten Verfahrensbedingungen zum Verklumpen, zur Ausbildung wasser- und luftundurchlässiger Agglomerate oder zur Entmischung. Insbesondere der Tonanteil sowie der jeweilige Wasser- und Schadstoffgehalt (z.B. Mineralöl) bestimmen die Manipulierbarkeit des Bodenmaterials für ein biologisches Behandlungsverfahren. Die Luftdurchgängigkeit von Böden kann mit Hilfe einfacher Druckverlustversuche rasch bestimmt werden (Abb. 4.7). Aus der Darstellung ist erkennbar, daß die untersuchten nativen Böden keine ausreichende Luftdurchlässigkeit zeigten. Insbesondere höherer Wassergehalt behinderte die Belüftung erheblich. Zusatz verschiedener Strukturmaterialien wie Kompost verbesserten die Belüftbarkeit der untersuchten Böden drastisch.

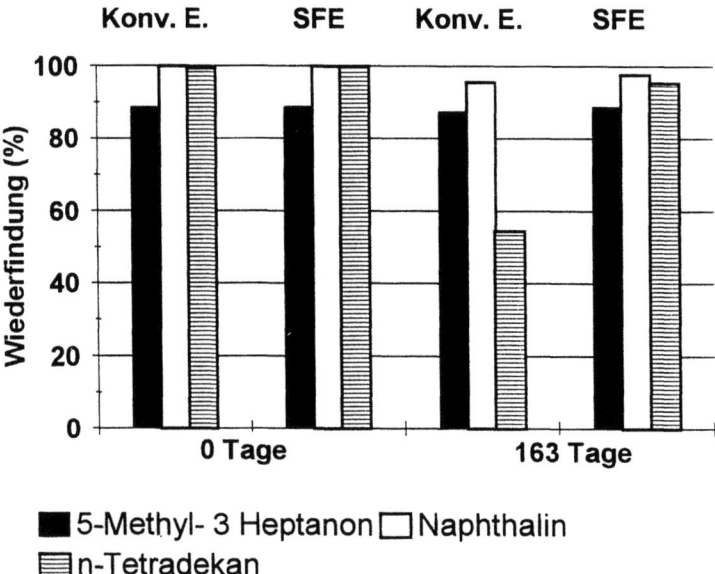

Abb. 4.5. Vergleich der Wiederfindungsraten mit konventioneller Extraktion und SFE in künstlich kontaminiertem Anmoor-Boden bei steriler Lagerung der Proben unter Luftabschluß

Tabelle 4.5. Analysenergebnisse der in den Untersuchungen eingesetzten Böden; 1 Tschernosem, 2 Paratschernosem; 3 Kulturrohboden, 4 Tschernosem, 5 Anmoor

Parameter	Bodentypen				
	1	2	3	4	5
Humus (%)	2,1	0,8	1,1	1,1	20,0
pH–Wert	7,5	5,3	7,5	7,5	7,5
CO_2 (%)	2,2	0,0	10,6	6,9	46,0
P_2O_5 (mg/100 g)	32,5	21,3	24,6	29,4	5,2
N_{ges} (%)				0,15	
K_2O (mg/100 g)	28,2	21,0	38,1	10,7	51,1
Wasserkapazität (g $H_2O \cdot g^{-1}$TS)	0,40	0,17	0,47	0,25	0,69
Korngrößenverteilung (%)					
Sand	30	83	9	72	8,0
Schluff	50	11	43	19	62
Ton	20	6,0	48	9,0	30

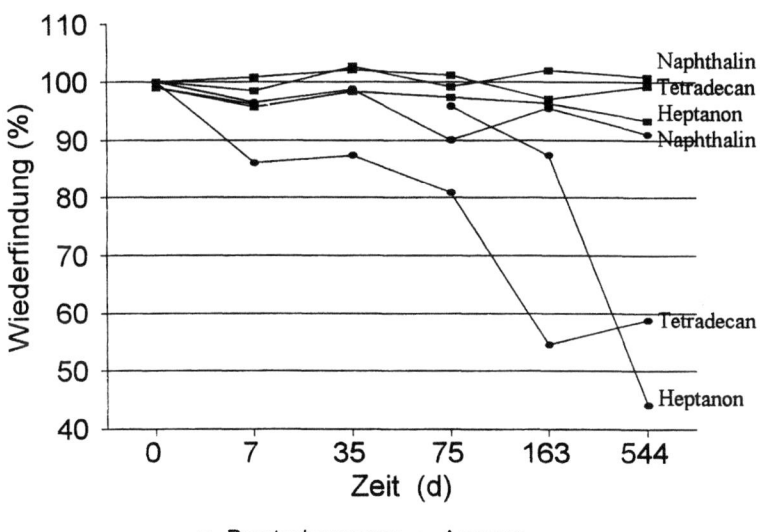

Abb. 4.6. Wiederfindungsraten von 5-Methyl-3-Heptanon, Naphthalin und n-Tetradekan in einem sandigen (Paratschernosem) bzw. einem humusreichen (Anmoor) Boden; Extraktion mit Methylenchlorid

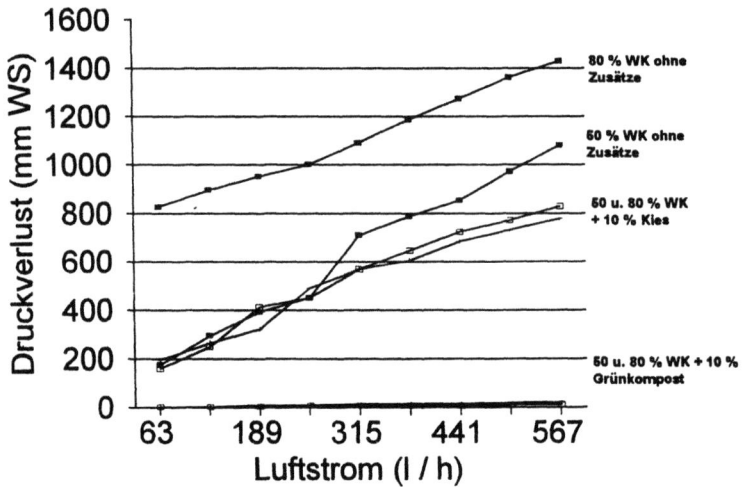

Abb. 4.7. Messung des Druckverlustes in sandigem Boden unterschiedlicher Feuchte (WK = Wasserkapazität) ohne und nach Zusatz verschiedener Strukturmaterialien (Zusätze in Vol.%)

4.3.5 Optimierung des biologischen Abbaus

4.3.5.1 Strukturmaterial

Als wesentlich für die Belüftbarkeit verschiedener Böden hat sich der Zusatz von Strukturmaterialien erwiesen. Derartige Zusätze wie Rindenkompost, Rindenmulch, Müllkompost oder Grünkompost zeigen, je nach Bodentyp, unterschiedliche Auswirkungen auf den Kohlenwasserstoffabbau im Boden. Während beim Paratschernosem ohne Zusatz von Strukturmaterial ein guter Abbau erzielt wurde (Abb. 4.8), erforderte der Tschernosem-Boden zur Erzielung eines ausreichenden Abbaus den Zusatz von Strukturmaterial. Rinden- und Müllkompost beim Tschernosem und Müllkompost beim Paratschernosem verbesserten den Abbau, während Rindenmulch beim Paratschernosem sogar zu einer Abbauverschlechterung führte. Der zur Belüftbarkeit allfällig nötige Strukturmaterialzusatz ist daher genau auf den vorliegenden Bodentyp abzustimmen, um Abbauverschlechterungen zu vermeiden.

In einer Serie weiterer Laborversuche wurde die mögliche Wirkung von organischen Materialien als Impfkultur geprüft. Sowohl der Zusatz von Hühnermistkompost (Abb. 4.9), als auch Zugabe von kommunalem Klärschlamm (vgl. Abb. 4.4) ergaben keine eindeutige Verbesserung des Kohlenwasserstoffabbaus.

4.3.5.2 Temperatur

Zur Ermittlung des Temperatureinflusses auf die Kohlenwasserstoffmineralisierung wurden feste Bodenproben bei konstantem Wassergehalt in flachen Schalen bei Temperaturen von 10, 20 und 30°C inkubiert und der Verlauf des Kohlenwasserstoffgehaltes und der Atmungsaktivität laufend gemessen. Ohne Zugabe von Strukturmaterial wurden die vorliegenden Kohlenwasserstoffe (n-C_{14} – n-C_{34}) innerhalb von 8 Wochen bei allen 3 Temperaturen gleichförmig um etwa 50% reduziert. Die Atmungsaktivität lag einheitlich zwischen 0,1 und 0,3 mg CO_2 pro g TS und 24 Stunden (Abb. 4.10).

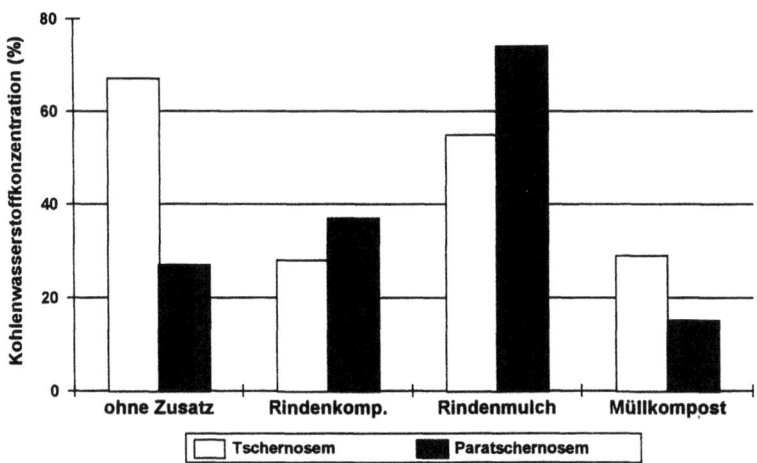

Abb. 4.8. Einfluß von Strukturmaterialzusatz (20 Gew.%) auf den Kohlenwasserstoffabbau (3,75 Gew.% Heizöl) in einem Tschernosem (2,1% Humus) und einem sauren, sandreichen Paratschernosem (Kohlenwasserstoffkonzentration in % des Anfangsgehalts)

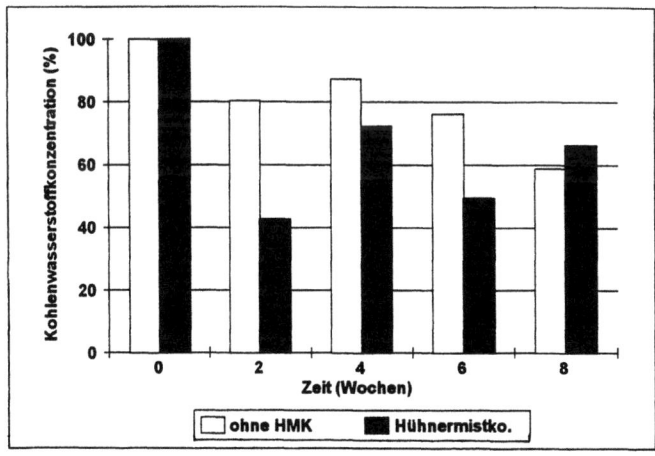

Abb. 4.9. Einfluß von Hühnermistkompost (HMK; 7,4 Gew.%) auf die Mineralisierung einer Kohlenwasserstoffkontamination (n-C_{14} bis n-C_{34}, 5000 ppm) in einem schwach alkalischen, sandreichen Boden in festen Bodenproben

Zusatz von Grünkompost als Strukturmaterial verbesserte sowohl den Kohlenwasserstoffabbau als auch die Atmungsaktivität deutlich (Abb. 4.11). Auch in diesem Versuch war jedoch ein Temperatureinfluß auf die Abbaugeschwindigkeit nicht zu erkennen. In Abb. 4.12 ist der Verlauf der Atmungsaktivität beider Ansätze (Abb. 4.10–4.11) zusammengestellt. Es ist zu erkennen, daß sowohl mit als auch ohne Grünkompostzugabe die höchsten Atmungsaktivitäten bei 10°C erzielt wurden. Die Aktivitäten bei 20° und 30°C lagen jeweils darunter.

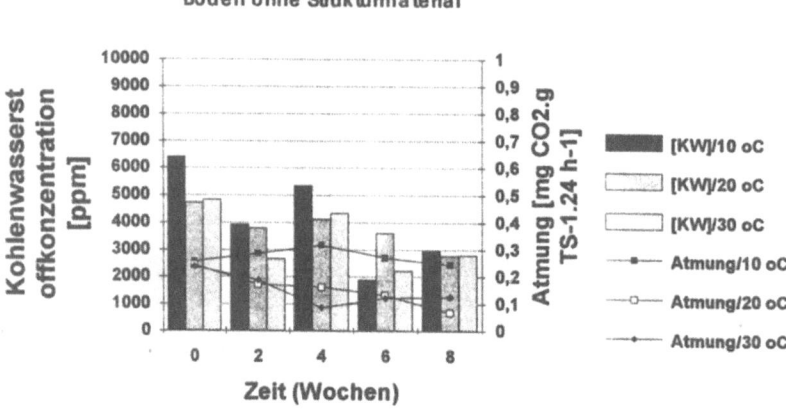

Abb. 4.10. Einfluß der Temperatur auf den Kohlenwasserstoffabbau (KW; 5000 ppm n-C_{14} bis n-C_{34}) und die Atmungsaktivität eines nativen, schwach alkalischen, sandreichen Bodens in festen Bodenproben

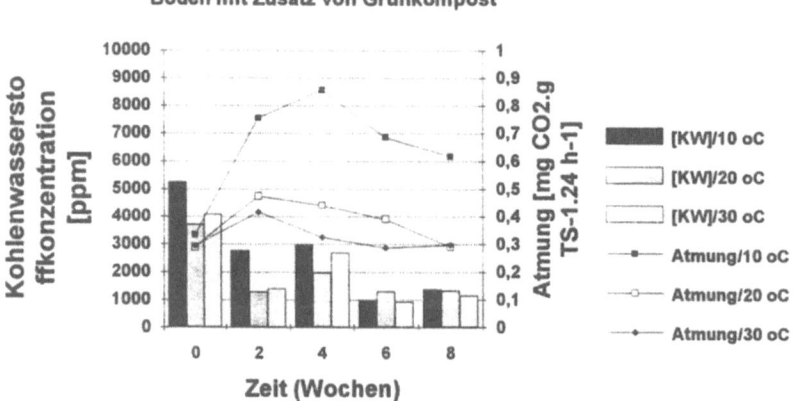

Abb. 4.11. Einfluß der Temperatur auf den Kohlenwasserstoffabbau (KW) und die Atmungsaktivität eines nativen, schwach alkalischen, sandreichen Bodens in festen Bodenproben unter Zusatz von 20 Gew.% Grünkompost

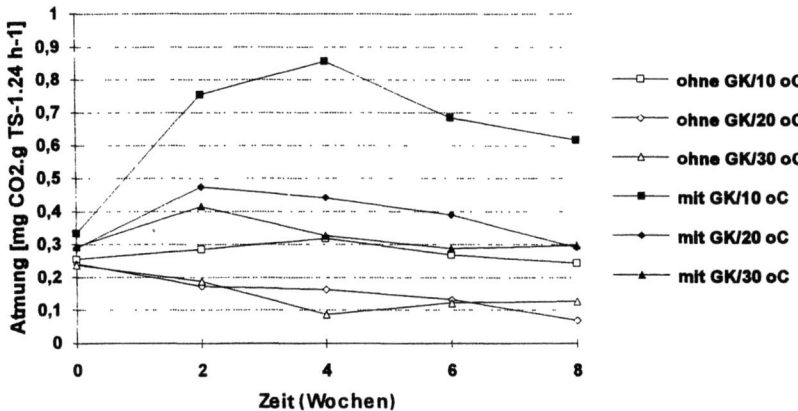

Abb. 4.12. Einfluß von Grünkompost (GK)-Zusatz (20 Gew.%) auf die Atmungsaktivität während der Mineralisierung einer n-C_{14} bis n-C_{34} Kontamination (5000 ppm) in einem schwach alkalischen, sandreichen Boden

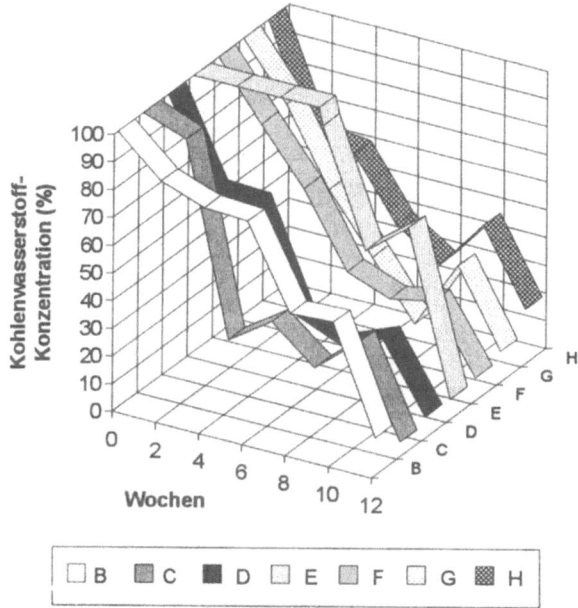

Abb. 4.13. Einfluß von Stickstoff und Phosphor auf die Kohlenwasserstoffmineralisierung in Tschernosem-Boden (2,1% Humus). **B**: Ohne Zusätze, **C**: N und P (100%), **D**: N (100%), **E**: P (100%), **F**: N (200%) und P (100%); **G**: N (100%) u. P (200%); **H**: N und P (200%). 100% entsprechen dem ursprünglichen C:N:P–Verhältnis von 100:9:1,95

4.3.5.3 Nährstoffe

Kontaminierte Böden erfordern zur Erzielung eines Nährstoffausgleichs bei der biologischen Sanierung im allgemeinen die Zugabe von Nährsalzen. Versuche zeigten, daß insbesondere Stickstoffgaben die Kohlenwasserstoffmineralisierung in Laborversuchen mit festen Bodenproben deutlich beschleunigen (Abb. 4.13). Phosphorgaben alleine bewirkten keine Abbauverbesserung, auch Überdosierung von N, P bzw. N und P ergaben keine Abbauverbesserung.

Die Dosierung von Nährstoffen muß einerseits in bezug auf die vorliegende Kontamination (C:N–Verhältnis), andererseits in Abhängigkeit vom Bodentyp bzw. der jeweiligen Nährstoffverfügbarkeit vorgenommen werden. Die Verfügbarkeit bzw. Mobilität von Stickstoff und Phosphor kann mit Hilfe des Elektroultrafiltrationsverfahrens ermittelt werden. Dabei wird in einem elektrischen Feld die Menge an beweglichen (verfügbaren) Ionen ermittelt. Die Methode wird in der Landwirtschaft zur Optimierung des Düngereinsatzes verwendet. Bei den eigenen Analysen zeigten sich in den verschiedenen Ansätzen deutlich unterschiedliche Konzentrationen an verfügbarem Nitrat und Phosphat (Abb. 4.14). Vor allem in den nicht gedüngten bzw. nur mit Phosphat versorgten kontaminierten Böden zeigte sich sehr rasch eine Erschöpfung des verfügbaren Stickstoffs. Hinsichtlich Verfügbarkeit von Phosphor ergab sich ein analoges Bild.

4.4 Verfahrenstechnische Konsequenzen

Eine Reihe von Faktoren wie Art und Konzentration der Kontamination, der Bodentyp bzw. die sonstigen Randbedingungen wie vorliegende Bodennutzung und geophysikalische Standortbedingungen bestimmen die prinzipielle Vorgangsweise bei Sanierungsprojekten. In der Regel wird es sich daher als nötig erweisen, im Rahmen einer Vorstudie alle Einflußfaktoren zu prüfen und einen Variantenvergleich anzustellen. Die biologische Bodenreinigung ist dabei nur eine mehrerer Lösungsmöglichkeiten. Als Ergebnis einer derartigen Variantenstudie sollte es möglich sein, die in Frage kommende Verfahrenspalette einzugrenzen und für den Einsatzfall nicht zweckmäßige Verfahren auszuscheiden. Zur Erleichterung dieser Entscheidung stehen zahlreiche Hilfsmittel zur Verfügung. Die Entscheidung muß schrittweise nach einem Stufenplan erfolgen.

Zunächst muß eine geophysikalische Erkundung durchgeführt werden. An Untersuchungen müssen neben der Mächtigkeit des Kontaminationsbereichs die vorliegenden Bodenschichtungen erfaßt, die Bodendurchlässigkeit gemessen und die Grundwassersituation beurteilt werden. Anschließend erfolgt eine Beprobung des Geländes. Dabei ist strikt darauf zu achten, daß entsprechend einem statistisch gesicherten Probenahmeplan eine repräsentative Probenahme erfolgt. Unterstützend dabei sind möglichst weitreichende Informationen über die Schadensgeschichte bzw. den Hergang der Kontamination. Die erhaltenen Proben werden

Verfahrenstechnische Konsequenzen von Einflußfaktoren 63

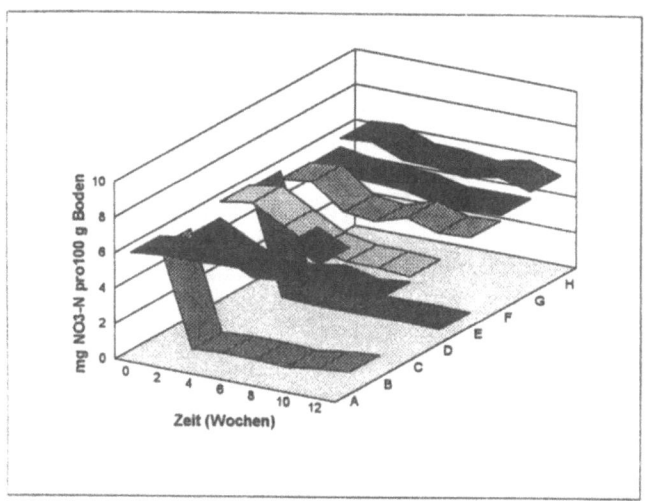

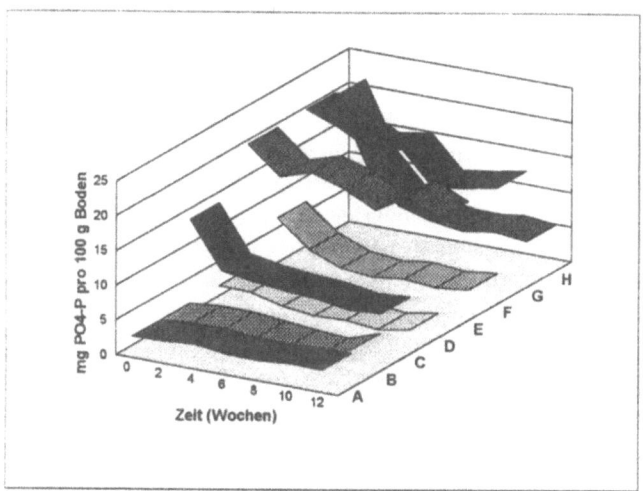

Abb. 4.14. Verfügbarkeit von Nitrat und Phosphat während der Mineralisierung von Heizöl (3 Gew.%) in einem Tschernosem-Boden (2,1% Humus). **A**: Blindwert ohne Kontamination und ohne Nährstoffe, B-H kontaminiert, wobei **B**: ohne Nährstoffe, **C**: mit N und P (100%), **D**: mit N (100%), **E**: mit P (100%), **F**: mit N (200%) und P (100%); **G**: mit N (100%) und P (200%); **H**: mit N und P (200%). 100% entsprechen dem ursprünglichen C:N:P–Verhältnis von 100:9:1,95

entsprechend einem Probenahmeplan einer bodenphysikalischen und einer chemischen Untersuchung zugeführt. Nach Vorliegen dieser Ergebnisse sollte ein erster Variantenvergleich und damit eine Verfahrensvorauswahl möglich sein.

Hat die Variantstudie die grundsätzliche Möglichkeit einer biologischen Sanierung ergeben, so müssen als nächster Schritt mikrobiologische Untersuchungen erfolgen. Diese können sich im Regelfall auf die Bestimmung der vorliegenden Bodenaktivität und auf Abbauversuche in Bodensuspensionen beschränken. Im allgemeinen werden dabei bereits mögliche toxische Effekte der Kontamination erkannt bzw. wird eine erste Beurteilung des erzielbaren Abbauerfolges möglich sein. Die Frage einer allfällig erforderlichen Beimpfung des Bodens stellt sich in den seltensten Fällen, da in der Regel ausreichende Aktivität der autochthonen Mikroorganismenflora vorhanden ist. In allen bisherigen eigenen Untersuchungen wurde durch Zugabe von Impfmaterial keine signifikante Verbesserung der Bodenaktivität oder Abbauleistung erzielt. Zur Optimierung des biologischen Abbaus ist jedoch die Zuführung von Nährstoffen, insbesondere Stickstoff, erforderlich. Art und erforderliche Menge der Stickstoffgabe können ebenfalls im Laborexperiment ermittelt werden, wobei auch natürliche N–Quellen wie Klärschlamm oder Hühnermistkompost u.ä. in Betracht gezogen werden können.

Im allgemeinen wird sich der biologische Abbau im Laborversuch als unproblematisch erweisen. Dies darf jedoch nicht dazu verleiten, damit bereits eine biologische Sanierbarkeit als gesichert anzunehmen. Der unter Praxisbedingungen erzielbare Endabbaugrad ist mit solchen Versuchen nicht sicher vorherzusagen. Wesentlich für den Erfolg bzw. den erzielbaren Abbaugrad der biologischen Sanierung sind die verfahrenstechnischen Voraussetzungen unter Praxisbedingungen. Dabei ist zu differenzieren, ob eine biologische in-situ Sanierung möglich ist, oder ob das Bodenmaterial nach Auskofferung behandelt werden muß.

Die erforderliche Behandlungsdauer biologischer Verfahren wird von zahlreichen Faktoren bestimmt. Es sind dies zunächst die Art und Konzentration der Kontamination, die Bodenbedingungen (Struktur, pH, Wasserkapazität, Nährstoffverteilung, Aktivität u.ä.), sowie die Milieubedingungen des Verfahrens wie Temperatur, Belüftbarkeit und die allgemeine Manipulierbarkeit des Bodenmaterials. Die Einflußnahme auf die Temperatur ist einerseits durch Beheizung, andererseits durch Steuerung der Eigenwärmeentwicklung beim Mietenverfahren möglich. Die Zugabe von kompostierbarem Material kann neben einer Temperaturerhöhung gleichzeitig auch strukturverbessernd im Hinblick auf die Belüftbarkeit des Bodens wirken.

Zentrale Bedeutung hat zunächst die Frage der Belüftbarkeit des Bodens. Bei in-situ Sanierungen wird dazu ein Flüssigkeitskreislauf erforderlich sein, wobei sowohl Sauerstoff als auch Nährstoffe über diesen zu transportieren sind. Laborversuche in Bodensäulen ermöglichen eine Beurteilung der diesbezüglichen Möglichkeiten.

Vor der Behandlung ausgekofferten Bodenmaterials ist die Luftdurchgängigkeit mittels Druckverlustversuchen in Bodensäulen zu prüfen. Die Luftdurchgängigkeit determiniert die mögliche Schütthöhe beim Mietenverfahren und beeinflußt damit wesentlich die Verfahrenskosten. Dabei kann es sich als nötig erweisen, Strukturmaterial zur Verbesserung der Luftdurchgängigkeit zuzusetzen. In diesem Fall ist sorgfältig vorzugehen, um negative Auswirkungen der Zusätze auf den biologischen Abbauvorgang bzw. auf die Wiederverwendbarkeit des gereinigten Bodenmaterials zu vermeiden.

Insbesondere bei Sanierungen nach dem Mietenverfahren muß der Manipulierbarkeit des kontaminierten Bodenmaterials besondere Bedeutung zukommen. Besonders gröbere Partikel von Böden mit hohem Feinkornanteil (tonhältig) sind kaum belüftbar bzw. zur Strukturverbesserung mit Trägermaterial mischbar. Zudem gestaltet sich die Einstellung des gewünschten Wassergehaltes schwierig. Die vorliegenden Kontaminationen sind in solchen Böden in der Regel sehr stark gebunden und daher für Mikroorganismen kaum verfügbar. In vielen Fällen sind solche Kontaminationsfälle daher mit mikrobiologischen Verfahren nicht sanierbar.

Probleme mit der Manipulierbarkeit resultieren oft auch bei stark mineralölhältigen Böden. Dabei kommt es zu kaum luftdurchgängigen Verklumpungen und insbesondere bei der Umsetzung oder in dynamischen Systemen zur Ausbildung kompakter kugelförmiger Agglomerate, welche einer biologischen Behandlung nicht mehr zugänglich sind. Falls eine Zumischung von Strukturmaterialien keine Verbesserung der Manipulierbarkeit ergibt, müssen solche Fälle ebenfalls von der biologischen Reinigung ausgeschieden werden. Dies gilt auch für teerige Verklumpungen in Böden wie sie häufig in Altlasten anzutreffen sind. Derartige Materialien sind vorzugsweise einer thermischen Behandlung zuzuführen.

Zusammenfassend ist festzustellen, daß Sanierungsfälle grundsätzlich von Fall zu Fall schrittweise neu geprüft und vor Ort, sowie in Labortests, untersucht werden müssen. Nur auf diese Weise ist eine sichere und fehlerfreie Verfahrenswahl möglich, sowie letztlich auch eine zuverlässige Beurteilung der voraussichtlichen Sanierungskosten realisierbar.

Eine Beschränkung auf ein einziges Behandlungsverfahren alleine ist meist nicht zielführend, vielmehr müssen in vielen Fällen Verfahrenskombinationen eingesetzt werden. Insgesamt sollten nicht nur die aktuellen betriebswirtschaftlichen Verfahrenskosten, sondern auch die volkswirtschaftlichen Gesamtkosten eines Sanierungsfalles Berücksichtigung finden. Erst auf diese Weise wird es in Zukunft möglich sein, ökologisch sinnvollen, mikrobiologischen Sanierungsverfahren gegenüber einer Deponierung oder Sicherung Anwendungschancen einzuräumen.

4.5 Literatur

Aldrich Katalog (1992) Handbuch Feinchemikalien. Aldrich Chemie GmbH & CoKG, Steinheim , Deutschland

Arciero D, Vannelli T, Logan M, Hooper AB (1989) Degradation of trichloroethylene by the ammonium-oxidizing bacterium *Nitrosomonas europaea*. Biochem Biophys Res Commun 159:640

Azoulay E, Heidemann MT (1963) Extraction and properties of alcohol dehydrogenase from *Pseudomonas aeruginosa*. Biochim Biophys Acta 73:1

Baggi G, Catelani D, Galli E, Treccani V (1972). The microbial degradation of phenylalkanes. Biochem J 126:1091

Balfanz J, Rehm HJ (1990) Biodegradation of 4-chlorophenol by adsorptive immobilizied *Alcaligenes* sp. A7-2 in soil. Dechema Biotechnology Conference, Band 9

Blasig R, Mauersberger S, Riege P, Schunck WH, Jockisch W, Franke P, Müller HG (1988) Degradation of long-chain n-alkanes by the yeast *Candida maltosa*. Appl Microbiol Biotechnol 28:589

Block RN, Clark TP, Bishop N (1990) Biological treatment of soils contaminated by petroleum products. In: Kostecki PT, Calabrese EJ (eds) Petroleum contaminated soils 3. Lewis Publishers, Mi 48118, USA, pp 167–175

Brunner W, Staub D, Leisinger T (1980) Bacterial degradation of dichloromethane. Appl Environ Microbiol 40:950

Brusseau GA, Tsien HC, Hanson RS, Wackett LP (1990) Optimization of trichloroethylene oxidation by methanotrophs and the use of a colorimetric assay to detect soluble methane monooxygenase activity. Biodegradation 1:19

Budvari S (1989) The Merck Index, 11th ed. Merck & Co, Rahway, Nj, USA

Capriel P, Haisch A, Khan SU (1985) Distribution and nature of bound (nonextractable) residues of atrazine in a mineral soil nine years after the herbicide application. J Agric Food Chem 33:567

Catelani D, Sorlini C, Treccani V (1971) Metabolism of biphenyl by *Claviceps purpurea*. Experientia 27:1173

Chakrabarty AM, Chou G, Gunsalus IC (1973) Genetic regulation of octane dissimilation plasmid in *Pseudomonas*. Proc Nat Acad Sci 70:1137

Crawford RL, Mohn WW (1985) Microbiological removal of pentachlorophenol from soil using a *Flavobacterium*. Enzyme Microb Technol 7:617

D'ans Lax E (1967) Taschenbuch für Chemiker und Physiker. Springer Verlag, Berlin Heidelberg New York

Dechema (1992) Labormethoden zur Beurteilung der biologischen Bodensanierung (Hrsg: Klein J), Frankfurt/M.

DIN 38409 H18 (1981) Summarische Wirkungs- und Stoffkenngrößen (Gruppe H), Bestimmung von Kohlenwasserstoffen H18

Edgehill RU, Finn RK (1983) Microbial treatment of soil to remove pentachlorophenol. Appl Environ Microbiol 45:1122

EEC Directive 79/831 Annex V (1990) Adsorption Desorption in Soils. Draft for a comission proposal based on the results of the ring test and the meeting of the participants

Ernst C, Rehm HJ (1990) Degradation of cyanuric acid by immobilized bacteria. Dechema Biotechnol Conference, Band 1990

Figge K, Metzdorf U, Nevermann J, Schmiese J (1993) Bakterielle Mineralisierung von Dibenzofuran, Dibenzo-p-dioxin und 1,2,4,5-Tetrachlorbenzol in Böden. Z Umweltchem Ökotox 5:122

Fisher P, Appleton J, Pemberton J (1978) Isolation and characterization of the pesticide-degrading plasmid pJP1 from *Alcaligenes paradoxus*. J Bacteriol 135:798

Foerst W (1958) Ulmanns Enzyklopädie der technischen Chemie. Urban & Schwarzenberg

Guerin W, Jones G (1988) Mineralization of phenanthrene by a *Mycobacterium* sp. Appl Environ Microbiol 54:937

Feinberg E, Ramage P, Trudgill P (1980) The degradation of n-alkylcycloalkanes by a mixed bacterial culture. J Gen Microbiol 121:507

Furukawa K, Chakrabarty AM (1982) Involvement of plasmids in total degradation of chlorinated biphenyls. Appl Environ Microbiol 44:619

Gibson DT, Hensley M, Yoshioka H, Mabry TJ (1970a) Formation of (+)-cis-2,3-dihydroxy-1-methyl-cyclohexan-4,6-diene from toluene by *Pseudomonas putida*. Biochemistry 9:1626

Gibson DT, Cardini GE, Maseles FC, Kallio, RE (1970b) Incorporation of oxygen-18 into benzene by *Pseudomonas putida*. Biochemistry 9:1631

Gibson DT, Gschwendt B, Yeh WK, Kobal VM (1973) Initial reactions in the oxidation of ethylbenzene by *Pseudomoas putida*. Biochemistry 12:1520

Gibson DT, Mahadevan V, Davey JF (1974) Bacterial metabolism of para- und meta-xylene: oxidation of the aromatic ring. J Bacteriol 119:930

Hartmans S, de Bont JAM, Tramper J, Luyben KChAM (1985) Bacterial degradation of vinyl chloride. Biotechnol Lett 7:383

Hartmans S, Schmuckle A, Cook A, Leisinger T (1986) Methylchloride: Naturally occurring toxicant and C-1 growth substrate. J Gen Microbiol 132:1139

Harker AR, Kim Y (1990) Trichloroethylene degradation by two independent aromatic-degrading pathways in *Alcaligenes eutrophus* JMP 134. Appl Environ Microbiol 56:1179

Heitkamp M, Freeman J, Miller D, Cerniglia C (1988) Pyrene Degradation by a *Mycobacterium* sp.: Identification of ring oxidation and ring fission products. Appl Environ Microbiol 54:2556

Högn T, Jaenicke L (1972) Benzene metabolism of *Moraxella* species. Eur J Biochem 30:369

Janssen D, Scheper A, Dijkhuizen L, Witholt B (1985) Degradation of halogenated aliphatic compounds by *Xanthobacter autotrophicus* GJ10. Appl Environ Microbiol 49:673

Janssen D, van den Wijngaard A, van der Waarde J, Oldenhuis R (1992) Biochemistry and kinetics of aerobic degradation of chlorinated aliphatic hydrocarbons. In: Olfenbuttel R (ed) Proceedings of the in situ and on site bioremediation symposium. Butterworth Publ

Kelley I, Cerniglia C (1991) The metabolism of fluoranthene by a species of *Mycobacterium*. J Industrial Microbiol 7:19

Kennedy RS, Finnerty WR (1975) Microbial assimilation of hydrocarbons. II. Intracytoplasmic membrane induction in *Acinetobacter* sp. Arch Microbiol 102:85

Knowles CJ (1988) Cyanide utilisation and degradation by microorganisms. In: Cyanide compounds in biology. CIBA foundation symp 140, Wiley, Chichester

Kohler-Staub D, Leisinger T (1985) Dichloromethane dehalogenase of *Hyphomicrobium* sp. strain DMS. J Bacteriol 162:676

Koliander W (1991) Persönliche Mitteilung. ÖMV, Schwechat

Kröckel L, Focht D (1987) Construction of chlorobenzene-utilizing recombinants by progenetive manifestation of a rare event. Appl Environ Microbiol 53:2470

Lebeault JM, Roche B, Duvnjak Z, Azoulay E (1970) Isolation and study of the enzymes involved in the metabolism of hydrocarbons by *Candida tropicalis*. Arch Microbiol 72:140

Liebmann D (1962) Öle und Detergenzien in Wasser und Abwasser. Münchner Beiträge zur Abwasser-, Fischerei- und Flußbiologie, Band 9. Oldenburg Verlag, München

Martinsen C, Zachariah P (1978) Growth of various bacteria on polycyclic aromatic hydrocarbons and N-2-fluorenylacetamide. J Appl Bacteriology 44:365

Murray A, Hall R, Griffin M (1980) Microbial metabolism of alicyclic hydrocarbons: Cyclohexane catabolism by a pure strain of *Pseudomonas* sp. J Gen Microbiol 120:89

Nelson MJK, Montgomery SO, Pritchard PH (1988) Trichloroethylene metabolism by microorganisms that degrade aromatic compounds. Appl Environ Microbiol 54:604

Nieder M, Shapiro J (1975) Physiological function of the *Pseudomonas putida* PpG6 (*Pseudomonas oleovorans*) alkane hydroxylase: Monoterminal oxidation of alkanes and fatty acids. J Bacteriol 122:93

Oldenhuis R, Oedzes JY, van der Waarde JJ, Janssen DB (1991) Kinetics of chlorinated hydrocarbon degradation by *Methylosinus trichosporium* OB3b and toxicity of trichloroethylene. Appl Environ Microbiol 57:7

Oldenhuis R, Vink RLJM, Janssen DB, Witholt B (1989) Degradation of chlorinated aliphatic hydrocarbons by *Methylosinus trichosporium* OB3b expressing soluble methane monooxygenase. Appl Environ Microbiol 55:2819

Ooyama J, Foster JW (1965) Bacterial oxidation of cycloparaffinic hydrocarbons. Antonie van Leeuwenhoek 31:45

Pieper D, Reineke W, Engesser KH, Knackmuss HJ (1988) Metabolism of 2,4-dichlorophenoxyacetic acid, 4-chloro-2-methylphenoxyacetic acid and 2-methylphenoxyacetic acid by *Alcaligenes eutrophus* JMP 134. Arch Microbiol 150:95

Ploder W (1991) Persönliche Mitteilung. ÖMV, Schwechat

Rasche ME, Hicks RE, Hyman MR, Arp DJ (1990) Oxidation of monohalogenated ethanes and n-chlorinated alkanes by whole cells of *Nitrosomonas europaea*. J Bacteriol 172:5368

Rasche ME, Hyman MR, Arp DJ (1990) Biodegradation of halogenated hydrocarbon fumigants by nitrifying bacteria. Appl Environ Microbiol 56:2568

Rippen G (1991) Handbuch Umweltchemikalien. Ecomed Verlag

Roche B, Azoulay E (1969) Regulation des alcool-deshydrogenases chez *Saccharomyces cerevisiae*. Eur J Biochem 8:426

Rollinson G, Jones R, Meadows MP, Harris RE, Knowles CJ (1987) The growth of a cyanide utilising strain *Pseudomonas fluorescens* in liquid culture on nickel cyanide as a source of nitrogen. FEMS Microbiol Letts 40:199

Schmidt E, Hellwig M, Knackmuss HJ (1983) Degradation of chlorophenols by a defined mixed microbial community. Appl Environ Microbiol 46:1038

Scholtz R, Schmuckle A, Cook AM, Leisinger T (1987) Degradation of eighteen 1-monohaloalkanes by *Arthrobacter* sp. strain HA1. J Gen Microbiol 133:267

Schwien U, Schmidt E, Knackmuss HJ, Reinecke W (1988) Degradation of chlorosubstituted aromatic compounds by *Pseudomonas* sp. strain B13: fate of 3,5-dichlorocatechol. Arch Microbiol 150:78

Shields MM, Montgomery SO, Chapman PJ, Cuskey SM, Pritchard PH (1989) Novel pathway of toluene catabolism in the trichloroethylene-degrading bacterium G4. Appl. Environ Microbiol 55:1624

Sorlini C (1972) Ricerche sulla degradazione microbica del tert-butilbenzene. Atti XVI Congr Soc Ital Microbiol 1:405

Stafford DA, Callely AG (1969) The utilisation of thiocyanate by a heterotrophic bacterium. J Gen Microbiol 55:285

Steirer T (1993) Anforderungen an die Altlastensanierung. Technologieüberblick bei geförderten Sanierungsvorhaben. Vortrag Seminar Neue Techn. zur Erkundung, Beurteilung und Sanierung von Altlasten. Bank Austria Wien

Stucki G, Gälli R, Ebersold HR, Leisinger T (1981) Dehalogenation of dichloromethane by cell extracts of *Hyphomicrobium* DM2. Arch Microbiol 130:366

Sutherland J, Selby A, Freeman J, Evans F, Cerniglia C (1991) Metabolism of phenanthrene by *Phanerochaete chrysosporium*. Appl Environ Microbiol 57:3310

Takahashi J (1980) Production of intracellular and extracellular protein from n-butane by *Pseudomonas butanovora* sp. nov. Adv Appl Microbiol 26:117

Tassin JP, Vandecasteele JP (1972) Separation and characterization of long-chain alcohol dehydrogenase isoenzymes from *Pseudomoas aeruginosa*. Biochim Biophys Acta 276:31

Thome-Kozmienski (1988) Altlasten. EF-Verlag für Energie und Umwelttechnik, Berlin

Treccani,V, Walker N, Wiltshire GH (1954) The metabolism of naphthalene by soil bacteria. J Gen Microbiol 11:341

Trower M, Buckland M Higgings R, Griffin M (1985) Isolation and characterization of a cyclohexane-metabolizing *Xanthobacter* sp. Appl Environ Microbiol 49:1282

Tsien HC, Brusseau GA, Hanson RS, Wackett LP (1989) Biodegradation of trichloroethylene by *Methylosinus trichosporium* OB3b. Appl Environ Microbiol 55:3155

Vannelli T, Logan M, Arciero DM, Hooper AB (1989) Degradation of halogenated aliphatic compounds by the ammonia-oxidizing bacterium *Nitrosomonas europaea*. Appl Environ Microbiol 56:1169

Wackett LP, Brusseau GA, Householder SR, Hanson RS (1989) Survey of microbial oxygenases: Trichloroethylene degradation by propane-oxidizing bacteria. Appl Environ Microbiol 55:2960

Wackett L, Gibson D (1988) Degradation of trichloroethylene by toluene dioxygenase in whole-cell studies with *Pseudomonas putida* F1. Appl Environ Microbiol 54:1703

Walker N, Wiltshire GH (1953) The breakdown of naphthalene by a soil bacterium. J Gen Microbiol 8:273

Walter U, Beyer M, Klein J, Rehm HJ (1990) Biodegradation of pyrene by *Rhodococcus* sp. P1. Posterpräsentation, Tagung der Vereinigung für Allgemeine und Angewandte Mikrobiologie und der Sektion 1 der Deutschen Gesellschaft für Hygiene und Mikrobiologie, 25.–28. März 1990 in Berlin

Wegner EH (1973) Microbial conversion of naphthalene base hydrocarbons. US Patent 3,755,080

Weissenfels WD, Beyer M, Klein J (1990) Degradation of phenanthrene, fluorene and fluoranthene by pure bacterial cultures. Appl Microbiol Biotechnol 32:479

Welzbacher U (1993) Neue Datenblätter für gefährliche Arbeitsstoffe nach der Gefahrenstoffverordnung. WWEKA Fachverlag, Augsburg

Werner P, Kühn W (1989) Nutzungsbezogene Qualitätsziele im Grundwasserbereich. In: Deutscher Verein des Gas- und Wasserfaches eV (Hrsg) Altlasten auf ehemaligen Gaswerksgeländen. Wirtschafts- und Verlagsgesellschaft Gas und Wasser mbH, Bonn, pp 47–61

White JM, Jones DD, Huang D, Gauthier JJ (1988) Conversion of cyanide to formate and ammonia by a pseudomonad obtained from industrial wastewater. J Industr Microbiol 3:263

Zylstra G, Gibson DT (1989) Toluene degradation by *Pseudomonas putida* F1. J Biol Chem 264:14940

5 Aktivitäten von Pilzen zum Einsatz für die Bodensanierung

W. Fritsche[1]

5.1 Zusammenfassung

- Bei natürlichen Abbauprozessen haben unter aeroben Bedingungen die Pilze eine den Bakterien vergleichbare Bedeutung.
- Aromatische Naturstoffe werden im Boden nur zum Teil mineralisiert, ein weiterer Teil geht in die Humusbildung ein.
- Monoaromatische Fremdstoffe können durch autochthone saprophytische Bodenpilze als einizige C- und Energiequelle zum Wachstum genutzt werden.
- Halogenierte monoaromatische Fremdstoffe werden cometabolisch unvollständig abgebaut und können extrazellular oxidativ polymerisieren. Kontaminierte Böden enthalten Substanzgemische und bieten damit Bedingungen für den Cometabolismus.
- PAK mit mehr als drei kondensierten Ringen werden durch das ligninolytische System der Weißfäulepilze zu Diolen und chinoiden Verbindungen oxidiert, die mit der Humusmatrix reagieren können.
- Es wird die Hypothese aufgestellt, daß nicht halogenierte monoaromatische und polyaromatische Kohlenwasserstoffe kovalent in die Humusmatrix eingebaut werden, so daß durch Humifizierung eine Eliminierung erfolgt. Diese Hypothese bedarf der ökotoxikologischen Überprüfung.

5.2 Einführung

Grundlage für eine effektive mikrobiologische Bodensanierung ist die genaue Kenntnis der an diesem Prozeß beteiligten Mikroorganismen und ihrer Leistungen. Auf dieser Grundlage können die Möglichkeiten, Grenzen und Risiken der Bioremediation bewertet und neue Wege der Verfahrensentwicklung beschritten

---

[1] Institut für Mikrobiologie der Universität Jena, Philosophenweg 12, D–07743 Jena

werden. Am Abbau von umweltbelastenden organischen Stoffen sind sowohl Bakterien als auch Pilze beteiligt. Während über die Abbauleistungen der Bakterien vielfältige Kenntnisse vorliegen, sind wir über das Abbaupotential der Pilze unzureichend informiert. Dabei ist zu berücksichtigen, daß unter aeroben Bedingungen den beiden Organismengruppen etwa die gleiche Bedeutung für Abbauprozesse zukommt. In Böden, die reich an organischen Verbindungen sind (z.B. Waldböden), beträgt die Biomasse der Bakterien etwa 40 kg/ha, die der Pilze 400 kg/ha (Yanagita 1990). Da die Stoffwechselaktivitäten der Pilze, bezogen auf die Biomasse etwa eine Zehnerpotenz geringer sind, ergeben sich größenordnungsmäßig gleiche Leistungen. In Ackerböden ist die Biomasse der Pilze geringer, sie liegt aber auch hier deutlich über der der Bakterien.

Unter den Bodenverunreinigern, die eliminiert werden müssen, stehen aliphatische und aromatische Kohlenwasserstoffe mengenmäßig an erster Stelle. Es folgen die Chlorkohlenwasserstoffe, die zwar in geringeren Mengen in die Umwelt gelangt sind, jedoch in manchen Fällen toxikologisch vielfach bedenklicher als die nichthalogenierten Verbindungen sind. Bei der Sanierung von Mineralölverunreinigungen sind beim Abbau von aliphatischen Kohlenwasserstoffen gute Erfolge zu verzeichnen, problematischer ist der Abbau der mono- und polycyclischen aromatischen Kohlenwasserstoffe. Sie werden in den folgenden Ausführungen im Mittelpunkt stehen. Zunächst einige Bemerkungen zu den aromatischen Naturstoffen: Lignin, ein dreidimensional strukturiertes Polymer, das irregulär aus Phenylverbindungen aufgebaut ist, wird sehr langsam und nur von wenigen Organismengruppen abgebaut. Zwei ökologische Gruppen von Pilzen sind daran beteiligt, einmal die Bodenpilze und Spreuabbauer, zum anderen die Weißfäulepilze, die an abgestorbenem Holz wachsen. Die beim Ligninabbau anfallenden aromatischen Verbindungen werden nur zum geringen Teil assimiliert und mineralisiert, zum anderen werden sie nach einem unvollständigen Abbau zu Polyphenolen wie Brenzkatechin und Protokatechuat im Boden zu Humus repolymerisiert. Diese Repolymerisation, an der Mikroorganismen bzw. die von ihnen ausgeschiedenen oxidierenden Enzyme maßgeblich beteiligt sind, erfolgt schneller als die direkte Mineralisierung. Dadurch kommt es zur Humusbildung, die für die Bodenfruchtbarkeit sehr bedeutsam ist. Humus unterliegt einem sehr langsamen Turnover, die Halbwertszeiten betragen Jahrzehnte. Ein unvollständiger Abbau und eine Repolymerisation von aromatischen Verbindungen unter Einbeziehung anderer Abbauprodukte der Biomasse ist also ein natürlicher Vorgang.

5.3 Abbau von monoaromatischen Kohlenwasserstoffen durch saprophytische Bodenpilze

Wir haben in Böden des stillgelegten Teerverarbeitungswerkes Rositz (Thüringen), die großflächig mit Kohlenwasserstoffen (Aliphaten, Phenolen, BTX, PAK) belastet sind, die Pilzflora untersucht und Pilze isoliert, die Phenole und weitere Monoaromaten als einzige Kohlenstoff- und Energiequelle nutzen können. Es handelt sich dabei um Vertreter typischer Gattungen der Bodenpilze, z.B. *Penicillium, Aspergillus, Fusarium alternaria, Mucor*. Die an einem ausgewählten Stamm aufgeklärten Abbauwege sind in Abb. 5.1 vereinfacht zusammengefaßt. Der Abbau erfolgt über den ortho-Weg. Der Stamm wuchs noch bei Konzentrationen von 1 g/l Phenol. Die Abbauraten liegen in der Größenordnung, wie sie von Bakterien beschrieben wurden (Hofrichter et al. 1993). Neben Phenol werden auch o- und p-Cresol, 4-Methoxyphenol und höhere Alkane als Wachstumssubstrate genutzt.

5.4 Cometabolismus von Chloraromaten

Halogenierte Aromaten kommen als Abfallprodukte auf ehemaligen Chemiestandorten und Deponien sowie als Abbauprodukte von Pestiziden in Böden vor. Es handelt sich vor allem um ein- und zweifach halogenierte Aromaten. Die von uns untersuchten Bodenpilze konnten diese Verbindungen nicht zum Wachstum nutzen, wohl aber cometabolisch umsetzen. Unter Cometabolismus versteht man die Transformation eines nicht zum Wachstum nutzbaren Substrates in Gegenwart eines Wachstumssubstrates. Auf diese Weise werden viele Fremdstoffe, die nicht vollständig abgebaut, d.h. mineralisiert werden, zu Derivaten umgesetzt, so daß die Ausgangsverbindungen nicht mehr nachweisbar sind. Der Cometabolismus führt zu einem unvollständigen Abbau. Das verwertbare Substrat ermöglicht das Wachstum der Mikroorganismen und die Bereitstellung von Energie und Cofaktoren für enzymatische Reaktionen. Cometabolismus ist ein in der Natur weit verbreiteter Prozeß, durch den z.B. durch phytopathogene Pilze toxische Pflanzeninhaltsstoffe entgiftet werden.

Bei der Untersuchung des Phenol verwertenden *Penicillium*-Stammes stellten wir fest, daß dieser Pilz in Gegenwart von Phenol ein- und zweifach chlorierte Phenole, aber auch Mono- und Difluorphenole sowie 2,3,4-Trifluorphenol cometabolisch umsetzen kann. Eine Auswahl von Reaktionen und Metaboliten ist in Abb. 5.2 zusammengestellt. Die Untersuchungen mit 4-Chlorphenol ergaben, daß diese Verbindung zunächst zu 4-Chlorbrenzatechin (4-Chlorcatechol) umgesetzt wird, das sich zeitweilig im Medium anhäuft. Etwa 30% dieses Intermediärmetaboliten wird durch Ringspaltung und Dechlorierung zu einem Lacton, 4-Carboxymethylenbuten-4-olid, umgesetzt, etwa 70% des Chlorbrenzcatechins reagieren spontan durch oxidative Polymerisation zu humusähnlichen Strukturen, die das Medium braun färben.

Die cometabolischen Reaktionen sind auf die relativ geringe Substratspezifität einiger Enzyme zurückzuführen. Die Oxidation von Phenol zu Brenzkatechin wird durch die Phenol-Hydroxylase katalysiert. Diese pilzliche Monooxygenase besitzt

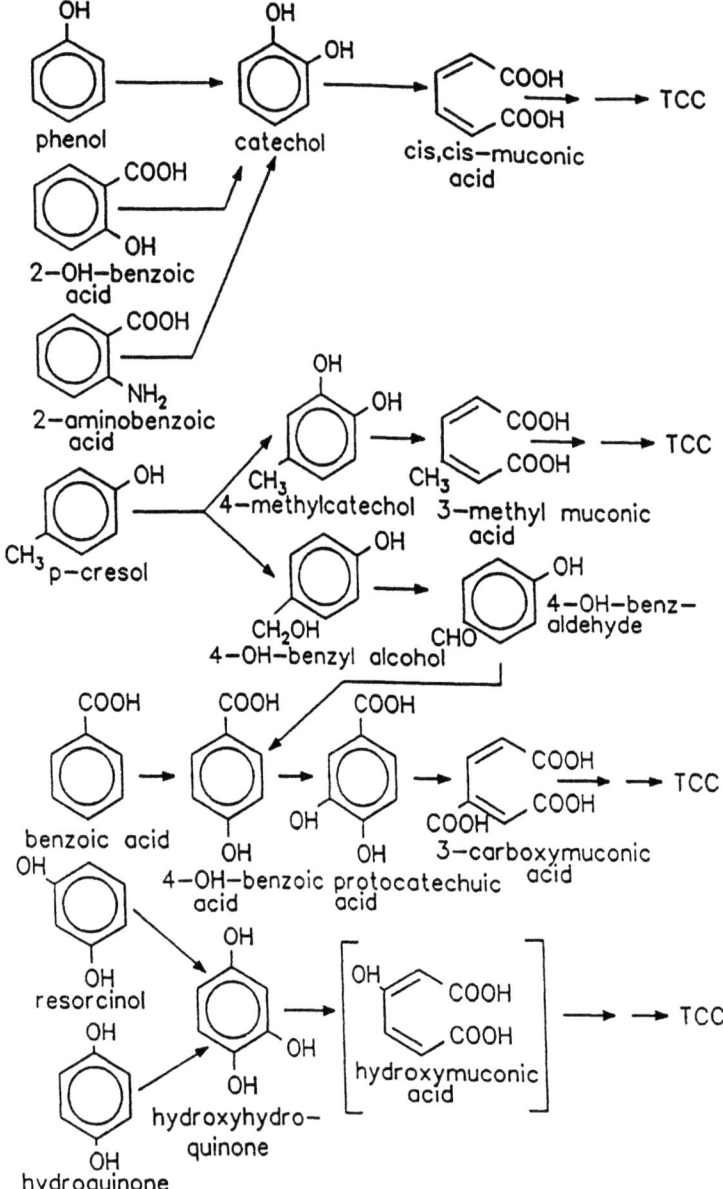

Abb. 5.1. Abbauwege von Phenol, p-Kresol und weiteren assimilierbaren aromatischen Verbindungen durch einen *Penicillium*-Stamm. Es sind nur die charakteristischen Zwischenprodukte des ortho-Abbauweges angeführt, die in den Tricarbonsäurezyklus (TCC) eingehen (Darstellung nach M. Hofrichter)

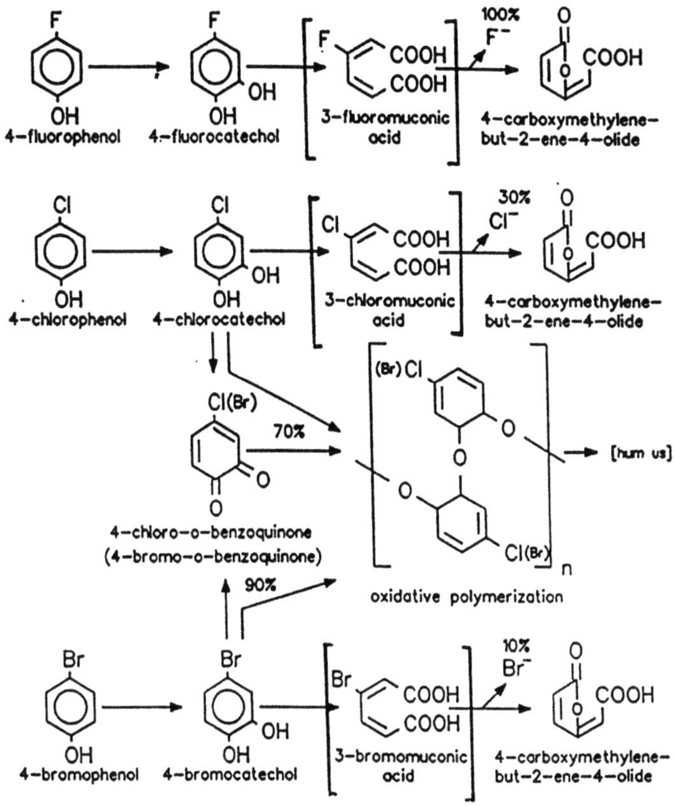

Abb. 5.2. Cometabolismus von Haloaromaten durch einen *Penicilium*-Stamm. Die Verbindungen werden unvollständig abgebaut, einige Zwischenprodukte unterliegen der oxidativen Polimerisation (Darstellung nach M. Hofrichter)

ein sehr breites Substratspektrum für substituierte Phenole. Meta- und parasubstituierte Phenole werden mit höherer Aktivität als ortho-Derivate umgesetzt; unter den zweifach halogenierten Derivaten bevorzugt 3,4-Dihalophenole. Das im Abbauweg folgende Enzym, die Catechol-1,2-Dioxygenase besitzt eine höhere Substratspezifität. Dadurch kommt es zu einem zeitweiligen Anstau der Metabolite der ersten enzymatischen Reaktion. Bei den getesteten Konzentrationen reagieren die sich anhäufenden Metabolite spontan miteinander. Die Abbauprozesse wurden auch in Böden nachgewiesen, in die der Pilz eingebracht wurde. Aus humusreichen Boden konnten geringe Substanzmengen extrahiert werden, was wir auf Adsorption und kovalente Bindung zurückführen. Für Belange der Bioremediation ist die geringe Substratspezifität der pilzlichen Abbauenzyme von Interesse.

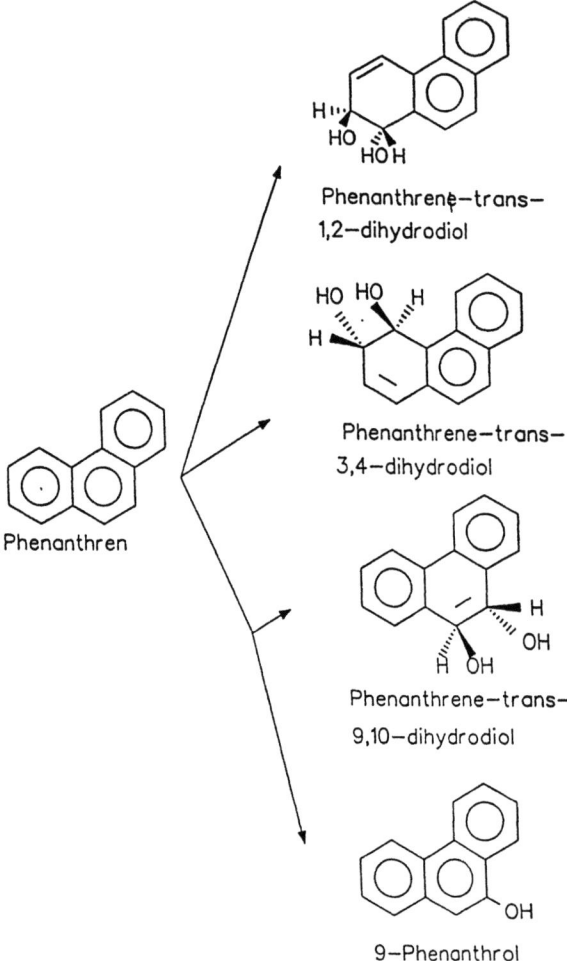

Abb. 5.3. Cometabolismus von Phenanthren durch einen *Aspergillus*-Stamm. Es erfolgt ein Metabolismus zu verschiedenen trans-Diolen (Darstellung nach U. Sack)

5.5 PAK-Metabolismus durch Weißfäulepilze

Polycyclische aromatische Kohlenwasserstoffe sind vor allem als Abprodukte der Kohlevergasung (Gaswerkgelände) und durch Verbrennungsprozesse in die Umwelt gelangt. Einige der aus vier und fünf kondensierten aromatischen Ringen bestehende PAK (z.B. Benz-a-pyren) sind mutagen und kanzerogen. Die Eliminierung der PAK aus der Umwelt bedarf daher besonderer Berücksichtigung.

Es sind bisher keine Mikroorganismen gefunden worden, die in Reinkultur PAK mit mehr als vier Ringen vollständig abbauen können. Trotzdem liegen Informationen über einige erfolgreiche Altlastensanierungen mit PAK-belasteten Böden vor, die eine Abnahme der 16 in der EPA-Liste enthaltenen PAK von insgesamt 1600 mg/kg Boden auf Werte unter 20 mg/kg Boden beschreiben (Henke 1991). Theorie und Praxis klaffen weit auseinander.

Wir haben zunächst an Bodenpilzen aus der autochthonen Mikroflora von PAK-belasteten Böden den PAK-Abbau untersucht. An einem *Aspergillus*-Stamm durchgeführte Versuche mit Phenanthren ergaben, daß dieser Dreiring-PAK unter cometabolischen Bedingungen zwar abnahm, aber nicht mineralisiert, sondern metabolisiert wurde. Die wesentlichen Metabolite sind in Abb. 5.3 zusammengefaßt. Diese Befunde stimmen mit Ergebnissen, die von der Arbeitsgruppe Cerniglia (1992) publiziert wurden, überein. Die untersuchten Bodenpilze aus den Gruppen der Phycomyceten und Deuteromyceten bilden durch Cytochrom-P450-Monooxygenasen Arenoxide, die durch Epoxid-Hydrolasen zu trans-Dihydrodiolen umgesetzt werden. Im Gegensatz dazu erfolgt der primäre PAK-Angriff bei Bakterien durch Dioxigenasen, die dabei gebildeten cis-Dihydrodiole können durch Ringspaltung weiter metabolisiert und mineralisiert werden.

In den letzten Jahren haben die lignolytischen Enzyme der Weißfäulepilze große Beachtung gefunden, da diese Enzyme neben Lignin ein breites Spektrum persistenter organischer Fremdstoffe wie PAK, PCB, 2,3,7,8-Tetrachlordibenzodioxin und Pentachlorphenol angreifen können. Besondere Bedeutung kommt dabei der Ligninperoxidase zu, die durch Elektronenentzug PAK zu Chinonen oxidiert, die weiter abgebaut werden können. Mit Hilfe radioaktiv markierter PAK wurden Mineralisierungen von 10–20% beschrieben, für den Abbauweg gibt es hypothetische Vorstellungen (Hammel et al. 1986). Nach dem derzeitigen Erkenntnisstand ist die in einigen Fällen erreichte weitgehende Eliminierung von PAK aus Böden nicht deutbar.

Weißfäulepilze gehören nicht zur bodenständigen Pilzflora, sie können jedoch mit Hilfe von Lignocellulose enthaltenden Materialien wie Stroh für einige Zeit im Boden angesiedelt werden. Das trifft nur für einige Weißfäulepilze zu, z.B. den Austernseitling, *Pleurotus ostreatus*. Der vielfach für die Untersuchung des Ligninabbaus eingesetzte Pilz *Phanerochaete chrysosporium* ist schwer unter Bodenbedingungen kultivierbar. Der ligninolytische Prozeß ist cometabolischer Natur, für die Bildung von Wasserstoffperoxid als Substrat der Peroxidasereaktionen sind intrazelluläre Prozesse notwendig. Wahrscheinlich stammt das H_2O_2 aus der Glucoseoxidasereaktion.

Um den PAK-Metabolismus besser verstehen zu können, untersuchten Sack und Günther (1993) die Korrelationen zwischen PAK-Abnahme und extrazellulären Enzymaktivitäten an einer großen Anzahl von Pilzen verschiedener ökologischer Gruppen. Als Maß für die Potenz zur Radikalbildung verwendeten sie die Ethylenfreisetzung aus 2-Keto-thiomethylbutyric acid (KTBA). Die Potenz zur

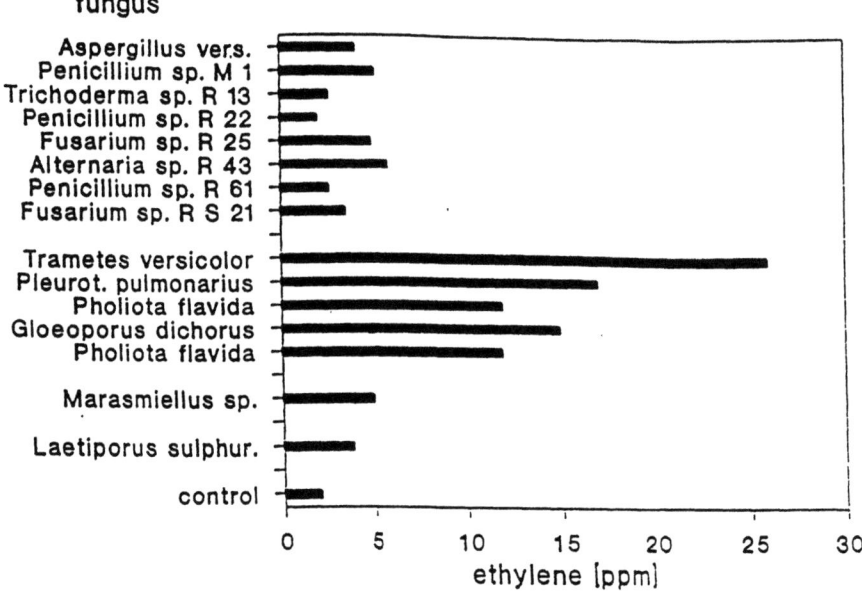

Abb. 5.4. Potenz zur Radikalbildung durch Bodenpilze (obere Gruppe), Weißfäulepilze (Mitte) und *Laetiporus sulphureus* (unten) als Vertreter der Braunfäulepilze. Als Methode wurde die Ethylenfreisetzung aus 2-Ketothiomethylbutyricacid (KTBA) verwendet (Darstellung nach U. Sack)

Radikalbildung ist bei den verschiedenen ökologischen Gruppen unterschiedlich. Die in Abb. 5.4 oben dargestellten Bodenpilze haben ein geringes Radikalbildungsvermögen, die darunter zusammengefaßten Weißfäulepilze ein ausgeprägtes. Diese Potenzen korrelieren mit dem Abbauvermögen für PAK. Eine Ausnahme stellt der den Braunfäulepilzen zugeordnete Schwefelporling *Laetiporus sulphureus* dar. Er besitzt ein geringes Radikalbildungsvermögen, aber eine ausgeprägte Potenz zum Abbau der von uns untersuchten Drei- und Vierring-PAK wie Phenanthren, Fluoren, Fluranthen und Pyren. Außerdem tritt bei diesem Pilz nicht die bei Weißfäulepilzen verbreitete Stickstoffrepression auf, durch die es erst nach dem weitgehenden Verbrauch der Stickstoffquelle des Mediums zur Synthese der ligninolytischen Enzyme kommt.

Der Abbau der PAK durch Weißfäulepilze ist mit einer Bildung von Metaboliten verbunden, die bisher nicht von uns identifiziert wurden. Der Grad der Mineralisierung ist gering, er wird z.Z. näher untersucht. Wie kann die in einigen Fällen beobachtete PAK-Sanierung von Böden gedeutet werden? Die durch das lignolytische System gebildeten Metabolite wie Diole, Chinone und intermediar gebildete Radikale sind reaktiv und werden mit der Boden- bzw. Humusmatrix reagieren. Dec und Bollag (1990) haben das für substituierte Phenole gezeigt, sie

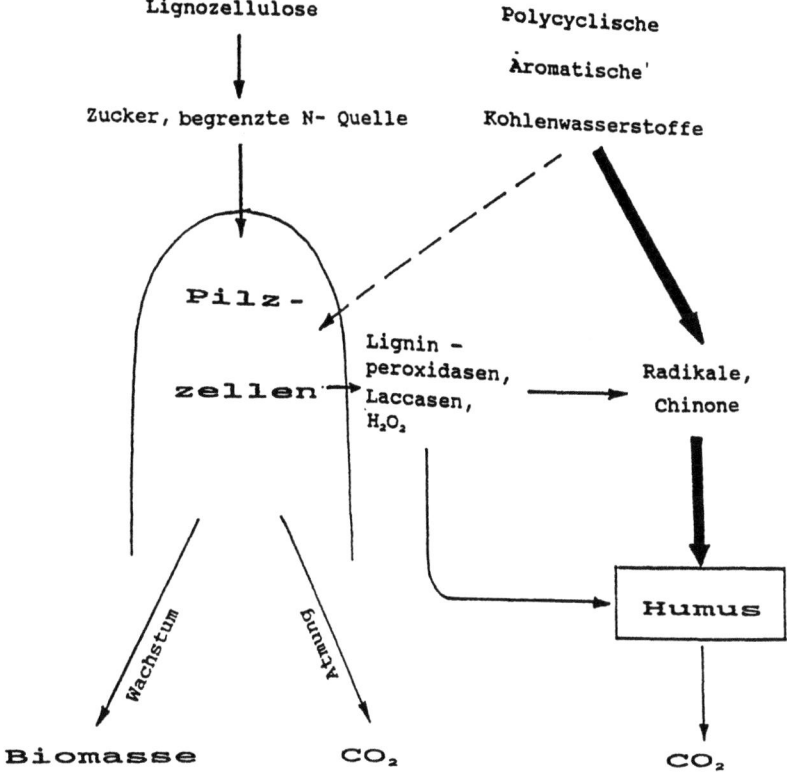

Abb. 5.5. Hypothetisches Schema über die extrazelluläre Oxidation und Humifizierung von PAK durch Weißfäulepilze

haben auch die Beteiligung pilzlicher Enzyme nachgewiesen. Für PAK liegen Hinweise für die durch Phanerochaete chrysosporium geförderte Bildung von sogenannten "bound residues" u. a. von Qiu und McFarland (1991) vor. Wir schließen uns daher der Auffassung von Mahro und Kästner (1993) an, daß die Bildung humusgebundener Rückstände maßgeblich zum Verschwinden von PAK bei Sanierungsprozessen beiträgt. Wenn es zu einer kovalenten Bindung kommt, ist eine Freisetzung des PAK-Moleküls bei Humusabbau unwahrscheinlich. In Abb. 5.5 ist diese Hypothese dargestellt. Der Einbau in die Humusmatrix und die Freisetzung von CO_2 beim Humusabbau würde auch erklären, warum bisher keine Mikroorganismen isoliert werden konnten, die z. B. Benz(a)pyren mineralisieren, obwohl der Prozeß im Bodensystem erfolgen kann.

Für die Klärung der Frage, in welchem Maße die Humifizierung von PAK eine "echte" Sanierung aus human- und ökotoxikologischer Sicht darstellt, besteht

Forschungsbedarf. Auch für die Bewertung natürlicher Selbstreinigungsprozesse brauchen wir diese Kenntnisse. Die Humifizierung als Eliminierungsprozeß ist auch für andere umweltbelastende Stoffe zu klären, z.B. für Trinitrotoluol und andere Komponenten von Rüstungsaltlasten. Jede Stoffgruppe bedarf der spezifischen Untersuchung.

5.6 Dank

Dem Bundesministerium für Forschung und Technologie, Projekt Nr. 1450821, und dem Fond der Chemischen Industrie danken wir für finanzielle Zuwendungen.

5.7 Literatur

Cerniglia CE (1992) Biodegradation of polycyclic hydrocarbons. Biodegradation 3:351–368

Dec J, Bollag JM (1990) Detoxification of substituted phenols by oxidoriductive enzymes through polymerizationreactions. Arch Environ Contam Toxicol 19:543–550

Hammel KE, Kalyanaraman B, Kirk TK (1986) Oxidation of polycyclic aromatic hydrocarbons and dibenzo(p)dioxins by *Phanerochaete chrysosporium* ligninase. J Biol Chem 261:16948–16952

Henke GA (1991) Biologische Sanierung kontaminierter Böden. BioEngineering 7:62–65

Hofrichter M, Günther T, Fritsche W(1993) Metabolism of phenol, chloro- and nitrophenols by *Penicillium* strain Bi 7/2 isolated from a contaminated soil. Biodegradation 3:415–421

Mahro B, Kästner M (1993) Der mikrobielle Abbau polyzyklischer aromatischer Kohlenwasserstoffe (PAK) in Böden und Sedimenten: Mineralisierung, Metabolitenbildung und Entstehung gebundener Rückstände. BioEngineering 9:50–58

Sack U, Günther T (1993) Metabolism of PAH by fungi and correlation with extracellular enzymatic activities. J Basic Microbiol 33:269–277

Qiu X, McFarland MJ (1991) Bound residue formation in PAH contaminated soil composting using *Phanerochaete chrysosporium*. Hazardous Waste and Hazardous Materials 8:115–126

Yanagita T (1990) Natural microbial communities. Japan Scientific Society Press, Tokyo; Springer Verlag, Berlin Heidelberg New York

6 Feldversuche zur mikrobiologischen Sanierung eines PAK-belasteten Bodens (ehemaliger Gaswerkstandort) in Solingen-Ohligs

N. Steilen[1], T. Heinkele[2], W. Reineke[3]

6.1 Polycyclische aromatische Kohlenwasserstoffe (PAK)

6.1.1 PAK als Umweltchemikalien

Polycyclische aromatische Kohlenwasserstoffe (PAK) werden dann gebildet, wenn organisches Material, welches Kohlenstoff und Wasserstoff enthält, pyrolytischen Prozessen und unvollständigen Verbrennungen ausgesetzt wird. Wenn das Startmaterial auch Heteroaromate wie Stickstoff, Sauerstoff oder Schwefel enthält, werden zusätzlich Heteroaromate gebildet. Die Vielzahl der bei pyrolytischen Prozessen gebildeten Verbindungen wird am Bei-Produkt der Verkokung, dem Teeröl, deutlich. Neben einer Vielzahl von verschiedenen polycyclischen aromatischen Kohlenwasserstoffen und Heteroaromaten kommt es zur Bildung von phenolischen Verbindungen. Den Anteil der Verbindungen an bei der Vergasung von Steinkohle entstandenem Teeröl zeigt beispielsweise die Tabelle 6.1.

In Solingen-Ohligs stellt sich jedoch ein anderes Bild als im Beispiel dargestellt dar, da die höher kondensierten PAK im Boden relativ angereichert vorliegen.

Daß neben den genannten Quellen auch andere anthropogene Einflüsse an der ubiquitären Verbreitung der PAK in der Umwelt beteiligt sind, zeigt Tabelle 6.2. Aber auch natürliche Quellen haben ihren Anteil am Eintrag der genannten Stoffe in die Umwelt. Heute lassen sich die PAK in jeder Umweltmatrix, Luft, Wasser, Boden nachweisen. In besonders hoher Konzentration kommen die PAK als Verunreinigung in Böden von Standorten ehemaliger Kokereien, Gaswerke, Teerdestillationen oder Imprägnierwerke vor.

Aufgrund ihres Gefährdungspotentials (die Verbindungsklasse enthält karzinogene Vertreter) hat die amerikanische Umweltbehörde (Environmental Protection

---

[1] bds Boden- und Deponie-Sanierungs GmbH, Carl-Zeiss-Ring 13, D–85737 Ismaning
[2] TU Cottbus, Lehrstuhl für Bodenschutz und Rekultivierung, Karl-Marx-Straße 17, D–03013 Cottbus
[3] Bergische Universität Gesamthochschule Wuppertal, Fachbereich 9, Naturwissenschaften II, Chemische Mikrobiologie, Gaußstraße 20, D–42119 Wuppertal

Agency, EPA) die PAK in die Liste der "Priority Pollutants" mit aufgenommen und einige einfache mehrkernige Aromaten als Leitsubstanzen benannt. Die 16 Einzel-PAK der EPA-Liste sind in Abb. 6.1 zusammengestellt.

Tabelle 6.1. Beispiel für vorherrschende polycyclische aromatische Kohlenwasserstoffe eines Teeröls (Mueller et al. 1989)

Verbindung	Prozentanteil (Gew.)
Naphthalin	13
2-Methylnaphthalin	13
Phenanthren	13
Anthracen	13
1-Methylnaphthalin	8
Biphenyl	8
Fluoren	8
2,3-Dimethylnaphthalin	4
2,6-Dimethylnaphthalin	4
Acanaphthen	4
Fluoranthen	4
Chrysen	2
Pyren	2
Anthrachinon	1
2-Methylanthracen	1
2,3-Benzo(b)fluoren	1
Benzo(a)pyren	1
Gesamt = 17	

6.1.2 Bindung und Mobilität von PAK in Böden

Die Bindung bzw. Sorption und die Mobilität der PAK werden von den physikalisch-chemischen Eigenschaften der Einzelsubstanzen und insbesondere von zahlreichen bodeneigenen Merkmalen bestimmt. Im allgemeinen nimmt die Adsorption der einzelnen PAK mit abnehmender Wasserlöslichkeit und abnehmender Polarität zu (Means et al. 1980, Litz 1990). Die organische Substanz im Boden bestimmt dabei ganz wesentlich die Sorptionskapazität von PAK (Scheffer und Schachtschabel 1989, Litz 1990).

Das Ausmaß der Sorption von PAK in Böden wird dabei nicht nur vom Gesamtgehalt an organischer Substanz bestimmt, sondern auch ganz maßgeblich

Tabelle 6.2. Geschätzte PAK-Emissionen der Hauptquellen für die Bundesrepublik Deutschland in kg/a (verändert nach Hofmann-Kamensky 1992)

	Groß-feuerung[1]	Kokereien[2]	Abfall-verbr.[3]	Metall-erzeug.[4]	Haus-brand[5]	Kraft-fahrzeug[6]	Flug-zeuge[7]	Gesamt (kg/a)
Naphthalin	-	-	-	-	280.000	10.350	-	290.350,0
Acenaphthylen	-	-	-	-	-	-	-	-
Acenaphthen	-	-	-	-	-	3.735	-	3.735,0
Fluoren	156,5	-	-	-	37.800	18.900	-	56.856,5
Phenanthren	469,5	833	-	-	99.000	4.850	-	105.152,5
Anthracen	-	354	-	-	25.200	12.600	-	38.154,0
Fluoranthen	252,5	2.669	-	-	34.800	9.225	-	46.946,5
Pyren	82,5	2.295	-	-	27.000	9.720	-	39.097,5
Benzo(a)anthracen	15,5	1.377	-	-	12.000	1.935	-	15.327,5
Chrysen	43,5	1.462	-	-	26.400	1.800	-	29.705,5
Benzo(b)fluoranthen	10,0	315	-	-	150	1.080	-	1.555,0
Benzo(k)fluoranthen	4,5	315	-	-	150	1.080	-	1.549,5
Benzo(a)pyren	15,0	1.054	20	500	3.000	2.980	2.000	9.569,0
Dibenzo(ah)anthracen	-	-	-	-	-	-	-	-
Benzo(ghi)perylen	-	-	-	-	-	3.960	-	3.960,0
Indeno(1,2,3-cd)pyren	-	442	-	-	-	450	-	892,0

[1] 50 Mio t/a Steinkohle, Emissionswerte nach Masclet et al., 1987
[2] 17 Mio t/a Kokserzeugung, Emissionswerte nach Björseth et al., 1978
[3] 9,3 Mio t/a Abfall, 2 mg/t BAP
[4] 70 Mio t/a Roheisen und Stahl, 17 Mio t/a Steinkohlenkoks
[5] 6 Mio t/a Kohleprodukte und Brennholz, Emissionsfaktoren nach Truesdale u. Cleland, 1982
[6] 30 Mio Kfz, 15.000 km/a, 10 l/km Emissionsfaktoren nach Westerholm et al., 1988
[7] 500.000 Jet-Starts pro Jahr, 4.000 mg BAP pro Start
-, keine Literaturangabe

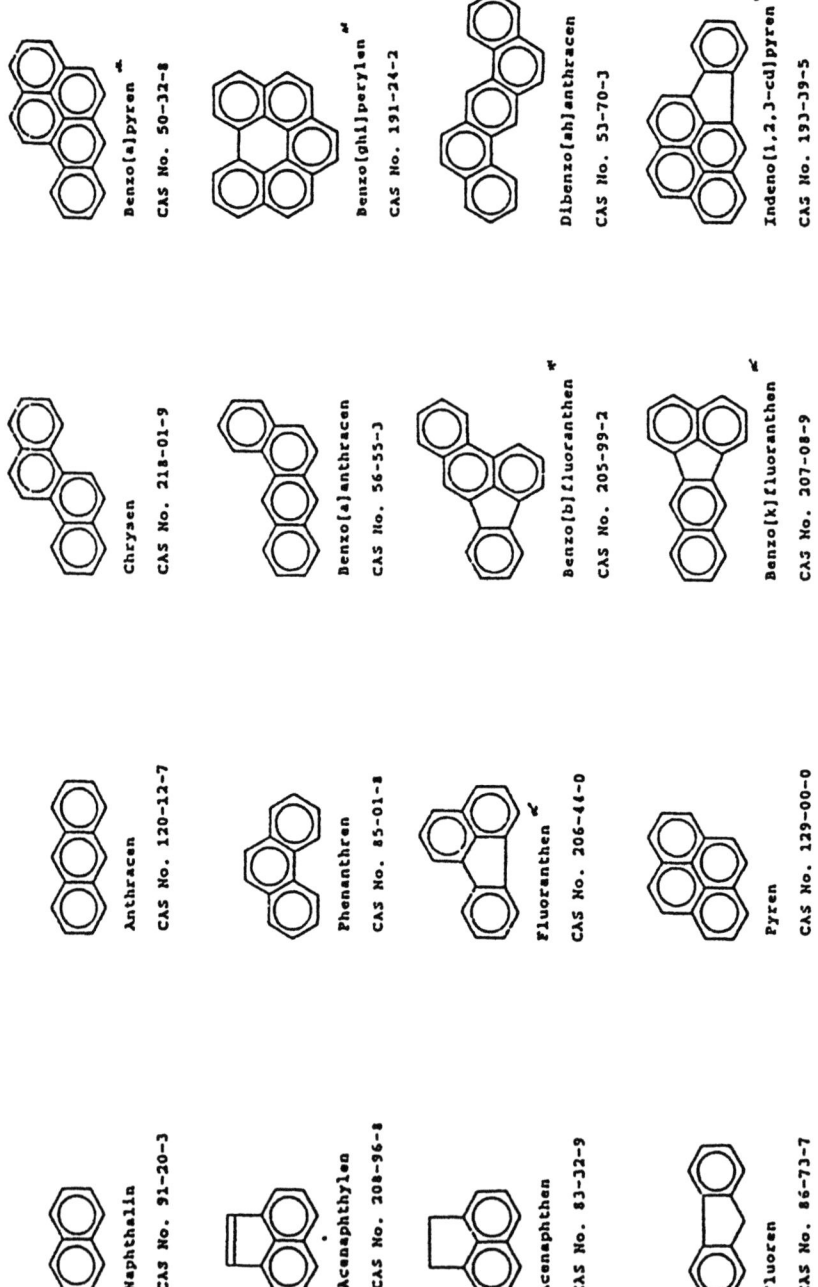

Abb. 6.1. Die 16 Einzel-PAK nach EPA sowie die 6 PAK nach der Trinkwasserverordnung (TVO)

von deren Qualität. Mit zunehmendem Alter der Belastung nimmt die Sorption unpolarer organischer Chemikalien im allgemeinen zu.

Bei der geringen Wasserlöslichkeit der PAK sowie der starken Adsorption an Böden, insbesondere in humusreichen, wird im allgemeinen auch eine geringe Mobilität der PAK vorausgesetzt. In Einzelfallen ist jedoch eine Verlagerung von PAK im Boden bis in das oberflächennahe Grundwasser bzw. in tiefere Bodenhorizonte beobachtet worden (z.B. Means et al. 1980, Bierl et al. 1984, Eiceman et al. 1986, Tebaay et al. 1991).

Die Löslichkeit und Mobilität der PAK im Boden kann durch Tenside und Öle sowie durch die Bindung an gelösten Fulvosäuren (Gaulthier et al. 1986) sowie an andere wasserlösliche, organische Substanzen des Bodens (DOC) erhöht werden (Kögel-Knabner und Knabner 1991, Magee et al. 1991). In Form von Gemischen, z.B. dem Anthracenöl, das auf Kokereistandorten weit verbreitet ist, kann die Löslichkeit von PAK stark erhöht sein.

In der Praxis ist u.a. auch der Aggregatzustand der Verunreinigung von erheblicher Bedeutung, d.h. konkret, ob die PAK in Phase, gebunden, z.B. als Teerklumpen immobil oder an Kohlepartikeln adsorbiert, vorliegen.

6.2 Sanierung Solingen-Ohligs

Im Rahmen der Sanierungsuntersuchung des ehemaligen Gaswerks in Solingen-Ohligs wurde im Jahre 1988 im Auftrag der Stadt Solingen eine Recherche über Sanierungsverfahren, die für die Behandlung eines mit polycyclischen aromatischen Kohlenwasserstoffen (PAK) belasteten Bodens geeignet sein könnten, durch das Ingenieurbüro GERTEC durchgeführt. Nach dieser anteilig mit

– die thermischen Anlagen in den Niederlanden und
– die mikrobiologischen Verfahren von etwa 40 Anbietern.

Für die Sanierung bzw. Reinigung der gering belasteten Böden EPA-PAK <200 mg/kg TS (vorwiegend Oberböden) aus dem Randbereich des Gaswerks Ohligs schienen aus damaliger Sicht, aus ökonomischen und ökologischen Gründen, insbesondere die mikrobiologischen Verfahren geeignet zu sein. Es war anzunehmen, daß diese on-site-Verfahren wesentlich preisgünstiger sein würden als eine thermische Behandlung. Die Anbieter stellten aufgrund ihrer Vorversuchsergebnisse die Sanierung als einfach und unproblematisch dar, obwohl aussagefähige Sanierungsergebnisse für die Sanierung PAK-verunreinigter Böden damals nicht vorlagen. Daher sollte untersucht werden, welche und in welchem Maße mikrobiologische Sanierungsverfahren geeignet sind, gering belasteten PAK-kontaminierten Boden zu reinigen. Auf Anregung der Stadt Solingen kam man mit den Landesbehörden überein, einen Feldversuch durchzuführen, um diese Frage zu klären.

Auftraggeber für die Feldversuche war das Land Nordrhein-Westfalen, vertreten durch den Regierungspräsidenten Düsseldorf. Die Gesamtkosten der Feldversuche in Höhe von 1,4 Mio DM wurden vom Land NRW getragen. Die Stadt Solingen stellte das Versuchsgelände und den kontaminierten Boden zur Verfügung. Die Projektleitung lag beim Ingenieurbüro GERTEC GmbH, Essen.

Zielsetzung des Projektes war aus Sicht des Landes

- betroffenen Kommunen in fachlicher Hinsicht bei der Auswahl von mikrobiologischen Sanierungsverfahren Hilfestellung leisten zu können,
- Prüfung der Erreichbarkeit von Sanierungszielen für eine "empfindliche Nutzung",
- den Finanzbedarf für ähnliche Sanierungen abzuschätzen,
- Defizite und positive Aspekte bei den vorhandenen mikrobiologischen Sanierungsverfahren festzustellen,
- Kommunen praktische Hilfestellung bei der Planung, Ausschreibung und Überwachung biologischer Sanierungsverfahren zu geben,
- den Entwicklungsbedarf für mikrobiologische PAK-Sanierungen aufzuzeigen,

aus der Sicht der Stadt Solingen

- für die Sanierung des ehemaligen Gaswerks Ohligs ein geeignetes Verfahren /Unternehmen zu finden.

Als Sanierungsziele wurden 10 mg/kg TS für die EPA-PAK (16 Einzelsubstanzen) und 1 mg/kg TS für Benzo(a)pyren festgelegt. Alternativ sollte eine 70%-Reduktion der APA-PAK-Konzentration als Sanierungserfolg gewertet werden.

6.3 Auswahl der Versuchsteilnehmer

Das Projekt wurde von einer Arbeitsgruppe aus Vertretern von vier Behörden und Fachdienststellen des Landes NRW sowie einem Vertreter der Stadt Solingen betreut:

- Landesamt für Wasser und Abfall NRW (LWA),
- Landesanstalt für Ökologie, Landschaftsentwicklung und Forstplanung NRW (LÖLF),
- Staatliches Amt für Wasser- und Abfallwirtschaft, Düsseldorf (StAWA),
- Regierungspräsident Düsseldorf (RP),
- Vertreter der Stadt Solingen.

Sanierungsverlauf und Sanierungskontrolle wurden fortlaufend wissenschaftlich begleitet von:

- Bergische Universität – Gesamthochschule Wuppertal, Chemische Mikrobiologie und
- H. Trautmann GmbH, Abteilung für Bodenökologie und Umweltbewertung, Essen.

Die Bearbeitung der sanierungsbegleitenden Analytik erfolgte durch:

- Claytex Consulting GmbH, Bergheim.

Für einzelne Fragestellungen wurden die

- Technische Hochschule Aachen, Lehrstuhl für Geologie und Geochemie,
- GfA (Gesellschaft für Arbeitsplatz- und Umweltanalytik mbH), Münster-Roxel,
- DMT (Deutsche Montan Technologie für Rohstoff, Energie und Umwelt, Institut für Chemische Umwelttechnologie), Essen.

herangezogen.

Im Sommer 1989 wurden alle zur damaligen Zeit bekannten Anbieter mikrobiologischer Sanierungsverfahren angeschrieben, vom geplanten Forschungsvorhaben unterrichtet und aufgefordert, Unterlagen bezüglich ihres Leistungsspektrums einzusenden. Dreizehn der angeschriebenen Unternehmen bekundeten daraufhin ihr Interesse an der Teilnahme der Feldversuche. Im November 1989 wurden diese Unternehmen zur Angebotsabgabe aufgefordert. Dazu erhielten sie Bodenproben, um Versuche im Labormaßstab durchführen zu können. Die Laborversuche wurden allen Ausschreibungsteilnehmern pauschal mit 3.000 DM vergütet, ausgenommen den Unternehmen, die später den Zuschlag zur Teilnahme am Feldversuch erhielten. Nach 2 Monaten machten dann 8 Firmen ein Angebot (Tabelle 6.3).

Die Art und die Angaben zu den Vorversuchen waren wenig aussagekräftig, um eine exakte Bewertung durchführen zu können. Meist fehlten nähere Angaben zur Analysenmethode. Zum Teil wurde die Ausgangs-PAK-Belastung nicht angegeben. Daher erfolgte die Auswahl der Versuchsteilnehmer im Frühjahr 1990 mit der Maßgabe, möglichst unterschiedliche Verfahren in das Projekt einzubinden.

Weitere Parameter bei der Auswahl der Versuchsteilnehmer waren

- die Erfolgsaussichten einer großmaßstäblichen Sanierung anhand der Ergebnisse der Laborversuche sowie anhand einer fachtechnischen Einschätzung,
- der Platzbedarf der Verfahren,
- die Kosten der Verfahren.

Nach Prüfung der vorliegenden Unterlagen und unter Berücksichtigung der zur Verfügung stehenden Finanzmittel wurde die Anzahl der Firmen auf drei festgelegt. Alle drei Teilnehmer boten ein Mietenverfahren an. Ein dynamisches Reaktorverfahren wurde nicht angeboten. Die Stadt Solingen beteiligte sich mit

Tabelle 6.3. Vorversuche der 8 Firmen mit Darstellung der vergleichbaren Untersuchungsparameter

Firmenname	AnaKat	Lobbe Xenex	UH	CB (ehem. ESTE)	PHW (ehem. KRC)	BGT	Terra	Klöckner Oecotec
Bodenbeschreibung	dunkler humusreicher Boden, kein Geruch nach Erdölbestandteilen (Steinkohlenteer)	k.A.	k.A.	k.A.	k.A.	k.A.	k.A.	es wurde kein Laborbericht über die Vorversuche zur Verfügung gestellt
pH-Wert	7,6	7,0	6,8	7,7	7,3	7,1	7,1	
Trockensubstanz in %	85,0	79,1	79,0	78,6	72,1	76,0	78,7	
KBE/g TS	$2,8 \cdot 10^7$	$2,2 \cdot 10^6$	$1,3 \cdot 10^4$	k.A.	$6,65 \cdot 10^6$	$4,2 \cdot 10^6$	k.A.	
Versuchsdurchführung	• Schüttelkultur • Umlaufsäule • Blasensäule	Schüttelschrank	Wärmeschrank (30°C)	Säulenversuche	Säulenversuche	• nährstoffbeschleunigtes Testsystem • natürliches Testsystem • Inhibliertes Testsystem	k.A.	
Analyseverfahren	GC	HPLC	GC-MS	GC-MS	k.A.	HPLC	GC-MS	
Anfangskontaminationen Σ EPA-PAK (mg/kg) TS	36,4	k.A.	57,0	101,1	159,9	106,2	k.A.	
Laborergebnisse								
Abbau Σ EPA-PAK in %	92,0	99,0	31,5	94,0	35,0	52,9	k.A.	
Abbau BaP in %	99,0	99,0	36,7	90,0	37,0	61,8		
Zeit (d)	56,0	28,0	28,0	42,0	41,0			

einem eigenen Verfahren. Als 5. Miete wurde eine Kontrollmiete errichtet. Die Verfahren lassen sich wie folgt charakterisieren:

- Caro Biotechnik GmbH (CB, ehemals ESTE)
  ca. 0,8 m hohe nicht überdachte Miete (22 m x 11 m). Der Boden (ca. 200 m^3) wurde unter Zugabe von ca. 2,5 Gew.% Strukturmaterial (im wesentlichen Kiefernborke) eingebaut. Im Sanierungszeitraum erfolgte eine wöchentliche Lockerung des Bodens. Über die Sanierungszeit von Januar bis November 1991 erfolgte eine impulsweise Begasung mit Sauerstoff.

- Preussag Noell Wassertechnik GmbH (PNW, ehemals KRC)
  ca. 1 m hohe mit einem Folientunnel überdachte Miete (20 m x 7 m). Die Miete (ca. 140 m^3 Boden) wurde unter Zugabe von ca. 13 Gew.% Stroh/Pilz-Substrat aufgebaut und mit 15 cm Rindenmulch überdeckt. Die Belüftung erfolgte über ein Saugzuggebläse mit Ableitung der Mietenluft über einen Aktivkohlefilter.

- Umweltschutz Nord GmbH (UN)
  ca. 1,5 m hohe mit einer Zeltkonstruktion überdachte Miete (18 m x 7 m). Der Boden (ca. 200 m^3) wurde unter Zuhilfenahme eines "Maulwurfs" unter gleichzeitiger Zugabe von 10 Gew.% Strukturmaterial (hauptsächlich bestehend aus Rindenmulch), homogenisiert. Bei der Homogenisierung wurden ca. 7% des Einsatzmaterials, wie Steine, Holz etc., als nicht verarbeitbar abgeschieden. Die Belüftung erfolgte durch Wenden des Bodens mit einem speziellen Wendegerät.

- Stadt Solingen (So)
  ca. 0,6 m hohe Miete (15 m x 11 m). Aufbau des Bodens (ca. 100 m^3) unter Zugabe von ca. 30 Vol.% Kompost aus Grünschnitt und Biomüll aus der stadteigenen Kompostierungsanlage. Anschließend wurde die Miete mit tiefwurzelndem Klee eingesät. Die Miete wurde während der Sanierungszeitdauer von 17 Monaten einmal gewendet.

- Kontrollmiete (KO)
  Es handelt sich um eine ca. 0,6 m hohe nicht überdachte Miete (15 m x 11 m, ca. 100 m^3 Boden). Es wurde kein Strukturmaterial zugesetzt. Ebenso fand keine Bearbeitung der Miete statt.

6.4 Bodenbeschaffenheit

Der zu behandelnde Boden ist ein anstehender, schluffig-lehmiger Sand, der im Bereich der ehemaligen Kläranlage mit Bauschutt aufgefüllt ist. Dieser Bereich liegt im heutigen Hochwasserrückhaltebecken und gehörte zum ehemaligen Gaswerkgelände.

Die Auffüllungsschicht nimmt näherungsweise ein Volumen von <200 m³ ein und wurde, teilweise durch die Auskofferung bedingt, mit dem Versuchsboden vermischt. Der Versuchsboden hatte folgende Korngrößenverteilung:

	S	gU	mU	fU	Uges	T	Bodenart	C_{org} %	pH (/)
%	37,3	27,4	13,9	7,5	48,8	13,9	ulS	3,0-6,0	6,8-7,7

Die Korngrößenverteilung kann als repräsentativ für viele andere Gaswerks- und Kokereistandorte im Ruhrgebiet angesehen werden.

Die den Firmen überlassenen Bodenproben zur Durchführung der Vorversuche (notwendig für Angebotserstellung) wiesen zum Teil geringere Schluff- und Tonanteile auf.

Die Belastung des für eine mikrobiologische Sanierung vorgesehenen Materials im Außenbereich (Hochwasserrückhaltebecken) betrug ca. 190 mg/kg TS EPA-PAK. Auf dem ehemaligen Werksgelände (Kernbereich) wurden EPA-PAK-Höchstwerte bis zu 36.000 mg/kg TS festgestellt.

6.5 Vorbereitung des Versuchsbodens

Im Hochwasserrückhaltebecken (ehemalige Kläranlage) mit einer Kontamination von EPA-PAK <200 mg/kg TS wurde im Oktober 1989 ein Teilbereich mit einer Belastung von 17–189 mg/kg TS bis zu einer Tiefe von 0,5 m ausgekoffert und in einem Erdlager zwischengelagert. Der ausgekofferte Bereich befindet sich außerhalb des Geländes mit den ehemaligen Produktionsanlagen. Die Sanierungsuntersuchungen ergaben, daß er räumlich in vier verschiedene Kontaminationsbereiche aufgeteilt werden konnte (Abb. 6.2).

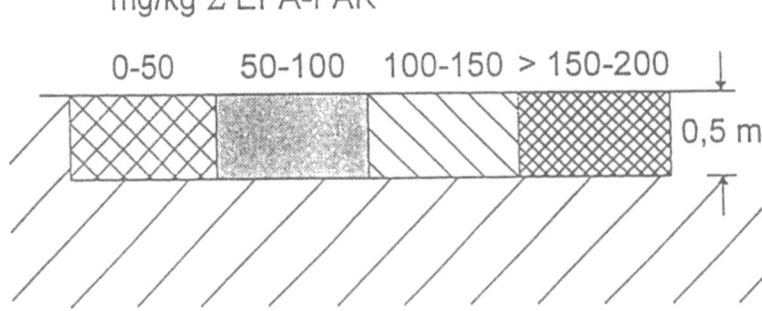

Abb. 6.2. Zirkawerte der Kontaminationsbereiche, idealisiert

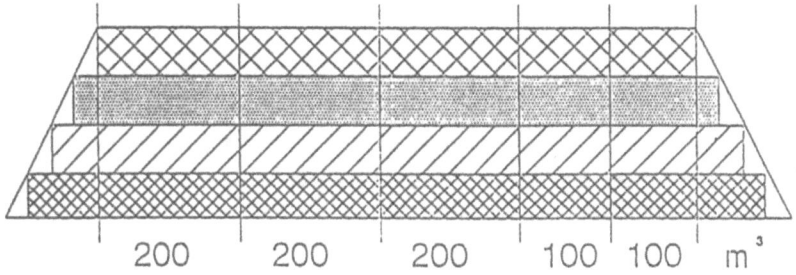

Abb. 6.3. Aufschüttung des Aushubs in Lagen nach Auskofferung der einzelnen Kontaminationssegmente

Diese Bereiche wurden im Erdlager übereinandergeschichtet. Bei der Zuteilung der Bodenpartien für die Versuchsdurchführung wurde der Boden seitlich entnommen, so daß jedem Teilnehmer Boden aus allen Bereichen zur Verfügung gestellt werden konnte (Abb. 6.3). Diese Vorgehensweise wurde unter der Maßgabe, möglichst einheitliche Versuchsbedingungen bzw. Ausgangsbelastungen zu gewährleisten, gewählt. Die Bodenaufbereitung, d.h. Einmischung der Substrate, Auslese von Störstoffen, fand im Hochwasserrückhaltebecken statt. Anschließend wurde der für die Versuchsdurchführung aufbereitete Boden im Zeitraum Ende Juni/Anfang Juli 1990 im angefeuchteten und abgedeckten Zustand zur nahegelegenen Versuchsfläche transportiert und dort den Behandlungstechniken entsprechend aufgebaut.

6.6 Vorbereitung der Versuchsfläche

Alle Versuchsparzellen wurden mit einer Untergrundabdichtung versehen. Als Abdichtungsmaterial wurde eine 2,5 mm HDPE-Folie verwendet, die den Anforderungen der "Richtlinie über Deponiebasisabdichtungen aus Dichtungsbahnen des Landes NRW" entspricht. Zum Schutz der Dichtungsfolie vor mechanischer Zerstörung wurde vorher eine 10 cm starke Sandausgleichsschicht aufgebracht. Die nicht überdachten Mieten der Stadt Solingen, der Caro Biotechnik GmbH und der Kontrollmiete waren mit einem 2%igen Gefälle hergestellt worden. Über dieses Gefälle wurden die Versuchsparzellen in einem auf der Schmalseite der Miete angeordneten Sickerwassersammelgraben entwässert. Die Sickerwassersammelgräben hatten ein Fassungsvermögen von je ca. 60 m^3.

6.7 Probennahme

Bevor die einzelnen am Versuch beteiligten Firmen dem Boden ihr Substrat beimischten, wurden die Nullproben (P0) zur Ermittlung der Ausgangsbelastung gezogen. Die 1. Probennahme (P1) erfolgte dann mit Ausnahme der Kontrollmiete direkt nach Aufbau der Mieten. Im zweimonatigen Abstand wurde dann die weitere Beprobung durchgeführt. Insgesamt wurden im Sanierungszeitraum von Juli 1990 bis Ende November 1991 11 Beprobungen vorgenommen.

Bei der Probennahme wurden jeder Miete über die gesamte Fläche 100 Einzelproben entnommen. Der Probennehmer orientierte sich dabei an einem imaginären Raster mit 50 Doppelprobennahmepunkten. Jeweils 50 Proben wurden in einem Gefäß I und II mit Hilfe eines Rührwerkes zu einer Mischprobe homogenisiert. Dabei standen je Miete 2 Mischproben zur Verfügung, denen wiederum je 2 Proben für die chemische Analyse entnommen wurden. Somit wurden pro Probennahmetermin und je Miete 4 Proben chemisch analysiert. Die Proben wurden in einem 750 ml-Glas mit Schraubdeckel verschlossen und verschlüsselt an das Labor geliefert (Abb. 6.4).

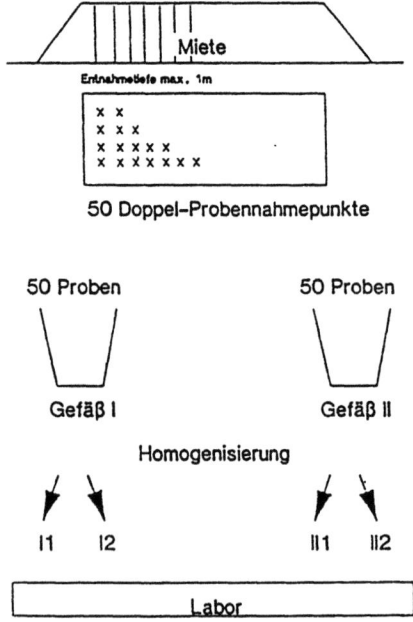

Abb. 6.4. Probennahme, Homogenisierung, Kodierung für das Labor

Nach Entnahme der Proben für die chemische Analytik wurde eine Mischprobe aus Gefäß I und Gefäß II erstellt und ebenfalls mit einem Rührgerät homogenisiert. Es wurden anschließend je Miete eine Probe für die bodenkundliche Untersuchung und Bestimmung der mikrobiellen Aktivität sowie eine Probe für die Keimzahlbestimmung gezogen.

Ab April 1991 wurden zusätzlich je Miete 3 Rückstellproben für die bodenchemische und physikalische Untersuchung bei −25°C eingefroren.

6.8 Untersuchungsprogramm

Die Proben wurden auf die 16 Einzel-PAK entsprechend der EPA-Liste quantitativ bestimmt. Untersuchungen auf andere Schadstoffe wie Cyanide, Halogenkohlenwasserstoffe, Kohlenwasserstoffe und Schwermetalle zu Beginn der Versuche ergaben keine für die Versuchsdurchführung relevanten Belastungen des Bodens. Die Belastungen an BTX-Aromaten und leichtflüchtigen halogenierten Kohlenwasserstoffen lagen unterhalb der Nachweisgrenze.

Es wurden bodenphysikalische (Korngrößenanalyse, Bodentemperatur, Bodenfeuchte), bodenchemische (pH-Wert, Nährstoffgehalte im Boden, Bestimmung des Kohlenstoffgehaltes, Bestimmung des Stickstoffgehaltes und C/N-Verhältnisses) sowie bodenmikrobiologische Untersuchungen (Dehydrogenaseaktivität, Bodenatmung, substratinduzierte Atmung und koloniebildende Einheiten auf verschiedenen Nährböden) durchgeführt. Im Sickerwasser der drei offenen Mieten wurden die PAK-Gehalte nach TVO (6 Einzelsubstanzen) bestimmt.

Zur Klärung des unzureichenden PAK-Abnahmeverhaltens im Sanierungszeitraum von 17 Monaten wurden gegen Ende der Versuchsdauer von der DMT mit im Labor vorhandenen speziellen PAK-Abbauern im Suspensionsreaktor die Bioverfügbarkeit der PAK sowie die Toxizität der Bodeneluate mit Hilfe des Leuchtbakterientests untersucht.

6.9 Ergebnisse

6.9.1 Bewertung der PAK-Gehalte

In Abb. 6.5 sind die Mittelwerte der chemischen Analyse (EPA-PAK = 16 Einzelsubstanzen) der einzelnen Versuchsteilnehmer dargestellt. Die Analyseergebnisse sind insofern überraschend, als die PAK-Gehaltskurve in der Kontrollmiete nahezu parallel mit den entsprechenden Kurven für die zum Teil aufwendig biotechnologisch behandelten Mieten verläuft. Zunächst fällt auf, daß die Zugabe der Zuschlagsstoffe im Zuge der Aufbereitung des Materials bei zwei

Mieten (SO, PNW) zu einer Konzentrationsminderung der Schadstoffe führt, wohingegen es bei Umweltschutz Nord und Caro Biotechnik zu einem Konzentrationsanstieg der PAK kommt. Deutlich zu erkennen ist, daß bereits schon 4 Monate nach Sanierungsbeginn bei allen Mieten eine sehr geringe PAK-Konzentration gemessen wird. So werden bei UN beispielsweise bereits bei der zweiten Probe (P2) über 60% weniger EPA-PAK gegenüber der 1. Probe (P1) analytisch nachgewiesen. Im allgemeinen sind über den Sanierungszeitraum von 17 Monaten zum Teil starke Schwankungen der PAK-Konzentrationen zu erkennen. Inhomogenitäten der Probe, Ungenauigkeiten bei der Probenvorbereitung im Labor und analytische Fehler sind nicht eindeutig als Ursache hierfür anzusehen, da diese Schwankungen bei allen Mieten synchron verlaufen.

Ein ähnliches Schwankungsbild ist auch für die Benzo(a)pyren-Konzentration gegeben.

Bei dieser Betrachtung kommen Fragen auf nach dem Einfluß des Probennahmefehlers und des analytischen Fehlers. Inwieweit diese Schwankungen mit chemischen und/oder mikrobiologischen Prozessen (z.B. Ad-/Desorption) in den Mieten zu erklären sind, bleibt unklar. Ein möglicher Probennahmefehler wird jedoch nahezu ausgeschlossen, da über jede Mietenfläche 100 Einzelproben gezogen und diese dann in 2 Gefäßen homogenisiert wurden (siehe 6.7). Daher wurden die methodischen Aspekte untersucht. Beim chemischen Labor des Auftraggebers (Claytex GmbH) fand keine Homogenisierung bzw. Absiebung der Probe statt. Mit einem Hohlspatel wurde Bodenmaterial direkt aus dem Probenglas entnommen. Die Trocknung der Probe erfolgte dann über Zugabe von Natriumsulfat (Na_2SO_4). Nach der Trocknung wurde die Bodenprobe (20–50 g) mit 100 ml Dichlormethan (CH_2C1_2) extrahiert und dann 15 min im Ultraschallbad behandelt. Die Reinigung des Extraktes geschah durch Filtration des Feststoffanteils über einen Membranfilter. Nach dem Reinigen der Analysenlösung im Rotationsverdampfer ohne Vakuum wurde der Gehalt der PAK-Einzelsubstanzen mit einem Gaschromatographen (GC) und Flammenionisationsdetektor (FID) bestimmt.

Am Beispiel von Preussag Noell Wassertechnik GmbH zeigt Abb. 6.6 die mit zwei verschiedenen analytischen Methoden gemessenen PAK-Konzentrationen über den gesamten Sanierungszeitraum. Die gestrichelten Balken zeigen die von Claytex gemessenen EPA-PAK-Konzentrationen. Die schwarzen Balken geben die vom Versuchsteilnehmer ermittelten EPA-PAK-Konzentration wieder. Preussag Noell Wassertechnik beauftragte ein externes Labor, das als Extraktionsmittel Cyclohexan verwandte und das Probenmaterial 8 Stunden im Heißsoxhlet behandelte. Die PAK-Konzentration wurde mit einem HPLC (High pressure liquid chromatograph) ermittelt. Beide Methoden zeigen einen nicht linearen Verlauf der PAK-Konzentration über den gesamten Sanierungszeitraum. Vergleichbare Unterschiede wurden auch bei den anderen Versuchsteilnehmern, die durch ihrerseits beauftragte Labors die PAK-Konzentrationen in ihren Mieten messen ließen, festgestellt. Zu erwähnen ist, daß über den gesamten Sanierungszeitraum von 17 Monaten das Labor von Preussag Noell Wassertechnik die gleichen Proben wie Claytex erhielt.

Feldversuche zur mikrobiologischen Sanierung 95

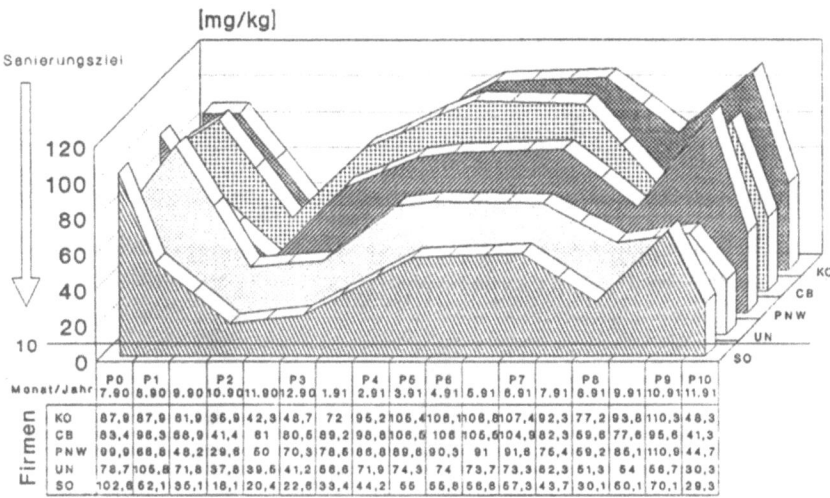

Abb. 6.5. Ergebnisse der chemischen Analyse EPA-PAK der fünf Versuchsmieten über die Sanierungsdauer von 17 Monaten (die Werte zwischen den Probennahmeterminen sowie der Wert P6 sind interpoliert)

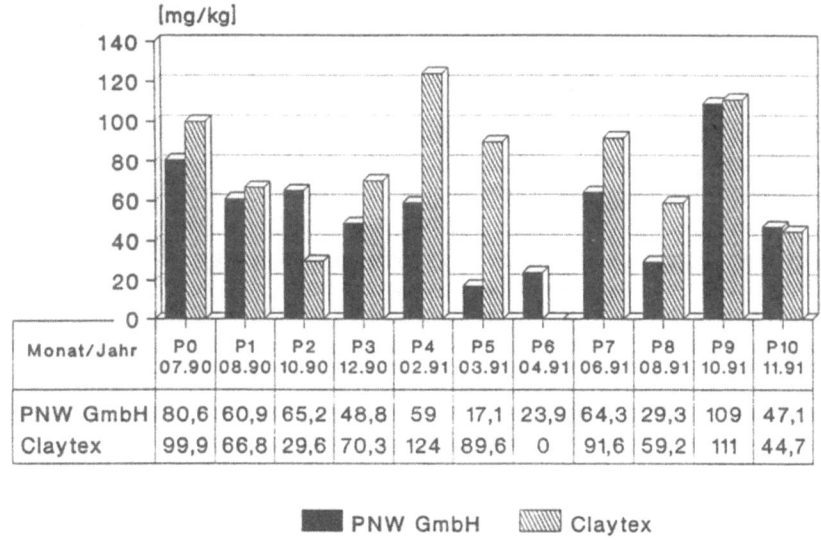

Abb. 6.6. Vergleich zweier Analysenmethoden (Summe PAK nach EPA)

Um den Einfluß des analytischen Fehlers auf die Ergebnisse zu ermitteln, wurden ab April 1991 jeweils 3 Rückstellproben je Miete direkt nach der Beprobung bei –25°C eingefroren und bis Dezember 1991 aufbewahrt. Diese Proben wurden dann Ende Dezember von Claytex zur gleichen Zeit analysiert. Das Ergebnis ist exemplarisch für PNW in Abb. 6.7 dargestellt.

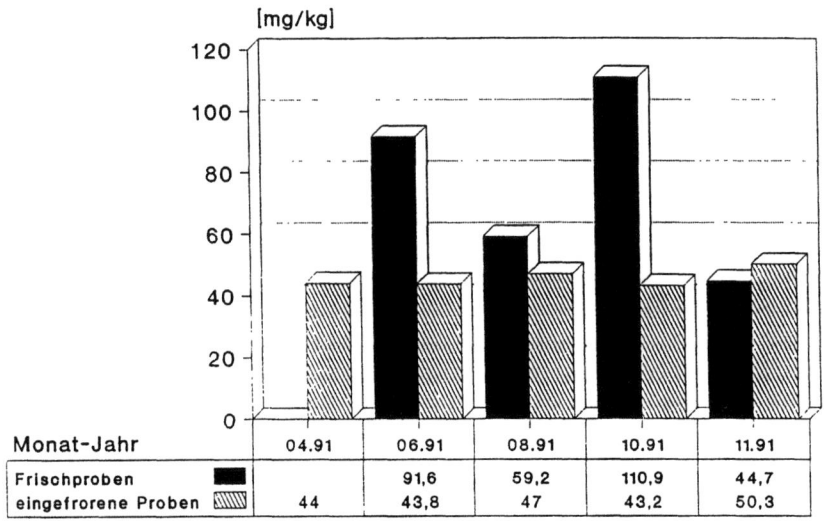

Abb. 6.7. Vergleich frischer und eingefrorener Proben

Deutlich zu erkennen ist, daß für die eingefrorenen Proben eine annähernd gleiche Konzentration über die dargestellte Zeitspanne von Juni 1991 bis November 1991 vorhanden ist. Im Kontrast dazu zeigen die Konzentrationen an den Frischproben das bekannte Bild der Schwankungen. Dieses Ergebnis dokumentiert, daß bei der PAK-Analytik an Feststoffproben noch erhebliche methodische Unsicherheiten bestehen. Ein ähnliches Bild ergibt sich auch beim Vergleich mit den anderen Versuchsteilnehmern.

6.9.2 Bewertung der Untersuchungsergebnisse auf PAK-Abbauprodukte

Die Zuordnung der vorgefundenen polycyclischen aromatischen Verbindungen bzw. deren Abbauprodukte in den untersuchten Extrakten erfolgte durch Vergleich der Retentionszeiten sowie des Fragmentierungsmusters mit beim Labor (GfA mbH) vorhandenen Referenzsubstanzen und in der Literatur zu findenden Massenspektren solcher Substanzen. Die vorgefundenen Verbindungen konnten grob in vier Gruppen (PAK-Ketone, PAK-Chinone, stickstoffhaltige PAK, Methylderivate der PAK-Ketone) unterteilt werden. Eine abschließende Bewertung der Metabolitenuntersuchungen ist wegen methodischer Unsicherheiten nicht möglich.

6.9.3 Bewertung der Bioverfügbarkeit

Eine Bodenmischprobe, bestehend aus 50 Einzelproben aus der Kontrollmiete, wurde mit einer bakteriellen Mischkultur, die nachweislich PAK abbauen kann, in einem Suspensionsreaktor 27 Tage lang bei DMT behandelt. Dieser Versuchsansatz erbrachte zwei wesentliche Ergebnisse:

1. Trotz Zufuhr der nachweislich PAK-abbauenden Mischkultur (Firmenangabe) und der Einstellung optimaler Bedingungen ist nach 27 Behandlungstagen die EPA-PAK-Konzentration unverändert gegenüber den Ausgangsgehalten geblieben.
2. Die Sauerstoffzehrung im Boden deutet auf geringe Stoffumsetzungen hin. Nach Zufuhr von Glucose und Nährstoffen ist eine erhebliche Steigerung der Atmungsaktivitäten zu verzeichnen. Eine Hemmung durch die Schadstoffe wurde nicht festgestellt.

Diese Ergebnisse deuten darauf hin, daß im untersuchten Bodenmaterial die PAK in einer für den mikrobiellen Abbau nicht verfügbaren Form vorliegen.

Zur Klärung der mangelnden Bioverfügbarkeit wurde der Versuchsboden einer Sink-/Schwimmscheidung unterzogen. Lichtmikroskopische Untersuchungen an der Leichtgutfraktion zeigen, daß diese im wesentlichen aus Kohle-, Koks- und Holzpartikeln besteht. Chemische Analysen zeigen ferner, daß in dieser Fraktion die EPA-PAK-Konzentration im Vergleich zur Gesamtprobe um den Faktor 10 (!) erhöht vorliegt. Aus diesen Erkenntnissen läßt sich schlußfolgern, daß die PAK in starkem Maße an die hydrophobe Matrix des Bodens adsorbiert sind. Die Ergebnisse des Leuchtbakterienhemmtests bestätigen die geringe Bioverfügbarkeit der PAK. Dieser Umstand scheint maßgebend zu sein für den mangelnden PAK-Abbau in den Versuchsmieten.

6.9.4 Bodenphysikalische und bodenchemische Eigenschaften

Die Bewertung der Nährstoffuntersuchungen auf der Grundlage der Gehaltsklasseneinteilung landwirtschaftlich genutzter Böden nach VDLUFA wurde angewandt, um eine größenordnungsmäßige Nährstoffversorgung angeben zu können. Die Nährstoffversorgung der Mieten ist danach als ausreichend bis gut zu bezeichnen. Ammonium und Nitrat unterliegen im Versuchszeitraum erwartungsgemäß einer stärkeren zeitlichen Dynamik, demgegenüber verhalten sich die Gehalte an Phosphor, Kalium und Magnesium zwischen der ersten und letzten Beprobung verhältnismäßig konstant. Dieser Tatbestand wird durch die gemessenen Nährstoffgehalte im Eluat unterstrichen. Die abschließende Beprobung im November 1991 zeigt für alle Mieten einen deutlichen Rückgang der pflanzenverfügbaren Kaliumgehalte, was am ehesten mit einer K-Fixierung in den Zwischenschichten von Tonmineralen erklärt werden kann.

Die pflanzenverfügbaren Magnesium-Gehalte bewegen sich bei allen Mieten und sämtlichen Beprobungen auf einem sehr ähnlichen Niveau zwischen knapp unter 10 mg/100 g TS und 15 mg/100 g TS. Für keine der Mieten kann eine größere Zufuhr von Magnesium durch organische und/oder anorganische Dünger auf der Grundlage der Untersuchungsergebnisse nachvollzogen werden.

Die Phosphor-Versorgung wird als ausreichend bis gut bezeichnet. Sie bewegte sich zwischen P_2O_5-Gehalten von knapp unter 15 mg/100 g TS bis 30 mg/100 g TS.

Zu Beginn der Versuche im Juli 1990 liegen die N_{min}-Vorräte in den Substraten aller Mieten auf einem ausreichenden Niveau. Am Ende des Winters 1990/91 sind die N_{min}-Gehalte sämtlicher Mieten deutlich geringer. Am Ende der Vegetationsperiode 1991 war bei allen Mieten wiederum ein Anstieg der N_{min}-Gehalte zu verzeichnen.

Die gemessenen pH–Werte lagen bei allen Beprobungsterminen und bei allen Mieten im neutralen bis schwach alkalischen Bereich. Weder die geringfügigen Unterschiede zwischen einzelnen Mieten, noch die ebensowenig ausgeprägten Unterschiede an den einzelnen Beprobungsterminen ließen eindeutige Tendenzen erkennen.

6.9.5 Bodenmikrobiologische Untersuchung

Die Untersuchungen der bodenmikrobiologischen Parameter anhand genereller Summenparameter der bodenbiologischen Aktivität sowie der Populationsdichten (Bodenatmung, substratinduzierte Atmung, Dehydrogenaseaktivität, koloniebildende Einheiten) verfolgten das Ziel, die durch das Mietenmanagement (Bodenbearbeitung, Zufuhr von Nährstoffen und organischen Zuschlagstoffen) zu erwartenden Steigerungen der mikrobiellen Aktivität zu verfolgen und zu belegen, und nach Möglichkeit das Ausmaß der mikrobiellen Aktivität der einzelnen Mieten in Beziehung zu dem gemessenen PAK-Abbau zu setzen.

Die gemessenen bodenmikrobiologischen Parameter zeigen deutlich, daß die Behandlung der Böden durch die Versuchsteilnehmer zu einer Erhöhung der mikrobiologischen Gesamtaktivität führt. Das Ausmaß der Steigerung der mikrobiologischen Gesamtaktivität fällt jedoch unterschiedlich stark aus. Die Dehydrogenase läßt dabei eine erheblich stärkere Differenzierung der einzelnen Versuchsmieten erkennen als Bodenatmung und substratinduzierte Atmung (Abb. 6.8). Die zeitliche Differenzierung der Dehydrogenase-Aktivität (DHA) ist jahreszeitlich bedingt. Sie spiegelt mit einer gewissen Zeitverzögerung den Temperaturverlauf wider. Die unterschiedlich hohe DHA der einzelnen Mieten dürfte durch den Eintrag unterschiedlicher organischer Stoffe in unterschiedlichen Mengen durch die einzelnen Versuchsteilnehmer bei der Errichtung der Mieten sowie durch das unterschiedliche Mietenmanagement verursacht worden sein.

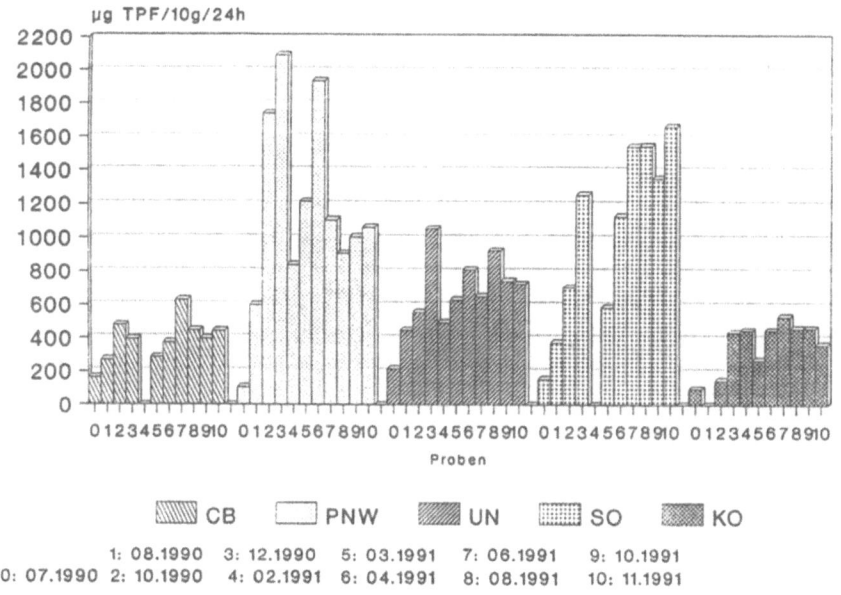

Abb. 6.8. Dehydrogenase-Aktivität in fünf Mieten

Bei allen Mieten, so auch der Kontrollmiete, zeigt sich auf den Medien Nutrient Broth (NB) sowie Plate Count (PC) ein in etwa konstanter Titer, der sich im Bereich 10^7 und 10^8 Zellen pro g getrockneter Boden bewegt. Es fällt auf, daß nach der Aufstellung der Mieten ein merklicher Anstieg der Populationsdichte (Faktor 10) auftritt. Beim Malzextrakt-Agar (ME), auf dem vorrangig Pilze erfaßt werden liegen die Werte erwartungsgemäß immer um den Faktor 100 tiefer als die auf den beiden Komplettmedien.

Der Zusatz von Mikroorganismen durch die Firmen wird an den nachfolgenden Beprobungsterminen anhand der NB- oder PC-Werte nicht sichtbar, mit Ausnahme der Firma PNW auch nicht anhand der ME-Werte.

Der Zusatz von mikrobiellen Populationen wird einzig an der Miete der Firma PNW deutlich, wo ein kurzzeitiger Anstieg um zwei Zehnerpotenzen auf dem Malzextrakt-Agar neben dem in allen Mieten sichtbaren Anstieg um den Faktor 10 auftritt. Es kann kein Unterschied in NB-, PC- und ME-Titer als Folge der jahreszeitlich bedingten Temperaturschwankungen festgestellt werden. Dies hätte sich besonders stark bei den nicht überdachten Mieten CB, SO und KO deutlich machen müssen. Der Nachweis von Naphthalin-Abbauern zeigt, daß Organismen im Boden vorhanden sind, die Aromaten als Kohlenstoff- und Energiequelle verwerten können.

Die bodenmikrobiologischen Untersuchungen zeigen, daß in den Mieten generell ein für mikrobielle Abbauprozesse ausreichend günstiges Milieu vorhanden ist. Demnach sind die allgemeinen Nährstoff- und Wachstumsbedingungen sowie toxischen Verhältnisse als Ursachen für den fehlenden PAK-Abbau auszuschließen.

Eine Beziehung zwischen den ermittelten bodenmikrobiologischen Parametern und der Abnahme der PAK war nicht zu erkennen. Auch die Bestimmung der koloniebildenden Einheiten ließ keinen Zusammenhang zum mikrobiellen Abbau von PAK erkennen.

6.9.6 Nährstoffgehalte im Eluat

Die Untersuchung der Nährstoffgehalte im Eluat sollte zeigen, inwieweit eine Nährstofffreisetzung aus den zugeführten Zuschlagsstoffen sowie den zum Teil in recht hohen Gaben verabreichten mineralischen Düngern stattfindet, und ob davon bei einem eventuellen Wiedereinbau der Versuchsböden eine Gefährdung für das Grundwasser, insbesondere durch die Freisetzung von wasserlöslichen mineralischen Stickstoffverbindungen, ausgehen könnte.

Von den gemessenen Nährstoffkonzentrationen geht keine Gefährdung für das Grundwasser aus.

6.10 Zusammenfassung der Ergebnisse

Das Sanierungsziel von 10 mg/kg TS EPA-PAK (16 Einzelsubstanzen) bzw. 1 mg/kg TS BaP wurde von keinem Versuchsteilnehmer erreicht. Die Schwankungen der PAK-Konzentrationen lassen keinen Trend erkennen, der eindeutig auf einen erfolgversprechenden PAK-Abbau schließen läßt. Es ist daher nicht zulässig, die Abbauraten aus der ersten und letzten Probenahme zu bestimmen. Auch die eigenständige Weiterführung der Versuche durch die Firmen um ein weiteres Jahr bis November 1992 (insgesamt drei Vegetationsperioden) zeigte keinen Erfolg. Die wesentlichen Erkenntnisse aus den Feldversuchen Solingen-Ohligs können daher wie folgt zusammengefaßt werden:

- Der Boden, der für den Feldversuch verwendet wurde, war für eine mikrobiologische Sanierung mit dem Ziel, PAK abzubauen, nicht geeignet, da die PAK mikrobiell nicht verfügbar waren.
- Die biologische Grundlagenforschung mit Reinkulturen zeigt, daß PAK bis vier Ringe prinzipiell biologisch abbaubar sind. Jedoch sind solche Laborergebnisse nicht ohne weiteres auf die Standortsituation übertragbar.
- Die sehr geringe Bioverfügbarkeit der PAK erscheint als der limitierende Faktor für den mikrobiologischen Abbau.
- Die Voruntersuchungen der Firmen haben sich als nicht ausreichend herausgestellt.
- Vor dem Einsatz mikrobiologischer Verfahren sind Untersuchungen zur Bioverfügbarkeit und repräsentative Voruntersuchungen (Laborversuche, Pilotversuche im halbtechnischen Maßstab unter Berücksichtigung der Bedingungen vor Ort (Scale up)) zur Beurteilung der Eignung mikrobiologischer Verfahren durchzuführen.
- Es ist dringend erforderlich, eine standardisierte Methode für die PAK-Analytik in Böden zu entwickeln.

6.11 Empfehlungen

Für die Bodensanierung sind vertiefende geochemische, mikrobiologische, bodenkundliche, hydrogeologische und verfahrenstechnische Fachkenntnisse notwendig. Die sehr komplexe Herausforderung der Altlastensanierung ist daher nur noch von qualifizierten Teams und nicht mehr von einzelnen Fachdisziplinen zu bewältigen. Darüber hinaus hängt der Erfolg einer Sanierung, insbesondere mikrobiologische, in starkem Maße vom Bodentyp, der Schadstoffzusammensetzung und deren Einbindung in die Bodenmatrix ab.

Beispielsweise sind die Erfolgsaussichten einer mikrobiologischen Sanierung bei Mineralölkohlenwasserstoffen vergleichsweise aussichtsreicher, auch wenn es hierbei Unterschiede im Abbauverhalten zwischen leichten und schweren Mineralölen gibt.

Generell ist die mikrobiologische Sanierungstechnik als ökologisch verträglichste Methode im Vergleich zu chemisch/physikalischen und thermischen Sanierungsmethoden zu betrachten.

Aufgrund der Erfahrungen im Feldversuch zur mikrobiologischen Sanierung von PAK-kontaminierten Böden in Solingen lassen sich folgende Empfehlungen an die Kommunen und andere Sanierungspflichtige, die eine mikrobielle Sanierung erwägen, geben:

a) Die PAK gelten als schwer abbaubare Schadstoffklasse und gehören somit zu den problematischen Verbindungen für biologische Sanierungsverfahren. Eine mikrobiologische PAK-Sanierung auf Gaswerk- oder Kokereistandorten kann z.Z. noch nicht als Stand der Technik gelten. Die Erfolgsaussichten biologischer Sanierungsverfahren steigen grundsätzlich für schwerer abbaubare Verbindungen mit Wahl der Verfahren in folgender Reihenfolge
   – in-situ (kommt bei PAK kaum in Frage, nur in sehr durchlässigen Böden mit hoher Schadstoff-Verfügbarkeit sinnvoll),
   – on-site (Miete),
   – statischer Bioreaktor (Feststoff),
   – dynamischer Bioreaktor (Suspension).
   Die Reaktorverfahren sind bislang noch nicht ausgereift. Versuche im Technikumsmaßstab sind jedoch erfolgversprechend.

Vor dem Hintergrund der von den beteiligten Firmen vor Beginn der Feldversuche dargestellten Einschätzung, das Bodenmaterial sei mit den jeweiligen firmeneigenen Verfahren problemlos und innerhalb recht kurzer Zeit mikrobiologisch zu reinigen, lassen sich folgende Forderungen aufstellen:

b) Von einem unabhängigen Labor muß der Sanierungspflichtige normierte Vorversuche durchführen lassen.

c) Soweit nicht aus der Gefährdungsabschätzung bekannt, sind genaue Erhebungen der Standortbedingungen erforderlich (Korngrößenverteilung, C_{org}, pH–Werte etc.).

d) Die Bioverfügbarkeit am Standort ist unter optimalen Verhältnissen zu untersuchen.

e) Wenn danach positive Erfolgsaussichten bestehen, müssen die anbietenden Firmen umfangreiche Voruntersuchungen durchführen (z.B. empfohlenes Mindestprüfschema).

f) Abbau-Studien im Labormaßstab (z.B. Perkolationsverfahren), halbtechnischen Maßstab und ggf. Feldversuch sollten vorgeschrieben werden.

g) Die Vorversuche benötigen eine Mindestdauer von 2–3 Monaten. Hochrechnungen von wenigen Tagen auf Langzeitverhalten sind nicht aussagekräftig.

h) Garantiepflicht der Sanierungsfirmen für festgelegte Sanierungszielwerte ist erwägenswert.

i) Detaillierte genaue Ausschreibung.

j) Intensive Sanierungsüberwachung mit einer den Sanierungserfolg nachweisbaren detaillierten Kontrollanalytik.

k) Nach Beendigung der Sanierung sollten mit dem sanierten Material Toxizitätstests durchgeführt werden, hierzu existieren derzeit allerdings nur Testverfahren für Bodeneluate, deren Aussagekraft zudem umstritten sind.

l) Aufgrund des längeren Zeitbedarfs von mikrobiologischen Sanierungsverfahren gegenüber anderen Techniken (chemisch-physikalisch, thermisch) ist diese Verfahrenstechnik für Sanierungsfälle mit kurzfristiger Standortnutzung ungeeignet.

Dieser Feldversuch hat gezeigt, daß es dringend erforderlich ist, eine Standard-PAK-Analytik für Feststoffproben zu entwickeln. Ferner muß den bodenkundlichen Aspekten wesentlich mehr Aufmerksamkeit geschenkt werden.

Auch, wenn in Labors der mikrobiologische Abbau von Vierring-Aromaten einwandfrei nachgewiesen wurde, und Fünfring- und Mehrringaromate derzeit nicht nachweislich mikrobiologisch zu mineralisieren sind, ist eine mikrobiologische Sanierung von PAK-belastetem Bodenmaterial nicht generell auszuschließen. Verschiedene Nutzungen der behandelten Fläche bzw. des behandelten Bodens, d.h. unterschiedlich betroffene Wirkungspfade und Schutzgüter (z.B. orale Aufnahme, Pflanzenaufnahme, Grundwasser) erfordern unterschiedliche Sanierungsziele.

Toxizitätstests können zusätzliche Erkenntnisse über mögliche Gefährdungen liefern. Die verfügbaren Untersuchungsmethoden, z.B. der Leuchtbakterientest, sind im wesentlichen nur für Bodeneluate geeignet und decken nur ein begrenztes Wirkungsspektrum ab. Für die Wirkungen von Schadstoffen im Boden sind diese Testmethoden noch weiterzuentwickeln.

Für die Klärung der Frage, ob mikrobiologische Sanierungsmethoden für PAK-belastete Böden u.a. erfolgversprechend sind, wurde anhand der Erkenntnisse des Sanierungsprojektes Solingen-Ohligs in Anlehnung an das Fließschema für praxisorientierte Voruntersuchungen (Dechema-Arbeitskreis, Umweltbiotechnologie und den Labormethoden zur Beurteilung der biologischen Bodensanierung, Dechema-Fachgespräche, Umweltschutz) ein Mindestprüfschema erarbeitet (Abb. 6.9).

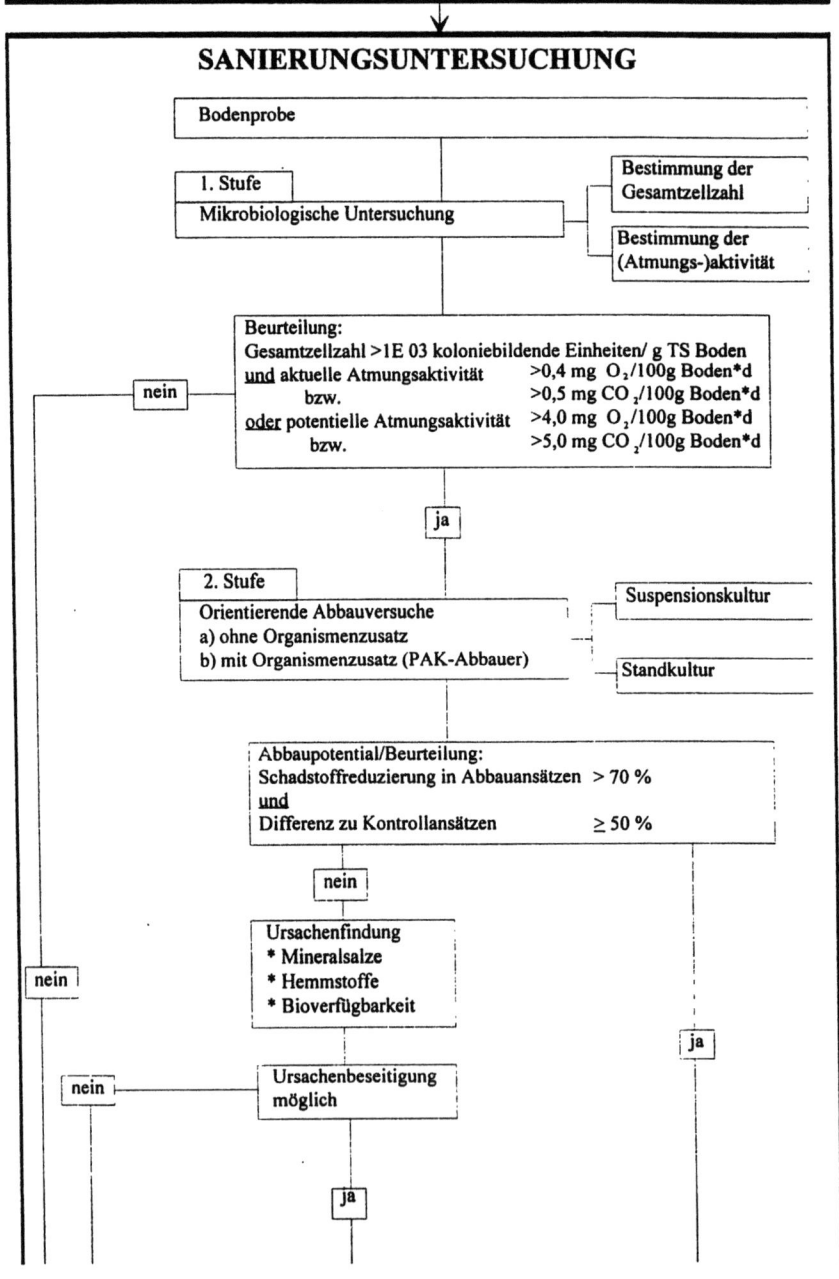

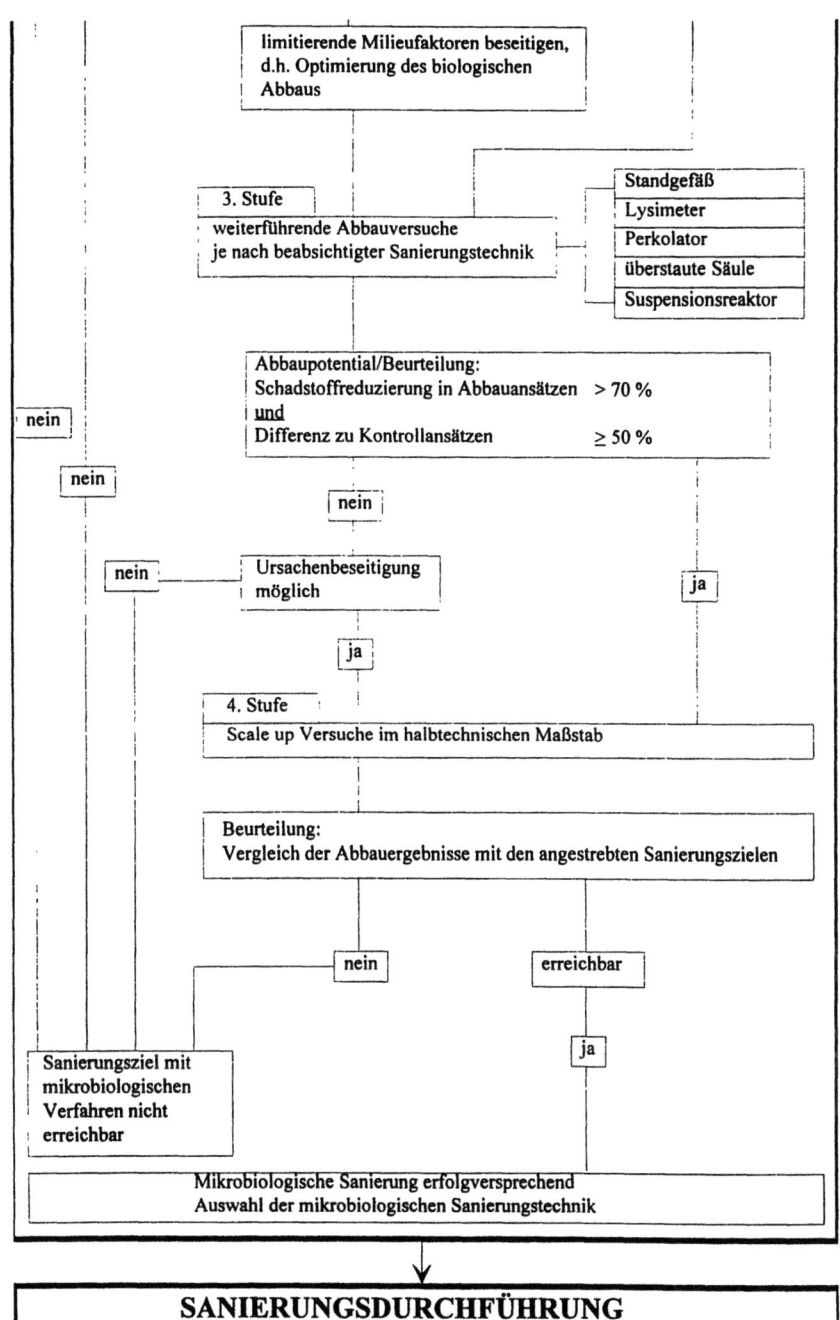

Abb. 6.9. Empfohlenes Mindestprüfschema zur Beurteilung der Erfolgsaussichten einer mikrobiologischen Sanierung (verändert und ergänzt nach Dechema-Arbeitskreis, Umweltbiotechnologie, praxisorientierte Voruntersuchungen und Dechema-Fachgespräche, Labormethoden zur Beurteilung der biologischen Bodensanierung, Beurteilungskriterien.)

6.12 Literatur

Bierl R, Kaa W, Thomas W (1984) Spatial and temporal concentration gradient of PAH (fluoranthene, benzo(a)pyrene), BHC and 2,4 D in samples of soil, soil water and groundwater in an agricultural research area. Fres Z Anal Chem 319:172–179

Dechema-Arbeitskreis Umweltbiotechnologie, Klein J (Hrsg) Deutsche Gesellschaft für Chemisches Apparatewesen, Chemische Technik und Biotechnologie, Frankfurt am Main

Dechema-Fachgespräche Umweltschutz (1992) Labormethoden zur Beurteilung der biologischen Bodensanierung; 2. Bericht des interdisziplinären Arbeitskreises "Umweltbiotechnologie – Boden"; Ad-hoc-Arbeitsgruppe "Labormethoden zur Beurteilung der biologischen Bodensanierung". Klein J (Hrsg) Deutsche Gesellschaft für Chemisches Apparatewesen, Chemische Technik und Biotechnologie, Frankfurt am Main

Eiceman GA, Davani B, Ingram J (1986) Depth profiles for hydrocarbons and polycyclic aromatic hydrocarbons in soil beneath waste disposal pits from natural gas production. Environ Sci Technol 20:508–512

Gaulthier TD, Shame EC, Guerin WF, Seitz WR, Grant CL (1986) Fluorescence quenching method for determining equilibrium constants for polycyclic aromatic hydrocarbons binding to dissolved humic materials. Environ Sci Technol 20:1162–1166

Hoffmann-Kamensky M (1992) Polyzyklische aromatische Kohlenwasserstoffe in Atmosphäre und Böden. Kolloqium Bodentechnologie und Umweltschutz des Instituts für Ökologie, Angewandte Bodenkunde, Universität Essen

Kögel-Knabner I, Knabner P (1991) Einfluß von gelöstem Kohlenstoff auf die Verlagerung organischer Umweltchemikalien. Mitt Dtsch Bodenkundl Gesellsch 63:119–122

Magee BR, Lion LW, Lemley AT (1991) Transport of dissolved organic macromolecules and their effect on the transport of phenanthrene in porous media. Environ Sci Technol 25:323–331

Litz N (1990) Organische Verbindungen. In: Blume HP (Hrsg) Handbuch des Bodenschutzes (Bodenökologie und -belastung. Vorbeugende und abwehrende Schutzmaßnahmen). Ecomed Verlagsgesellschaft, Landsberg, pp 340–367

Means JL, Wood S, Hassett JJ, Banwart WL (1980) Sorption of polynuclear aromatic hydrocarbons by sediments and soils. Environ Sci Technol 14:1524–1528

Mueller JC, Chapman PJ, Pritchard PH (1989) Creosote-contaminated sites. Their potential for bioremediation. Environ Sci Technol 23:1197–1201

Scheffer F, Schachtschabel P (1989) Lehrbuch der Bodenkunde, 13. Auflage. Ferdinand Enke Verlag, Stuttgart

Tebaay RH, Welp G, Brümmer GW (1991) Gehalte an polycyclischen aromatischen Kohlenwasserstoffen in Böden unterschiedlicher Belastung. Mitt Dtsch Bodenkundl Gesellsch 63:157–160

7 Abbau von polyzyklischen aromatischen Kohlenwasserstoffen in metallbelasteten Böden

K. Giersig[1], F. Schinner[2]

7.1 Zusammenfassung

In diesem Beitrag werden Möglichkeiten zur biologischen Sanierung von PAH-belasteten Böden dargestellt und gleichzeitig auch die Grenzen der Einsetzbarkeit standortfremder Organismen aufgezeigt: Das ligninolytische Enzymsystem holzzerstörender Weiß- und Braunfäulepilze weist eine geringe Substratspezifität auf. Es ist bekannt, daß durch diese Enzyme auch PAH's und andere zyklische Verbindungen angegriffen werden. In vorliegender Arbeit wurden durch ein umfangreiches Screening-Programm Pilze selektiert, die in der Lage sind, die organische Schadstoffkomponente zu eliminieren. In einem 8 Wochen dauernden Versuch wurde festgestellt, daß der Schadstoffumsatz in einem stark metallhaltigen Boden weniger durch das zugesetzte Pilzmaterial, sondern vielmehr unter optimierten Bedingungen, durch die autochtone Mikroflora erfolgt.

7.2 Einführung

Belastete Böden im Umkreis von Industriebetrieben sind meist nicht nur durch eine chemische Verbindung kontaminiert, sondern weisen ein umfangreiches Spektrum an Verunreinigungen, reichend von Schwermetallen über Cyanide und aliphatische Kohlenwasserstoffe hin zu komplexen mehrkernigen aromatischen Kohlenwasserstoffen (PAH's) und Dibenzodioxinen und -furanen auf. Diese Mannigfaltigkeit an Kontaminationen wirkt sich dahingehend erschwerend auf Sanierungsvorhaben aus, als diese Substanzen einerseits unterschiedliche chemisch/physikalische Eigenschaften aufweisen und andererseits sich das Toxizitätspotential vergrößert. Aus diesen Gründen stellen Böden, die jahrelang

---

[1] TBU GmbH, Defreggerstraße 18, A–6020 Innsbruck
[2] Institut für Mikrobiologie, Universität Innsbruck, Technikerstraße 25, A–6020 Innsbruck

durch unterschiedlichste industrielle Prozesse belastet waren, eine besondere Herausforderung für Versuche zur biologischen Ameloration dar.

Der im vorliegenden Beitrag untersuchte Boden ist durch eine starke Schwermetallkonzentration (3000 µg/g Blei, 9000 µg/g Kupfer, 11000 µg/g Zink) und organische Belastung (Summe PAH's 40 µg/g) gekennzeichnet. Ziel war es, Möglichkeiten aufzuzeigen, die organische Belastungskomponente auf biologischem Wege zu reduzieren.

7.3 PAH's in Böden

Bei unvollständigen Verbrennungsprozessen werden neben chlorierten zyklischen Verbindungen auch polykondensierte aromatische Kohlenwasserstoffe emittiert und in der Folge auf terrestrischen Oberflächen deponiert. Sie zeichnen sich dort durch eine geringe Wasserlöslichkeit, einen niedrigen Dampfdruck und durch eine ausgeprägte Adsorption an organische und anorganische Materialien aus. Zyklische Kohlenwasserstoffe akkumulieren in der organischen Matrix von Böden, Sedimenten und Gewässern, innerhalb belasteter Ökosysteme kommt es zu Bioakkumulationseffekten (Gelbert et al. 1992). Dieser Bioakkumulation wirkt die enzymatische Umsetzung der Substanzen (Metabolismus) in einzelnen Organismen entgegen.

7.4 Abbau von PAH's – Bakterien oder Pilze?

Über den bakteriellen Metabolismus von polyzyklischen Kohlenwasserstoffen liegen je nach Kondensierungsgrad unterschiedliche Untersuchungsergebnisse vor. Während die Mineralisierung (Abbau zu CO_2 und H_2O) von Naphthalin und Phenanthren v.a. im Zusammenhang mit dem Abbau von Mineralölkohlenwasserstoffen ein häufig beschriebenes und gut dokumentiertes Phänomen darstellt (z.B. Foght et al. 1990, Kelley et al. 1990), sind für höher kondensierte Aromaten nur bescheidene Literaturhinweise zu finden. In einer Studie über das natürliche Vorkommen PAH-metabolisierender Bakterien stellten Kiyohara et al. (1992) fest, daß die Verteilung Phenanthren-metabolisierender Bakterien unabhängig von der Belastung der Böden durch Mineralöle ist.

Holzzerstörende Pilze (Weiß- und Braunfäulepilze) produzieren ligninolytische Enzyme (Laccasen, Peroxidasen, Tyrosinasen), welche neben Lignin auch ligninähnliche Strukturen (z.B. aromatische Kohlenwasserstoffe) unspezifisch angreifen. Hierbei werden i.A. durch Ligninperoxidasen Hydroxylgruppen in das aromatische System eingebracht (Bumpus 1989, Hammel et al. 1992).

Aufgrund des unspezifischen Reaktionscharakters von pilzlichen Enzymen mit aromatischen Verbindungen erschien in diesem Zusammenhang eine Untersuchung der Möglichkeiten zum Einsatz von Pilzen zur Dekontaminierung des oben beschriebenen Bodenmaterials interessant.

7.5 Untersuchungsprogramm

Für Mineralisierungsuntersuchungen von organischen Schadstoffen durch Pilze wurden in vorliegender Arbeit vier chemische Substanzen ausgewählt, welche als Leitsubstanzen für Substanzgruppen angesehen werden können: 4-Chlorbiphenyl (halogenierte Kohlenwasserstoffe), Dibenzofuran (Dibenzofurane), Phenanthren und Anthracen (PAH's).

In einem Screening-Verfahren wurden 18 Weiß- und Braunfäulepilze auf ihre Fähigkeit, diese Substanzen umzusetzen, überprüft, wobei die Untersuchungen sowohl in flüssigen Medien (Nährlösungen) als auch auf festen Substraten (Holzspäne, Böden) durchgeführt wurden.

Folgende Pilzstämme wurden untersucht: *Fomes fomentarius, Hericium clathroides, Lenzites betulinus, Phlebia radiata, Polyporus squamosus, Oudenmansiella mucida, Schizophyllum communae, Stereum subtomentosum, Trametes versicolor, Laetiporus sulphureus, Pleurotus sp., Phanerochaete chrysosporium, Armillaria ostoyae, Marasmius bulliardii, Marasmius scorodonius, Armillaria borealis, Phellinus sp., Serpula lacrymans.*

Versuche zur Schadstoffeliminierung (Konzentration des Schadstoffgemisches je nach Versuchsansatz: 0,5–3 µg/g je Schadstoff) erfolgten in Flüssigkultur ohne zusätzliche bzw. unter Zusatz verschiedener Kohlenstoffquellen. Für Untersuchungen mit Böden wurden Pilzvorkulturen 14 Tage auf Buchen- bzw. Fichtenholzspänen angezogen und die durchwachsenen Späne als Inukulum eingesetzt. Auf diese Weise konnte eine homogene Verteilung des Impfguts bei gleichzeitiger Zugabe von Strukturmaterial erwirkt werden. Alle Ansätze wurden aerob bei 25°C 2–4 Wochen inkubiert, in der Folge die Schadstoffe extrahiert und mittels GC-FID detektiert.

Da erwiesen ist, daß holzangreifende Exoenzyme (Laccasen, Peroxidasen) von Pilzen am Umsatz von aromatischen Verbindungen beteiligt sind, wurde untersucht, inwieweit sich diese Enzymsysteme durch Zusatz von Schadstoffen (25 µg/g) und unterschiedlichen C–Quellen während der Wachstumsphase induzieren lassen. Als Ergebnis des Screening-Verfahrens wurden vier besonders geeignete Pilzstämme für diese enzymatischen Untersuchungen ausgewählt: *Stereum subtomentosum, Phellinus sp., Laetiporus sulphureus, Marasmius bulliardii.* Die Laccase- und Peroxidaseaktivitäten der Pilze wurden sowohl im Zellaufschluß (nicht ausgeschiedene Enzyme) als auch in der Kulturbrühe (ausgeschiedene Enzyme) unter Einfluß des Schadstoffgemisches (Konzentration jedes Schadstoffes 25 µg/g) und/oder von $CuSO_4$ (1 mM) untersucht.

Für die Durchführung eines 8–Wochen–Versuches in Boden wurde jener Pilzstamm ausgewählt, welcher die höchsten Eliminierungsraten in den einzelnen Ansätzen erzielte: *Stereum subtomentosum*. Während dieses Versuches wurde die Auswirkung der Zugabe eines mit Mycel des Pilzstammes durchwachsenen Buchenholz-Inokulums auf den Verlauf der Schadstoffkonzentration (zudosierte Schadstoffmenge: 1 µg/g je Schadstoff) bei 25°C im einleitend beschriebenen Bodenmaterial untersucht. Parallel zur Schadstoffmessung wurden auch die pilzliche und bakterielle Biomasse (Ergosterolgehalt, Zelltiterbestimmungen) und bodenbiologische Parameter (Urease- und Dehydrogenaseaktivität) untersucht. Als Kontrolle dienten durch Co_{60}-Bestrahlung sterilisiertes und nicht sterilisiertes Bodenmaterial (beide mit Schadstoffen appliziert).

7.6 Ergebnisse und Diskussion

7.6.1 Screening

Es konnte gezeigt werden, daß der Schadstoffumsatz sowohl vom Milieu (hier: Nährmedium) als auch durch stammspezifische Phänomene beeinflußt wird. Eine unterschiedliche Schadstoffkonzentration (0,5–3 µg/g) zeigte in Böden nur einen geringen Einfluß auf die Eliminationsrate, während geänderte Inkubationstemperaturen die Eliminationsrate stark beeinflußten. Ein maximaler Schadstoffumsatz erfolgte bei 30°C, bei 4°C blieb die Schadstoffkonzentration konstant.

7.6.2 Laccase- und Peroxidaseaktivität

Die Abbildungen 7.1–7.4 veranschaulichen die Ergebnisse der Aktivitätsbestimmungen im Rohextrakt und in der Kulturbrühe der einzelnen Pilzstämme.

Vergleichbar mit den Untersuchungen des Substratumsatzes in Flüssigkultur wurde auch bei der Bestimmung der Enzymaktivitäten eine stark stammspezifische Reaktion auf die unterschiedlichen Behandlungen festgestellt. Besonders hohe Laccase- und Peroxidaseaktivitäten (maximal 9 bzw. 700 U/mg Protein) konnten in der Kulturbrühe des Pilzstammes *Phellinus* sp. nachgewiesen werden.

7.6.3 Schadstoffumsatz im Boden

Während des 8–Wochen-Versuches konnte gezeigt werden, daß ein kontinuierlicher Schadstoffumsatz sowohl im beimpften als auch im unbeimpften Bodenmate-

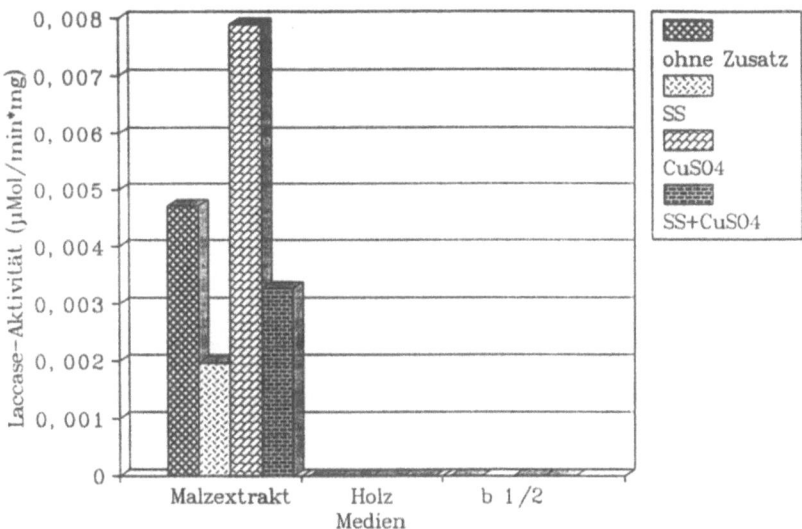

Abb. 7.1. Laccaseaktivität (μMol/min/mg) im Rohextrakt des Pilzstammes *Stereum subtomentosum* nach Anzucht (10 Tage, 25°C, 200 rpm) auf Malzextrakt-, Holz- und Moser b1/2-Medium mit verschiedenen Additiven [Schadstoffe (jeweils 25 μg/g), $CuSO_4$ (1 mM), Schadstoffe + $CuSO_4$]

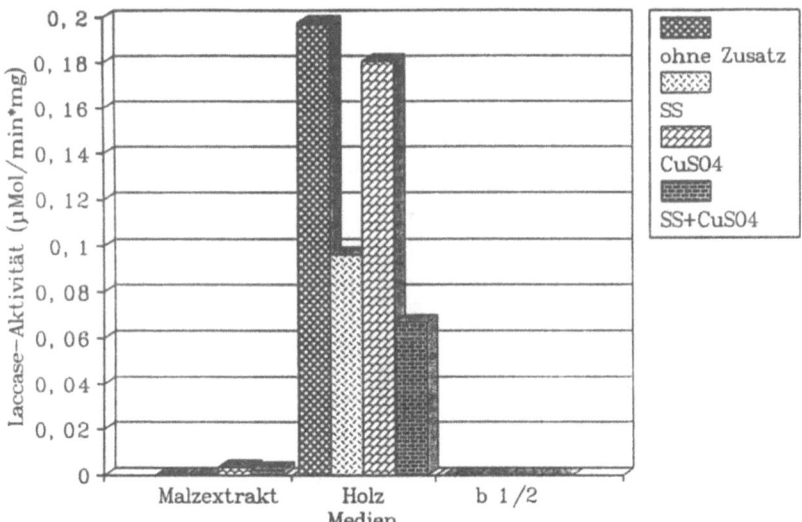

Abb. 7.2. Laccaseaktivität (μMol/min/mg) in der Kulturbrühe des Pilzstammes *Stereum subtomentosum* nach Anzucht (10 Tage, 25°C, 200 rpm) auf Malzextrakt-, Holz- und Moser b1/2-Medium mit verschiedenen Additiven [Schadstoffe (jeweils 25 μg/g), $CuSO_4$ (1 mM), Schadstoffe + $CuSO_4$]

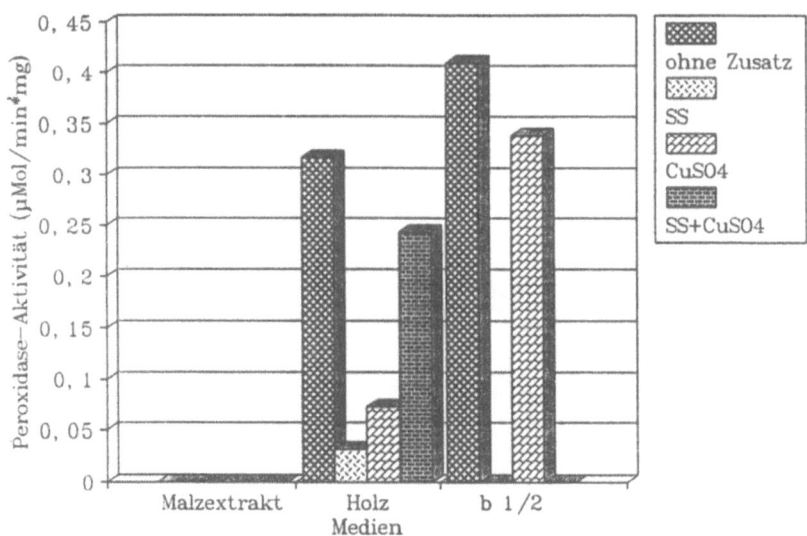

Abb. 7.3. Peroxidaseaktivität (μMol/min/mg) im Rohextrakt des Pilzstammes *Stereum subtomentosum* nach Anzucht (10 Tage, 25°C, 200 rpm) auf Malzextrakt-, Holz- und Moser b1/2-Medium mit verschiedenen Additiven [Schadstoffe (jeweils 25 μg/g), $CuSO_4$ (1 mM), Schadstoffe + $CuSO_4$]

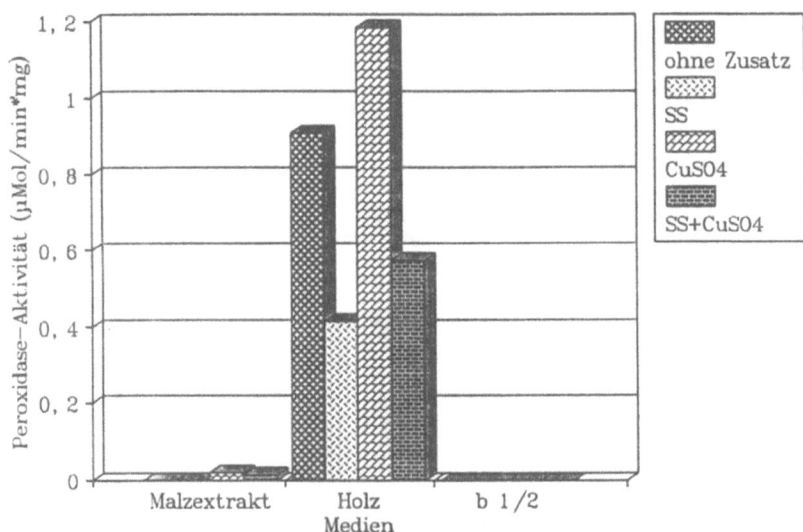

Abb. 7.4. Peroxidaseaktivität (μMol/min/mg) in der Kulturbrühe des Pilzstammes *Stereum subtomentosum* nach Anzucht (10 Tage, 25°C, 200 rpm) auf Malzextrakt-, Holz- und Moser b1/2-Medium mit verschiedenen Additiven [Schadstoffe (jeweils 25 μg/g), $CuSO_4$ (1 mM), Schadstoffe + $CuSO_4$]

rial erfolgte. Im Co_{60}-sterilisierten Boden blieb hingegen die Schadstoffkonzentration konstant (Abb. 7.5–7.7).

Die Ergebnisse zeigten, daß durch die zugesetzten Organismen keine eindeutige Steigerung des Eliminierungspotentials erreicht werden konnte, sondern daß vielmehr der Schadstoffumsatz durch die im Boden autochtone und an das Bodenmilieu adaptierte Mikroflora erfolgt. Dieser Schluß wird auch durch die Resultate der Ergosterol- (=Pilzbiomasse-)bestimmung unterstützt. Hier konnte gezeigt werden, daß sich in mit Stereum subtomentosum behandelten Böden der Ergosterol-Wert innerhalb von zwei Wochen auf einen Normalwert einpendelt, d.h. daß sich das zugesetzte Inokulum nicht gegen die autochtone Mikroflora behaupten konnte. Ursache für die Hemmung des zugesetzten Inokulums dürften die hohen Blei- (3000 µg/g), Kupfer- (9000 µg/g) und Zink- (11000 µg/g) Konzentrationen des eingesetzten Bodens gewesen sein.

Die Abnahme der Schadstoffkonzentration im nicht sterilisierten Boden deutet darauf hin, daß die im Boden residenten Mikroorganismen oft unerwartete Eliminierungspotentiale gegenüber toxischen Verbindungen aufweisen und zudem auch an die "schwierigen Lebensbedingungen" in einem spezifischen Bodenmaterial optimal angepaßt sind. Bei biologischen Sanierungsmaßnahmen sollte daher versucht werden, nach Bestimmung des bodeneigenen Abbaupotentials, dieses natürliche Eliminierungspotential durch verschiedenste Maßnahmen (C-, N-, P-, K-Applikation, Temperatur) zu optimieren und auf diese Weise den Bodenzustand zu verbessern.

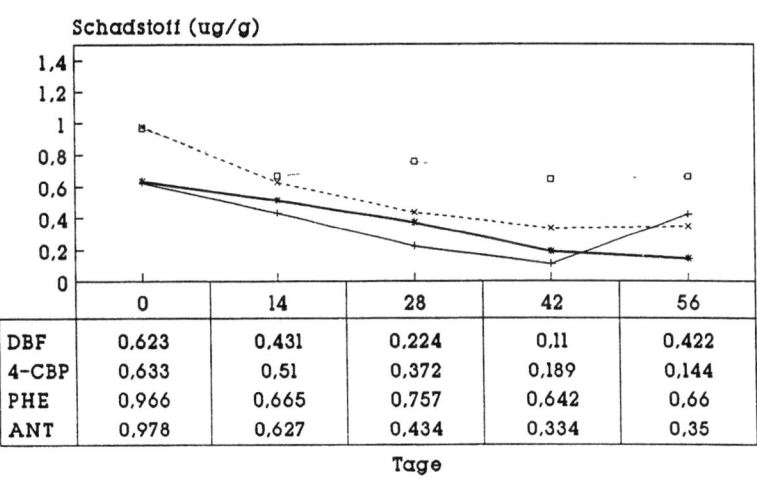

Abb. 7.5. Boden + Schadstoffe (1 µg/g) + *Stereum subtomentosum*: Verlauf der Schadstoffeliminierung (Restgehalte der Ausggangskonzentration von ca. 1 µg/g je Scadstoff) nach 0–56 Tagen bei 25°C

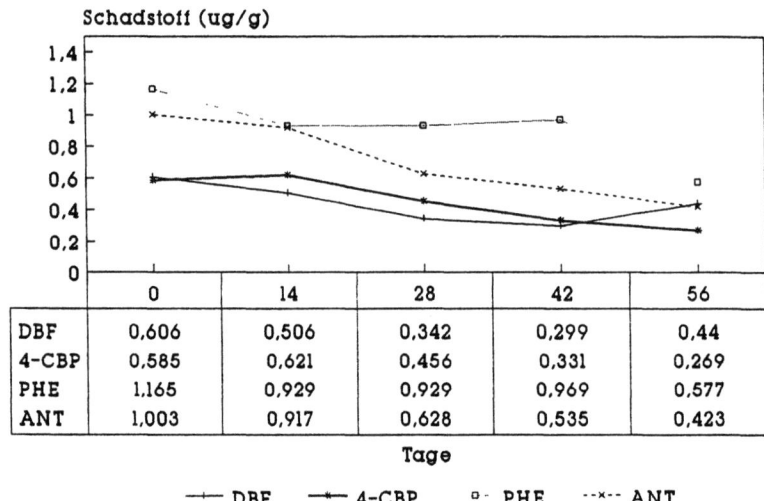

Abb. 7.6. Boden + Schadstoffe (1 µg/g): Verlauf der Schadstoffeliminierung (Restgehalte der Ausgangskonzentration von ca. 1 µg/g je Schadstoff) nach 0–56 Tagen bei 25°C

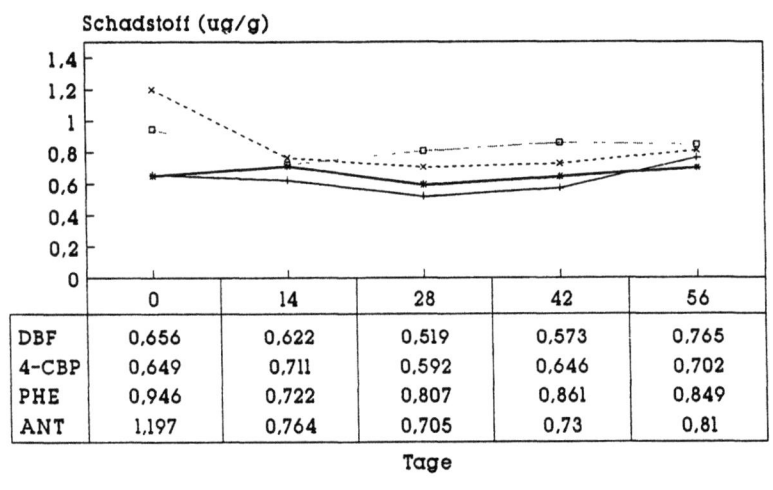

Abb. 7.7. Boden + Schadstoffe (1 µg/g), steril: Verlauf der Schadstoffeliminierung (Restgehalte der Ausgangskonzentration von ca. 1 µg/g je Schadstoff) nach 0–56 Tagen bei 25°C

7.7 Literatur

Bumpus JA (1989) Biodegradation of polycyclic aromatic hydrocarbons by *Phaneroachaete chrysosporium*. Appl Environ Microbiol 55:154–158

Foght JM, Fedorak PM, Westlake DWS (1990) Mineralizationf of [$_{14}$C]phenanthrene in crude oil: specificity among bacterial isolates. Can J Microbiol 36:169–175

Gelbert G, Hasselbach G, Georgii S, Brunn H (1992) Chlorkohlenwasserstoffe (Dioxine und Furane, PCB, Perstizide) und polycyclische Kohlenwasserstoffe in Acker- und Grünlandböden – Ergebnisse aus langjährigen Klärschlamm-Feldversuchen. Agrbiol Res 45:77–87

Hammel KE, Gai WZ, Green B, Moen MA (1992) Oxidative Degradation of phenanthrene by the ligninolytic fungus *Phanerochaete chrysosporium*. Appl Environ Microbiol 58:1832–1838

Kelley I, Freeman JP, Cerniglia CE (1990) Identification of metabolites from degradation of naphthalene by a *Mycobacterium* sp. Biodegradation 1:283–290

Kiyohara H, Takizawa N, Nagao K (1992) Natural distribution of bacteria metabolizing many minds of polycyclic aromatic hydrocarbons. J Ferm Bioeng 74:49–51

8 Bioprozesse zur Sanierung von Boden und Wasser

L. Diels[1], S. Van Roy, L. Hooyberghs, M. Carpels

8.1 Einführung

Nicht nur organische Xenobiotika, sondern auch Schwermetalle spielen eine wichtige Rolle bei der Verschmutzung von Wasser und Boden. Die wichtigsten Xenobiotika-Gruppen, geordnet nach ihrer Abbaubarkeit, sind Mineralöl, chlorierte Kohlenwasserstoffe, (chlorierte) Aromaten, polyaromatische Kohlenwasserstoffe, polychlorierte Biphenyle, Dioxine und Dibenzofurane. Die meisten Xenobiotika sind je nach Konzentration toxisch. Viele Schwermetalle hingegen sind innerhalb eines spezifischen Konzentrationsbereiches lebensnotwendig. Zu geringe Konzentrationen führen zu einer Verminderung der metabolischen Aktivität, da Schwermetalle für die Funktion bestimmter Enzyme notwendig sind. In hohen Konzentrationen dagegen sind Schwermetalle giftig, und teilweise auch krebserregend.

In Wasserbehandlungsanlagen (z.B. Kläranlagen mit Belebtschlamm) werden Xenobiotika manchmal nicht abgebaut und sind die Ursache für einen hohen CSB-Wert. Schwermetalle werden meistens nicht vollständig entfernt und hemmen die normale Wirksamkeit einer Kläranlage. Während bei Bodensanierungsmaßnahmen der Abbau von Mineralöl noch relativ einfach ist, gestaltet sich der Abbau von Xenobiotika um so schwieriger, je komplexer die chemische Struktur, bis hin zu dem hartnäckigen Dibenzofuran. Die Entfernung von Schwermetallen aus dem Boden ist schwierig, selbst geringe Konzentrationen können den Abbau organischer Xenobiotika hemmen.

Diese Beispiele weisen darauf hin, daß in speziellen Fällen der Einsatz von Mikroorganismen (natürliche Isolate oder genetische manipulierte Mikroorganismen) notwendig ist. Um die Überlebensfähigkeit dieser Stämme zu verbessern, sind geeignete Wachstumsbedingungen nötig. Einige Beispiele für Wasser und

---

[1] Flämisches Institut für Technologieforschung (VITO), Boeretang 200, B–2400 Mol

8.2 Bioprozesse und Bioreaktoren

8.2.1 Rückhaltung von Schwermetallen aus Böden

Für die Rückhaltung von Schwermetallen aus sandreichen Böden wird ein Siderophoren-produzierender schwermetallresistenter Stamm der Art *Alcaligenes eutrophus* CH34 eingesetzt. Abb. 8.1 illustriert den Einsatz dieses Bakteriums bei der Dekontaminierung von Gartenerde. Die Erde (10%) wurde mit Nährstoffen und Bakterien in einem Schlammreaktor (CBSR = Bio Metal Sludge Reactor) gemischt. Nach einer Verweilzeit von 10 Stunden wurde die Erde in einem Auffangbecken sedimentiert, und die Bakterien wurden durch Flotation von der Wasserphase getrennt. Auf diese Weise entstanden drei Fraktionen: saubere Erde, sauberes Prozeßwasser und eine Biomasse mit einer hohen Konzentration an Schwermetallen. Tabelle 8.1 zeigt die Schwermetallgehalte (Zn, Cd) in diesen drei Fraktionen. Die Cadmiumwerte konnten von 20 ppm auf 1 ppm reduziert werden. Die biologische Aktivität der Erdmasse blieb erhalten, da keine chemische Auslaugung eingesetzt wurde (Diels et al. 1992). Versuche mit anderen Bakterienarten führten zu keiner weiteren Verbesserung dieser Werte. Welche Rolle Metallophore bei diesem Verfahren spielen, ist noch nicht erwiesen.

Metalle in elementarer Form konnten nicht ausgelaugt werden, wie aus dem zweiten Beispiel in Tabelle 8.1 ersichtlich ist. Die Bakterien spielen auch während der Sedimentierung eine bedeutende Rolle bei der Flockung der Erdmassen. Es wird vermutet, daß Bakterien durch die Bildung von Polymeren zu der hervorragenden Abtrennung von Erde und bakterieller Suspension beitragen.

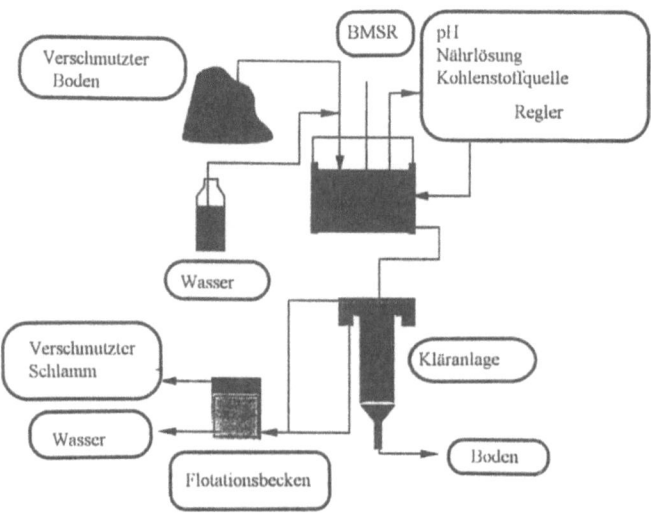

Abb. 8.1. Bio Metal Sludge Reactor (BMSR) für die Rückhaltung von Schwermetallen aus sandreichen Böden

Tabelle 8.1. Ergebnisse zur Rückhaltung von Zn und Cd aus verschiedenen Böden mit dem BMSR-Verfahren

Fraktion	Zn (ppm)	Cd (ppm)
Beispiel 1		
Erde vor der Behandlung	2075	18,86
Erde nach der Behandlung	1000	1,15
Biomasse	26772	250,40
Beispiel 2		
Erde vor der Behandlung	881	13
Erde nach der Behandlung	563	5,7
Biomasse	4200	1334

8.2.2 Rückhaltung von Schwermetallen aus Abwasser

Metalle sind dann am giftigsten, wenn sie in gelöster Form vorkommen. Daher ist eine mikrobielle Konzentrierung und Rückhaltung sehr wichtig. Neben Biosorptionsverfahren gibt es auch Biofällungsverfahren, wobei auf die passive Bindung von Schwermetallen eine aktive Ausfällung oder Kristallbildung folgt.

Die Biofällung von Schwermetallen beginnt zunächst mit einer Bindung des Metalls an die Zelle, dies führt dann auf Grund des zellulären Stoffwechsels mit Hilfe von Liganden zur Kristallbildung. Ein großer Vorteil eines solches Verfahren ist das Verhältnis von Metall zu Biomasse. Für dieses Verfahren wurde *Alcaligenes eutrophus* CH34 eingesetzt. Dieser Stamm hat eine Schwermetallresistenz für Cd, Co, Zn, Ni, Cr, Hg, Cu, Pb und Tl (Mergeay et al. 1985, Nies et al. 1987). Die Resistenz für Cd, Co, Zn und Ni beruht auf zwei aktiven Efflux-Systemen (Sensfuss und Schlegel 1988, Nies et al. 1989, Nies und Silver 1989, Siddiqui et al. 1989). Aufgrund dieser Aktivitäten entstehen hohe Schwermetallkonzentrationen (Übersättigung) außerhalb der Zelle. Bedingt durch den Efflux nimmt die Zelle Protonen aus der wäßrigen Lösung auf, was zu einer Erhöhung des pH–Wertes an der Zellaußenseite führt. Das Stoffwechselprodukt CO_2 wird zu Carbonat und Bicarbonat umgewandelt, und Metall-Carbonat-Verbindungen kristallieren in der Umgebung der bereits an Liganden gebundenen Metalle. Diese fungieren als Nukleationzentron, so daß die Zellen bald von einer Kruste aus Metallkristallen umgeben sind (Diels 1990). Dieser Prozeß wird durch das BICMER (Bacteria Immobilized Composite Membrane Reactor) Konzept gesteuert (Diels et al. 1993a,b). Das Prinzip beruht auf einer zusammengesetzten Membrane (Zirfon®) bestehend aus Polysulfon und ZrO_2, die zwei Fließströme trennt. Außerdem dient die Membran als Träger für die Immobilisierung von *A. eutrophus* CH34. Auf der einen Reaktorseite fließt die Nährlösung für die

Bakterien, auf der anderen Seite werden metallhaltige Abwässer zugeführt. Hier induzieren die Bakterienzellen die Kristallbildung, während sie auf der anderen Membranseite Nährstoffe erhalten. Sobald die Metallkristalle groß genug sind, werden sie von der Membran abgelöst und auf einer Säule, die mit Glasperlen gefüllt ist, aufgefangen. Die Säule läßt sich durch Säurebehandlung regenerieren, ohne die Biomasse zu beeinträchtigen. Einige Ergebnisse der Schwermetallentfernung aus Abwasser mit diesem Verfahren werden in Tabelle 8.2 dargestellt.

Die Spezifität der Metallrückgewinnung kann durch Manipulation der Kohlenstoffquelle und Verweilzeit im System gezielt verbessert werden.

Tabelle 8.2. Schwermetallentfernung aus Abwasser mit einem BICMER-Reaktor

Schwermetall	Metallkonzentration im Eintrag (ppm)	Metallkonzentration im Austrag (ppb)
Cd	120	50
Cu	8	45
Zn	20	40
Ni	11	125
Pb	100	45

8.2.3 Abbau von organischen Xenobiotika in Abwasser

Mit dem gleichen Verfahren wie dem BICMER System konnten auch chlorierte Aromaten wie 3-Chlorbenzol zu CO_2, H_2O und Chlorid mineralisiert werden. Hierfür wurden der 3-Chlorbenzol abbauende *A. eutrophus* Stamm JMP134 und andere Stämme eingesetzt. Eine Schadstoffkonzentration von fünf Millimol wird bis unter die Detektionsgrenze abgebaut. Dieses Verfahren wird nun weiter geprüft für den Abbau besonders hartnäckiger Moleküle, die in niedrigen Konzentrationen vorliegen.

8.2.4 Abbau von organischen Verbindungen und Schwermetallresistenz

Die Kombination von Schwermetallresistenz und Fähigkeit zum Abbau von organischen Schadstoffen eröffnet neue Möglichkeiten für den Abbau von organischen Xenobiotika in Schwermetall-kontaminierten Gebieten.

Durch verschiedene Konjugationsversuche konnten Mikroorganismen gezüchtet werden, die sowohl PCB, PAH, Mineralöl oder chlorierte Aromaten abbauen als auch schwermetallresistent sind. Diese neuen Organismen werden nun in Bodenbioreaktoren für den Abbau organischer Xenobiotika bei höheren

Konzentrationen von Schwermetallen eingesetzt. In solchen Bodenbioreaktoren werden sowohl Böden als auch Luft in einer Stufe biologisch dekontaminiert.

Chlorierte Biphenyle konnten in Abwässern, die mit je 100 ppm Zn, Cd oder Ni kontaminiert waren, bereits abgebaut werden (Springael et al. 1993a,b).

8.3 Literatur

Diels L (1990) Accumulation and precipitation of Cd and Zn ions by *Alcaligenes eutrophus* strains. In: Salley J, McCready RGL, Wichlacz PL (eds) Biohydrometallurgy 1989, Jackson Hole. CANMET SP89–10

Diels L, Mergeay M (1992) Isolation and characterization of heavy metal resistant *Alcaligenes eutrophus* strains. Forum for Applied Biotechnology, September 24–25

Diels L, Van Roy S, Mergeay M, Doyen W, Taghavi S, Leysen R (1993a) Immobilization of bacteria in composite membranes and development of tubular membrane reactors for heavy metal recuperation. In: Paterson R (ed) Effective membrane processes: New perspectives. Kl. Academic Publishers, pp 275–293

Diels L, Van Roy S, Taghavi S, Doyen W, Leysen R , Mergeay M (1993b) The use of *Alcaligenes eutrophus* immobilized in a tubular membrane reactor for heavy metal recuperation. In: Torma AE, Apel ML, Brierley CL (eds) Biohydrometallurgical Technologies. The Minerals, Metals & Materials Society, Pennsylvania, pp 133–134

Mergeay M, Nies D, Schlegel HG, Gerits J, Charles P, Van Gijsegem F (1985) *Alcaligenes eutrophus* CH34 is a facultative chemolithotroph with plasmid-bound resistance to heavy metals. J Bacteriol 162:328–334

Nies D, Mergeay M, Friedrich B, Schlegel HG (1987) Cloning of plasmid genes encoding resistance to cadmium, zinc and cobalt in *Alcaligenes eutrophus* CH34. J Bacteriol 169:4865–4868

Nies DH, Nies A, Chu L, Silver S (1989) Expression and nucleotide sequence of a plasmid-determined divalent cation efflux system from *Alcaligenes eutrophus*. Proc Natl Acad Sci USA 86:7351–7356

Nies D, Silver S (1989) Plasmid-determined inducible efflux is responsible for resistance to cadmium, zinc and cobalt in *Alcaligenes eutrophus*. J Bacteriol 171:4073–4075

Sensfuss C, Schlegel HG (1988) Plasmid pMOL28-encoded resistance to nickel is due to specific efflux. FEMS Microbiol Lett 55:295–298

Siddiqui RA, Benthin K, Schlegel HG (1988) Cloning of pMOL28 encoded nickel resistance genes and expression of the genes in *Alcaligenes eutrophus* and *Pseudomonas* spp. J Bacteriol 171:571–78

Springael D, Diels L, Hooyberghs L, Kreps S, Mergeay M (1993a) Construction and characterization of heavy metal-resistant haloaromatic-degrading *Alcaligenes eutrophus* strains. Appl Environ Microbiol 59:334–339

Springael D, Diels L, von Thor J, Ryngaert A, Parsons JR, Commandeur LCM, Mergeay M (1993) Intraspecific transfer of organic xenobiotic catabolic pathways to construct bacteria of environmental interest, adapted for organic xenobiotic degradation in presence of heavy metals. In: Means JR, Hinchee RE (eds) Engineering technology for bioremediation of metals. Levis Publishers, London, pp 114–117

9 Mikrobiologische Bodensanierung – Grundlagen und Fallbeispiele

G.A. Henke[1]

9.1 Einführung

Die mikrobiologische Sanierung kontaminierter Böden ist aus dem Experimentierstadium längst heraus. Als eine echte Alternative bzw. Ergänzung zu den herkömmlichen "harten" Reinigungsverfahren bietet diese "sanfte" Sanierungsmethode überzeugende ökonomische und ökologische Vorteile. Die Einsatzpalette überstreicht mittlerweile einen großen Bereich an Schadstoffen. So können neben den "üblichen" Schäden durch Mineralölkontaminationen auch komplexere Schadstoffe durch eine biologische Behandlung eliminiert werden.

Eine biologische Sanierung kontaminierter Böden kann sowohl on-site (vor Ort an der jeweiligen Schadensstelle) als auch off-site (in speziellen stationären Bodenbehandlungsanlagen) durchgeführt werden. Beide Verfahrensweisen haben ihre spezifischen Vorteile, wobei von Fall zu Fall zu entscheiden ist, welche Methode eingesetzt wird.

Schnittstellen zu den anderen Sanierungsverfahren wie Bodenwäsche und thermische Behandlung sind durchaus gegeben und spielen bei der Sanierung von komplizierten Altlastenflächen eine zunehmende Rolle. So sind bei zwei vom BMFT im Rahmen des Förderschwerpunktes "Modellhafte Sanierung von Altlasten" unterstützten Modellstandorten mikrobiologische Verfahren mit anderen Technologien kombiniert (Tabelle 9.1).

Tabelle 9.2 verdeutlicht, inwieweit mögliche Kontakte von mikrobiologischen Verfahren zu den extraktiven und thermischen Verfahren bestehen.

Die ökologische Bedeutung der Bodenreinigung durch Mikroorganismen liegt zum einen darin, daß die Schadstoffe als solche tatsächlich beseitigt und nicht nur verlagert werden. Zum anderen ist durch die hohe Qualität des Endproduktes ein hochwertiges, biologisch aktives Bodenmaterial, eine gute Eignung sowohl zur Wiederverwendung in Landwirtschaft und Gartenbau als auch zur Deponieabdeckung, als Lärmschutzwall oder zur Bodenverfüllung gegeben. Deshalb ist diese Art der Schadstoffeliminierung eine echte Wertstoffrückführung im Sinne einer umweltbewußten, ressourcenschonenden Wirtschaftsweise.

---

[1] Umweltschutz Nord GmbH & Co., Industriepark 6, D-7767 Ganderkesee

Tabelle 9.1. BMFT-Modellstandorte mit mikrobiologischen Verfahren

Standort	Technologien	Kontamination
Berlin Haynauer Str.	Hochdruckbodenwaschen Wirbelschichtverbrennung *Mikrobiologie* Bodenluftabsaugung	PCB PCDD/PCDF Mineralölkohlenwasserstoffe BTX-Aromaten CKW, FCKW
Saarbrücken Burbacher Hütte	Hochtemperaturverbrennung *Mikrobiologie* Bodenwaschen	Benzol, Toluol Phenole Schwermetalle: Pb, Cd, Zn, Hg Cyanide Sulfide

Tabelle 9.2. Zusammenhang zwischen den Sanierungsverfahren

Schnittstellen der Mikrobiologie zu anderen Sanierungsverfahren	
Extraktion	**Thermische Verfahren**
Biologische Reinigung des kontaminierten Waschwassers	Rekultivierung des biologisch toten Bodens
Biologische Reinigung der anfallenden Feinkornfraktion	– durch Zugabe einer geeigneten Bodenflora und -fauna
Biologische Reinigung nicht extraktiv entfernbarer organischer Stoffe	– durch Zugabe von biologisch gereinigtem Boden

9.2 Voraussetzungen für einen biologischen Schadstoffabbau

Neben dem Vorhandensein von Mikroorganismen, die über entsprechende Stoffwechselpotentiale verfügen, müssen im Boden geeignete Milieubedingungen herrschen, damit der Schadstoffumsatz schnell und vollständig erfolgt. Wesentliche Faktoren, die den biologischen Abbau beeinflussen, sind:

- Schadstoffkonzentration,
- Schadstoffart,
- Hemmstoffe,
- Nährstoffe,
- Sauerstoff,
- Wasser,
- Bodenstruktur,
- Temperatur.

Die mikrobiologische Bodenreinigung ist darauf ausgelegt, alle erwähnten Parameter während des gesamten Behandlungszeitraumes im Optimum zu halten. Um dieses zu gewährleisten, muß eine gründliche Voruntersuchung jedes angelieferten Bodens durch die biologisch-chemischen Labors vorgenommen werden (Tabelle 9.3).

Zunächst wird der Boden auf die Gehalte an Schadstoffen und Nährstoffen sowie die Bodenstruktur analysiert. Danach werden das enzymatische Umsatzpotential, die aktuelle mikrobielle Aktivität und die Besiedlung mit Mikroorganismen in einer mikrobiologischen Diagnose erfaßt. Auf der Basis dieser Daten werden gezielte Optimierungsansätze durchgeführt, aus denen die optimalen Bedingungen für den Abbau hervorgehen. Parallel dazu werden schadstoffadaptierte Mikroorganismen, die sich in vielen verschiedenen Gruppen von Bakterien und Pilzen finden, aus den Böden angereichert, isoliert, auf ihre Eigenschaften untersucht und gegebenenfalls bei der Optimierung eingesetzt.

9.3 Bodenbearbeitung

Der sortierte und klassifizierte Boden wird einer umfangreichen Bodenvorbereitung unterzogen. Diese beinhaltet das Brechen großer Steine und Betonstücke, die Zugabe organischer Substrate zur Verbesserung der Bodenstruktur, die Beimischung mineralischer Nährstoffe und Spurenelemente zur Versorgung der Bodenmikroorganismen, die Anreicherung des Bodens mit adaptierten Bakterien und Pilzen sowie das massive Einbringen von Sauerstoff.

Als organische Substrate werden Borke, Stroh und Baumschnitt verwendet. Diese Zuschlagsstoffe auf rein natürlicher Basis werden entsprechend der Bodenzusammensetzung und dem Gehalt an Bodenschadstoffen ausgewählt. Mineralstoffe und Spurenelemente dienen der Ergänzung und dem Ausgleich der Nährstoffverhältnisse im Boden, wobei ausgewogene Gehalte von Stickstoff und Phosphat im Hinblick auf den Kohlenwasserstoffabbau besonders wichtig sind. Durch den Einsatz von Spezialmaschinen wird eine optimale Durchmischung und Homogenisierung aller Bodenbestandteile und Zusätze erreicht und dadurch die Voraussetzung für einen vollständigen und schnellen Schadstoffabbau geschaffen. Gleichzeitig werden durch diesen Egalisierungsprozeß die Spitzenwerte der Schadstoffbelastung im Boden reduziert. Damit werden die Ausgangskonzentrationen in allen Bodenbereichen soweit herabgesetzt, daß ein gleichmäßiger mikrobiologischer Abbau sofort einsetzen kann.

Der biologische Schadstoffabbau erfolgt schließlich in einem dynamischen Fermentationsprozeß, in dem alle Parameter wie Temperatur, Sauerstoffgehalt, Nährstoffversorgung und Mikroorganismenbesatz im Optimum gehalten werden.

Tabelle 9.3. Übersicht über die obligatorische Eingangsuntersuchung kontaminierter Böden

Biotest- und Optimierungsschema
1. Analysenebene I Chemische und physikalische Parameter
2. Analysenebene II Mikrobiologische Basisparameter
3. Optimierungsphase
4. Abbauprognose

9.4 Qualitätsüberprüfung des gereinigten Bodens

Der gereinigte Boden wird erneut einer sorgfältigen chemischen und biologischen Prüfung unterzogen. Außer dem Nachweis der Schadstofffreiheit des Bodens wird eine große Palette an weiteren Qualitätsmerkmalen untersucht (Tabelle 9.4).

Die Resultate sind wichtige Voraussetzungen für eine sinnvolle Wiederverwertung des gereinigten Bodens. Zusätzlich werden begleitende Toxizitätstests mit z.B. Leuchtbakterien durchgeführt.

Der gesamte Prozeß von der Annahme bis zum Abtransport des gereinigten Bodens wird ständig durch die biologisch-chemischen Labors überwacht und gesteuert. Damit ist gewährleistet, daß keine gefährlichen Reststoffe im Boden verbleiben und die vorgeschriebenen Grenzwerte eingehalten werden.

Tabelle 9.4. Qualitätsmerkmale für gereinigten Boden

– Körnung – Humusgehalt – Wasserspeichervermögen – Bodenleben	aber auch – Pflanzenverträglichkeit – Unkrautfreiheit und – hygienische Unbedenklichkeit

9.5 Rekultivierung von dekontaminierten Böden

Weitergehende biologische Behandlungsmöglichkeiten ergeben sich aus den schon erwähnten Rekultivierungsmaßnahmen auf den jeweiligen Betriebsgeländen. In der 30–40 cm mächtigen Schicht wird das gereinigte Erdreich auf den entstandenen Brachflächen ausgebracht, wo er als neuer "Mutterboden" verwendet wird. Der neue Boden weist eine höhere biologische Aktivität und einen erhöhten Humusgehalt im Vergleich zu den verarmten Industriebrachen auf.

Aufgrund einer bodengerechten Bepflanzung und einer ausgewogenen Düngung können die vorhandenen Mikroorganismen weiterhin Kohlenwasserstoffprodukte abbauen. So konnte eine Restkonzentration von 285 mg/kg TS auf unter 100 mg/kg TS minimiert werden. Einzelne Werte lagen sogar unter 30 mg/kg TS.

Hier zeigt sich deutlich, daß nach erfolgreichem Abschluß einer biologisch-technischen Sanierung der Schadstoffabbau noch nicht beendet ist. Durch die Wiederherstellung der ökologischen Funktionen des Bodens kann sowohl die Bodenfruchtbarkeit gesteigert werden als auch der Abbau von Restkonzentrationen erneut aktiviert werden. Dieser Abbau ist möglich bis hin zu einem Bereich, der dem natürlicher Bodengehalte entspricht.

9.6 Fallbeispiele

9.6.1 Mineralölkohlenwasserstoffe I: On-site-Sanierung eines Tanklagers

In einem über 3000 m³ großen Tanklager in Saalfelden/Österreich wurden über mehrere Jahrzehnte Benzin, Diesel und Heizöl umgeschlagen. Durch Leckagen, vor allem infolge von Korrosion der Anlagen sowie beim Be- und Entladen reicherten sich die Schadstoffe im Erdreich an. Bei Sondierungen auf dem

Gelände wurde eine vertikale Kontaminationsausbreitung bis ca. 12 m unter Geländeoberkante ermittelt. Analysen von Bodenproben ergaben einen Gehalt von max. 14.100 mg/kg an Kohlenwasserstoffen. Da die Verunreinigung bis zum Grundwasser gedrungen war, mußte für den Aushub der Bodenmassen eine Grundwasserabsenkung vorgenommen werden.

Die anfänglichen Schätzungen gingen von ca. 20.000 Tonnen kontaminiertem Boden aus. Im Zuge der Aushubarbeiten stellte sich jedoch heraus, daß der Kontaminationsherd erheblich umfangreicher war. Insgesamt wurden ca. 110.000 Tonnen Boden mikrobiologisch behandelt. Die Gesamtlänge der Großraumzelte, in denen das Erdreich saniert wurde, betrug über 1200 m.

Die im firmeneigenen Labor durchgeführten Biotests prognostizierten eine voraussichtliche Abbauzeit von ca. 6–8 Monaten, die auch in der Praxis bestätigt werden konnte (Abb. 9.1). Das gesamte Bodenmaterial wurde nach der Sanierung zur Wiederverfüllung der Baugrube verwendet.

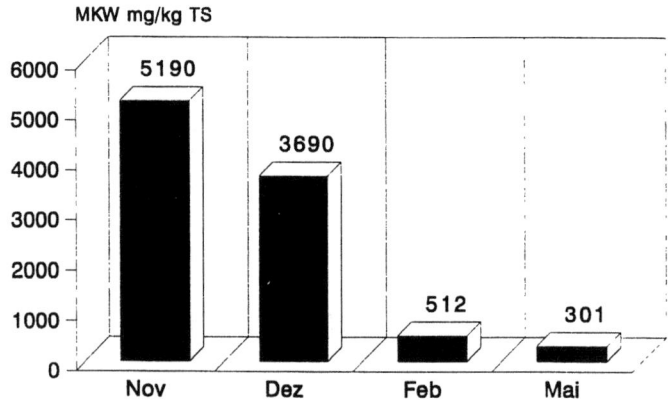

Abb. 9.1. Mikrobiologische Sanierung eines Tanklagers (110.000 t)

9.6.2 Mineralölkohlenwasserstoffe II: Off-site-Sanierung in der Bodenreinigungsanlage Arnoldstein

Seit Betriebsbeginn im März 1993 nimmt die biologische Bodenreinigungsanlage Arnoldstein (A) der ALTEC Alpine Umwelttechnik GmbH kontaminierte Böden an und saniert diese nach dem Terraferm®-Verfahren. Die wichtigsten Daten dieser Anlage sind in Tabelle 9.5 aufgeführt.

Tabelle 9.5. Daten zur Bodenreinigungsanlage Arnoldstein

Bezeichnung	Bodenreinigungsanlage Arnoldstein
Betreiber	ALTEC Alpine Umwelttechnik GmbH
Adresse	Industriepark/Euronova
	A–9601 Arnoldstein
	Telefon/Fax: 04255/2728
Behandler-Nummer	47 97 32
Erzeuger-Nummer	47 97 12
Abfallschlüssel-Nummern	31 423 ölverunreinigte Böden
	31 424 sonst. verunreinigte Böden
Genehmigungsbehörde	Kärntner Landesregierung
Behandlungskapazität	15.000 Tonnen pro Jahr
eingesetztes Verfahren	Terraferm®
Anlieferung	Lastkraftwagen, Eisenbahn
Einzugsgebiet	unbegrenzt
Sanierungszielwerte	<500 mg/kg im Boden
	<0,1 mg/l im Eluat

Bislang sind weit über 9.000 Tonnen an kontaminiertem Boden in die Anlage übernommen worden. Die Chargen liegen im Bereich zwischen ca. 10 bis über 1.000 Tonnen. Ein Beispiel soll verdeutlichen, daß die angelieferten Böden typischerweise aus Tankstellenschäden stammen (Abb. 9.2).

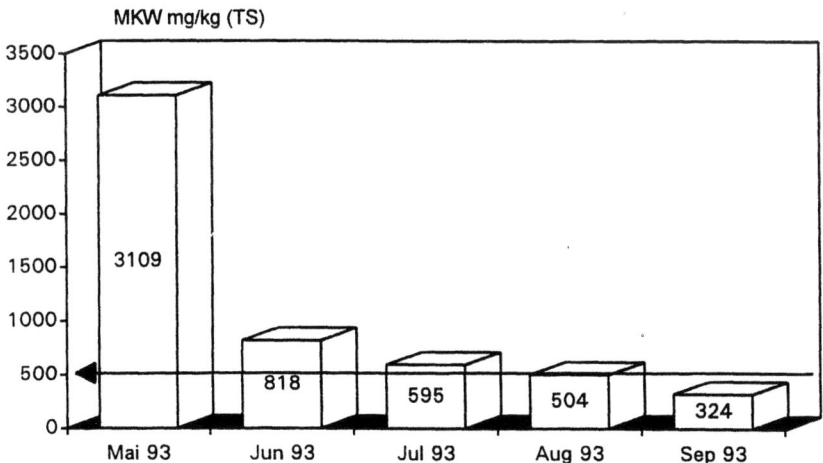

Abb. 9.2. Sanierung eines Tankstellenschadens durch die mikrobiologische Bodenreinigungsanlage Arnoldstein (940 t)

130 G.A. Henke

9.6.3 Polyzyklische aromatische Kohlenwasserstoffe: Sanierung eines ehemaligen Gaswerksgeländes

Auf dem Gelände des ehemaligen Gaswerks in Bremen fand man Kontaminationen an PAK bis zu 20.000 mg/kg TS. Die zu sanierende Bodenmenge wurde mit etwa 24.000 Tonnen veranschlagt. Bedingt durch die große Inhomogenität bezüglich des Bodenprofils und der Bodenart kam eine biologische in-situ-Sanierung nicht in Betracht. Es wurde daher als Kombination eine in-situ-Bodenwäsche zusammen mit einer chemisch-physikalischen Wasserbehandlung sowie einer nachgeschalteten mikrobiellen Dekontamination des entstandenen Schlammes gewählt. Die biologischen Abbauerfolge der PAK-Verunreinigung werden im folgenden dokumentiert (Abb. 9.3–9.4).

Als Produkt aus Bodenwäsche und Wasserreinigung fielen 3.814 Tonnen Schlamm an, der nach Dekantierung und Trocknung in dem stationären Bodenbehandlungszentrum von Umweltschutz Nord Bremen in Form von 1,50 m hohen Bio-Beeten angelegt wurde. Der Boden wurde in regelmäßigen Abständen von ca. 6 Wochen gewendet.

Das Sanierungsziel war seitens der Behörden auf einen Gesamt-PAK-Gehalt von <20 mg/kg TS festgelegt worden. Dieser Grenzwert wurde schon nach 32 Wochen unterschritten, wobei der prozentuale Abbau ca. 98% betrug. Eine Abhängigkeit der Abbaugeschwindigkeit von der Anzahl der aromatischen Ringe war nicht festzustellen (Abb. 9.4).

Anhand verschiedener Prüfungen auf Keimungsfähigkeit und Pflanzenverträglichkeit sowie Toxizitätstests mit Leuchtbakterien konnte die Unbedenklichkeit des gereinigten Bodens nachgewiesen werden. Der behördlich freigegebene Boden wurde zu Rekultivierungszwecken eingesetzt.

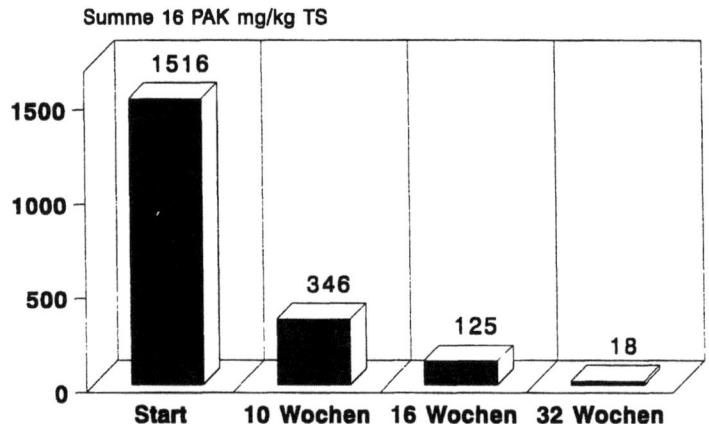

Abb. 9.3. Mikrobieller Abbau von Teerölen (gesamt) auf einem ehemaligen Gaswerkgelände (Altlast: PAK, 3.814 t)

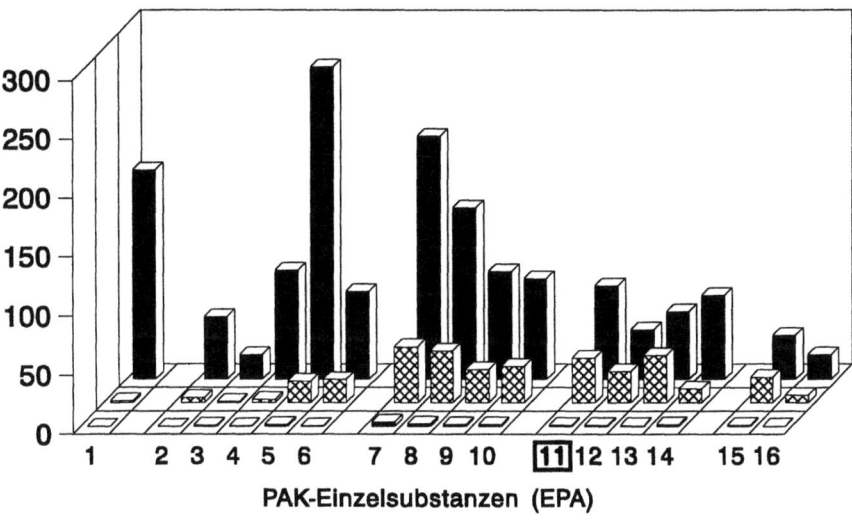

Abb. 9.4. Mikrobieller Abbau von Teerölen (Spektrum) auf einem ehemaligen Gaswerkgelände (Altlast: PAK, 3.814 t)

10 Bodensanierung mit Weißfäulepilzen

M. Röckelein[1]

10.1 Einführung

Kontaminierte Böden können mit biologischen Sanierungstechniken kostengünstig gereinigt werden. Preussag Noell Wassertechnik GmbH hat biologische Verfahren zur Dekontamination mit aliphatischen und aromatischen Kohlenwasserstoffen belasteten Böden entwickelt und großtechnisch umgesetzt.

Das sogenannte Weißfäulepilzverfahren eignet sich besonders zur Dekontamination aromatischer Verbindungen, wie z.B. polyzyklische aromatische Kohlenwasserstoffe (PAK), polychlorierte Biphenyle (PCB) und Trinitrotuluol (TNT). Das zu einem großen Teil aus Benzolderivaten – also aromatischen Verbindungen – bestehende Lignin, kann durch spezialisierte Pilze abgebaut werden. Da geschlagenes Holz nach dem Befall von Pilzen – durch die kaum abgebaute Cellulose – aufhellt, werden diese Pilze auch Weißfäulepilze genannt.^dl

10.2 Laborversuche

Da Weißfäulepilze im Boden nicht wachsen können, werden ligninhaltige Substrate mit Pilzbrut beimpft. Für die Feasibility-Studie wird die kontaminierte Bodenprobe mit 10–20 Gew% Pilzsubstrat vermischt und in Bioreaktoren mit einem Volumen von 120 l gefüllt. Die Abbauversuche erfolgen unter kontrollierten Bedingungen über eine Dauer von ca. 12 Wochen.

Im Rahmen von Vorversuchen für die Freie und Hansestadt Hamburg konnten die Gehalte an PAK einer repräsentativen sandigen Bodenprobe eines ehemaligen teerölverarbeitenden Betriebes von 1800 mg/kg TS auf 12,8 mg/kg TS (PAK nach EPA) gesenkt werden (Tabelle 10.1).

---

[1] Preussag Noell Wassertechnik GmbH, Pallaswiesenstraße 182, D–64293 Darmstadt

Tabelle 10.1. Biologischer Abbau von PAK in einer repräsentativen Bodenprobe eines teerölverarbeitenden Betriebes in Hambug. Konzentration in mg/kg Boden TS im Laborversuch, n.n. = nicht nachweisbar

Bodenprobe	PAK-Konzentration im Ausgangsboden	PAK-Konzentration nach 5 Wochen	PAK-Konzentration nach 15 Wochen	PAK-Konzentration nach 26 Wochen
Naphthalin	n.n.	n.n.	1,7	n.n.
Acenaphten	03	22	<1,3	1,8
Fluoren	186	24	6,7	1,5
Phenanthren	906	12	<0,7	0,76
Anthracen	99	8,9	5,3	3
Fluoranthen	238	199	87	3,4
Pyren	196	125	62	0,94
Benzo(a)anthracen	50	28	19	0,6
Chrysen	27	20	16	0,3
Benzo(b)fluoranthen	16	11	12	0,2
Benzo(k)fluoranthen	12	6,9	5,8	0,34
Benzo(a)pyren	n.n.	7,9	6,0	n.n.
Dibenzo(a,h)anthrazen	n.n.	n.n.	3,6	n.n.
Benzo(g,h,i)perylen	n.n.	n.n.	3,6	n.n.
Indeno(1,2,3cd)pyren	n.n.	n.n.	4,4	n.n.
Summe	1.833	464,7	244,3	12,8

Tabelle 10.2. Biologischer Abbau von PAK in einer stark lößlehmhaltigen Bodenprobe. Konzentration in mg/kg Boden TS im Laborversuch, n.n. = nicht nachweisbar

Bodenprobe	PAK-Konzentration im Ausgangsboden	PAK-Konzentration nach 8 Wochen	PAK-Konzentration nach 12 Wochen
Naphthalin	7.355	3.253	671
Acenaphten	198	68	30
Fluoren	240	95	72
Phenanthren	255	116	48
Anthracen	42	21	19
Fluoranthen	65	55	41
Pyren	23	33	11
Benzo(a)anthracen	12	8,9	12
Chrysen	9,5	7,6	10
Benzo(b)fluoranthen	8	6,1	6,1
Benzo(k)fluoranthen	3,3	2,1	1,7
Benzo(a)pyren	6,1	4,0	2,3
Dibenzo(a,h)anthrazen	<1,4	<1,4	n.n.
Benzo(g,h,i)perylen	8,2	3,0	n.n.
Indeno(1,2,5cd)pyren	<14	4,4	n.n.
Summe P A K	8.225	3.677	924,1

Wie Laboruntersuchungen zeigten, kann der Weißfäulepilz aber auch stark lößhaltige Böden mit seinem Mycel besiedeln: Bei einem Schluffanteil von nahezu 90% sank der PAK-Anteil trotz des hohen Feinkornanteils in 12 Wochen von 8000 mg/kg TS auf fast 900 mg/kg TS (Tabelle 10.2).

10.3 Verfahrensbeschreibung

Das mit aromatischen Kohlenwasserstoffen verunreinigte Erdreich wird unter Beachtung des Emissionsschutzes ausgekoffert, gesiebt, gebrochen und in einer Mischanlage mit dem Pilzsubstrat gemischt.

Das so aufbereitete Erdreich wird auf einer Basisabdichtung zu einer Tafelmiete aufgeschüttet und mit Rindenmulch oder Kompost abgedeckt. Um die Infiltration von Niederschlägen zu vermeiden, werden die Mieten mit Folientunneln überdacht. Die Belüftung der Tafelmieten erfolgt über ein auf der Basisabdichtung verlegtes Saugsystem. Evtl. in dem Abluftstrom befindliche Schadstoffe können durch die nachgeschalteten Aktivkohlefilter entfernt werden.

10.4 Fallbeispiel

Am 11. Juli 1991 wurde die ARGE Eggers Umwelttechnik – Preussag Noell Wassertechnik von der Freien und Hansestadt Hamburg mit der Sanierung des Grundstücks Veringstraße 2 in Hamburg/Wilhelmsburg beauftragt (Abb. 10.1–10.11).

Bodensanierung mit Weißfäulepilzen 137

Abb. 10.1. Ausbauzeit zur Vermeidung unkontrollierter Emmissionen in das angrenzende Wohngebiet

Abb. 10.2. Begleitende Analytik – Probenahme unter Vollschutz im Ausbauzelt

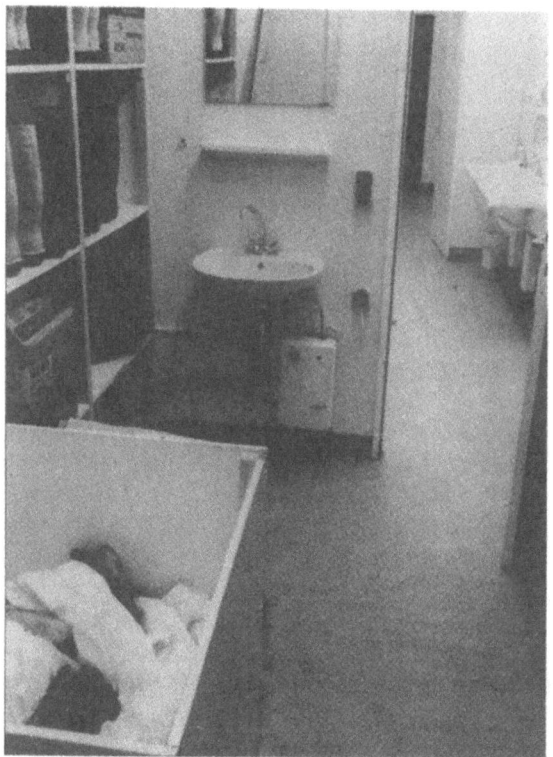

Abb. 10.3. Übergang Schwarz/Weiß-Bereich – persönliche Arbeitsschutzausrüstungen

Abb. 10.4. Angeliefertes Stroh/Pilz-Substrat auf der BImSchG-genehmigten mikrobiologischen Bodenbehandlungsanlage in Hamburg-Bahrenfeld

Bodensanierung mit Weißfäulepilzen 139

Abb. 10.5. Verteilen des Stroh/Pilz-Substrates auf teerölbelastetem Boden im Mischzelt

Abb. 10.6. Einarbeitung des Substrates in den kontaminierten Boden

Abb. 10.7. Transport des Boden-Substrat-Gemisches mit einer verschließbaren Radlader Spezialschaufel

Abb. 10.8. Aufbau der Regenerationsmieten in HDPE-Wannen mit horizontal verlegtem Belüftungssystem (Unterdruck)

Bodensanierung mit Weißfäulepilzen 141

Abb. 10.9. Profilierung der Regenerationsmiete, Einhausung in Folientunnel zur Verlängerung der Vegetationsperiode

Abb. 10.10. Kontinuierlicher Mietaufbau bei optimaler Flächenausnutzung

Abb. 10.11. Entstehen eines Fruchtkörpers auf der Mietenoberfläche

11 Das BIOPUR®-Verfahren: Bioreaktor zur Behandlung von Grundwasser und Bodenluft

H.B.R.J. van Vree[1], J.H.M. Vijgen[2], E.H. Marsman, L.G.C.M. Urlings, B.A. Bult

11.1 Zusammenfassung

Mit organischen Verbindungen kontaminierte Böden haben heutzutage keinen Seltenheitswert mehr. Nicht
sondern auch die Bodenluft. In-situ-Techniken bieten interessante Möglichkeiten zur Sanierung kontaminierter Böden. Ein Großteil der Sanierungskosten erwächst allerdings aus der Behandlung von Grundwasser und Bodenluft. TAUW hat einen kostengünstigen Biofilmreaktor entwickelt, mit dem Bodenluft und Grundwasser simultan gereinigt werden können: BIOPUR®. Die Ergebnisse, die bei der Erprobung des Reaktors in Versuchsanlagen und in der Praxis erzielt wurden, sind vielversprechend: Bei einer hydraulischen Verweilzeit von weniger als 30 Minuten werden BTEX zu über 99% und Mineralöl zu über 95% beseitigt. Mit BIOPUR® ist ein kostengünstiges Festfilm-Verfahren auf dem Markt, das sich ausgezeichnet zum biologischen Abbau xenobiotischer Stoffe in Grundwasser und Bodenluft eignet. Dieser Beitrag gibt eine Übersicht der technischen Möglichkeiten des BlOPUR -Einsatzes und behandelt die in der Praxis gewonnenen Erfahrungen mit dem System sowie die Marktentwicklungen.

11.2 Einführung

Nach Schätzung der US-amerikanischen Environmental Protection Agency (EPA) dürften sich allein in den USA über eine Million unterirdische Tanks befinden, die lecken. Es bestehen Schätzungen, wonach Transporte gefährlicher Chemikalien zu 90% aus Benzin, Heizöl und Kerosin bestehen. Unfälle beim Transport und bei der Verschiffung können Bodenkontaminationen zur Folge haben. Aus diesem Grund enthalten Böden häufig Kohlenwasserstoffe.

---

[1] TAUW Milieu bv, Handelskade 11, NL-7400 AC Deventer
[2] TAUW Umwelt und Technologie GmbH, Richard-Löchel-Straße 9, D–47441 Moers

In den Niederlanden weiß man zur Zeit von über 100.000 Geländen mit Sicherheit, daß sie kontaminiert sind. Rund 80% davon sind mit Kohlenwasserstoffen belastet, 8.000 weitere Gelände mit Halogenwasserstoffen.

Aufgrund der physikalisch-chemischen Eigenschaften (halogenierter) organischer Verbindungen ist anzunehmen, daß die Kontamination in Bodenluft, Grundwasser und Boden gelangen wird. Regierungsbehörden und Privatindustrie versuchen zur Zeit, eine große Anzahl der kontaminierten Gelände zu sanieren. Im Jahre 1991 trafen das niederländische Umweltministerium VROM und Vertreter der Petrochemie Vereinbarungen darüber, wie an den 6.200 niederländischen Tankstellen mit Umweltbelangen umzugehen sei. Darin einbezogen wurde auch die Sanierung kontaminierter Böden.

Aufgrund der vorhandenen Infrastruktur erweist es sich insbesondere in Stadtzentren oder Industriegebieten oft als unmöglich, eine Bodensanierung mittels Aushub des belasteten Materials vorzunehmen. Die Wahrung bzw. der Wiederaufbau der Infrastruktur wäre mit hohen Kosten verbunden. Aus diesem Grund sind in-situ-Sanierungstechniken sehr interessant.

Nach Schätzungen von TAUW könnten rund 15% aller kontaminierten Gelände in den Niederlanden mit in-situ-Techniken wie etwa der in-situ-Biostimulation oder Bioventing behandelt werden. Bei Anwendung dieser Techniken wird Luft in den Aquifer geleitet (gepreßt oder injiziert), um biologische Vorgänge im Boden zu stimulieren oder um flüchtige Komponenten aus dem Grundwasser zu entfernen (Urlings et al. 1991). In-situ-Sanierungen werden häufig mit der Förderung von Grundwasser als Sicherungsmaßnahme kombiniert. Die Reinigung von Bodenluft und Grundwasser stellt zweifellos den teuersten Teil der in-situ-Bodensanierung dar. Im Bereich Umwelt tätige Ingenieure stehen vor der Herausforderung, einfache und kostengünstige Systeme zur Behandlung von Bodenluft und Grundwasser zu entwickeln. Wenn entsprechende Systeme einmal erhältlich sind, dürften in-situ-Sanierungstechniken viel häufiger eingesetzt werden (van Vree et al. 1992).

TAUW hat einen Biofilmreaktor – BIOPUR® – entwickelt, mit dem Bodenluft und Grundwasser gleichzeitig von Kohlenwasserstoffen gereinigt werden können. Außerdem können schwer abbaubare organische Verbindungen wie Trichlorethylen (TCE) und Tetrachlorethylen (TeCE) in diesem Reaktor unter gewissen Verfahrensbedingungen mineralisiert werden. Das System ist in den USA bereits patentiert und ein Antrag für ein Europäisches Patent wurde gestellt.

11.3 Einsatz des Biofilmreaktors

Unter bestimmten Umweltbedingungen (Bouwer 1992) sind viele Kohlenwasserstoffe teilweise oder vollständig abbaubar. Deshalb sind biologische Vorgänge für die Reinigung von Grundwasser und Bodenluft geeignet. Biologische Reaktoren nach dem Festfilm-Prinzip eignen sich dafür besonders gut, weil Xenobiotika in der Regel in nur geringen Konzentrationen im Grundwasser vorhanden sind. Die Biomasse adaptiert an die Schadstoffe, so daß sich hohe Wirkungsgrade erzielen lassen.

Mikroorganismen können unerwünschte organische Verbindungen zu ungefährlichen Verbindungen wie etwa Kohlendioxid, Wasser, Biomasse und zu Salzen mineralisieren. Darin liegt der Vorteil biologischer Reinigungssysteme im Vergleich zu den physikalisch-chemischen Techniken: sie bauen die Schadstoffe ab und verschieben sie nicht einfach von einem Medium ins andere. TAUW hat den "Rotating Biological Contactor-RBC" 1986 erstmals in der Praxis im Rahmen der biologischen Grundwasserreinigung eingesetzt (van der Hoek et al. 1989). Die Erprobung von BIOPUR® und RBC in Pilotanlagen erfolgte auf dem Gelände eines ehemaligen Gaswerks, einer Asphaltfabrik und einer ehemaligen Pestizidfabrik. Das Grundwasser dieser Areale war vor allem mit BTEX, Mineralöl, PAK, Phenolen, Chlorbenzen und Lindan (HCH) verunreinigt.

Genauere Untersuchungen attestierten den Biofilmsystemen ausgezeichnete Wirkungsgrade: BTEX, Naphtalen und Chlorbenzen konnten zu mehr als 99% beseitigt werden, Alpha- und Gamma-HCH zu beinahe 70% und Phenole zu über 70%. Außerdem wurden so gut wie keine flüchtigen Bestandteile ausgetrieben. Die Simultanbehandlung von Grundwasser und Bodenluft wurde 1989 erstmals an einer Tankstelle eingesetzt.

11.4 BIOPUR®

BIOPUR® ist ein kompakter aerober Biofilmreaktor, der mit Polyurethan (PUR) als Trägermaterial für die Mikroorganismen ausgestattet ist. Bei Polyurethan handelt es sich um einen äußerst porösen Schaum, deshalb ist der Druckabfall gering und die spezifische Oberfläche groß (500 m^2/m^3). Es können hohe Konzentrationen an Biomasse erreicht werden.

Die aerobe Biomasse wächst auf PUR wie ein dünner Biofilm. Zur Stimulation der Biomasseaktivität werden dem Grundwasser geringe Konzentrationen an Stickstoff und Phosphat zugefügt. Im Vergleich zur Verweilzeit von Schlamm in Aktivschlammsystemen ist die Verweilzeit der Biomasse im BIOPUR®-Reaktor relativ lang. Der Wirkungsgrad des Bioreaktors hängt weitgehend von der organischen Belastung und der Affinität der Biomasse zu den Schadstoffen ab. Im Biofilm entwickelt sich eine Vielzahl von Mikroorganismen, wobei sich jede Population dem Schadstoffabbau bzw. den Abbauprodukten anpassen wird.

BIOPUR® besteht aus verschiedenen, in Serie angelegten Kompartimenten, um im Reaktor ein Plug-Flow-Muster zu realisieren (Abb. 11.1). Ein Plug-Flow-Reaktor bietet den Vorteil, daß organische Kohlenwasserstoffe bis auf sehr geringe Konzentrationsebenen abgebaut werden. Wasser und Luft/Bodenluft strömen gleichzeitig in aufwärtiger Richtung durch die Kompartimente. Das Wasser fließt aufgrund der Schwerkraft durch die BIOPUR-Kompartimente und die Bodenluft wird mittels Gebläsen von einem Kompartiment ins nächste gepreßt. So gelangen die im ersten Kompartiment ausgetriebenen flüchtigen Verbindungen in das zweite Kompartiment. Wenn keine Bodenluft entnommen wird, muß die BIOPUR-Anlage mit atmosphärischer Luft belüftet werden.

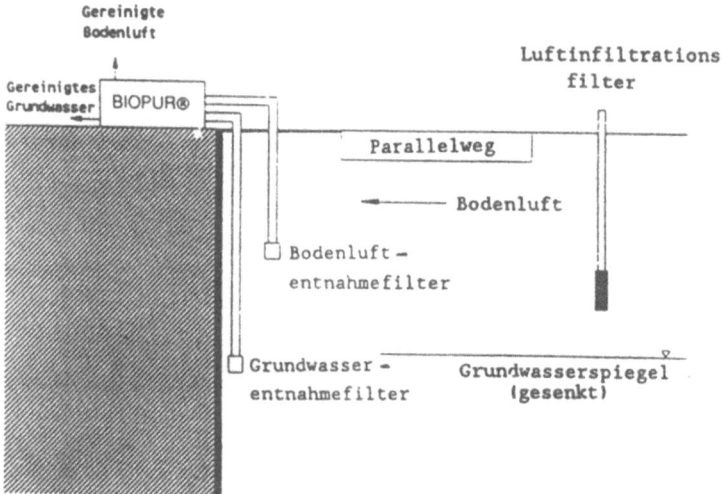

Abb. 11.1. Schematische Darstellung der Behandlung des schadstoffbelasteten Geländes in Raalte

11.5 Warum und wann BIOPUR® einsetzen?

Abb. 11.2 zeigt einen Vergleich des Anwendungsbereiches von BIOPUR® mit demjenigen anderer Technologien.

Stärken des Systems

– Multikomponenten-System (z.B. BTEX, Kerosin, Benzin),
– Behandlung von Grundwasser und Bodenluft,
– Kompaktes System (5–10 m³ effektives Volumen),
– niedrige Betriebs- und Unterhaltskosten,
– kurze Inbetriebnahmedauer (<2 Wochen),
– keine Umweltemissionen (Austrieb <0,5%),
– Festlegung spezifischer Mikroorganismen,
– Einleitung des Abwassers in Kanalisation/Oberflächenwasser.

Zu berücksichtigende Punkte

- besser keine allzu hohen Werte an chemischem Sauerstoffverbrauch (CSB),
- besser keine allzu hohen Fe-Konzentrationen (<25 mg/l),
- unter Umständen ist eine Vorbehandlung erforderlich.

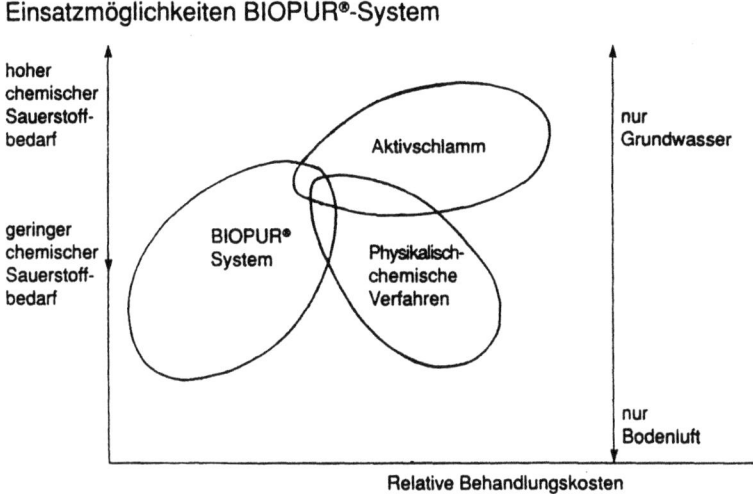

Abb. 11.2. Einsatzmöglichkeiten des BIOPUR®-Systems im Vergleich zu konventionellen Systemen

11.6 Ergebnisse der Grundwasserbehandlung

In der Praxis dient BIOPUR® hauptsächlich der Behandlung von Grundwasser, das mit Aromaten (BTEX) sowie flüchtigen und nicht-flüchtigen Kohlenwasserstoffen (Benzin, Kerosin, Diesel) verunreinigt ist. Tabelle 11.1 zeigt einige der im Praxiseinsatz in den Niederlanden erreichten Ergebnisse. Hohe Wirksamkeitsgrade bei kurzen hydraulischen Verweilzeiten zeigen, daß BIOPUR® in hohem Maße hydraulisch belastbar ist. Die organische Belastung von BIOPUR® hängt von der Schadstoffkonzentration im Grundwasser und/oder in der Bodenluft ab.

In Zusammenarbeit mit einem Sub-Unternehmer hat TAUW während mehr als 3 Jahren im Rahmen von verschiedenen Anlagen Praxiserfahrungen mit dem Einsatz von BIOPUR® gesammelt. In dieser Periode galt die Aufmerksamkeit insbesondere dem Wirkungsgrad, dem Austrieb flüchtiger Komponenten und den technologischen Aspekten von BIOPUR®. Bei Überwachung der Abgase zeigte sich, daß kaum flüchtige Verbindungen ausgetrieben werden. Der Höchstwert an ausgetriebenen flüchtigen Verbindungen entsprach nur wenigen Prozenten der ursprünglichen Belastung (<2 Vol.%). Die Wartung von BIOPUR® blieb auf das Ablesen von Wassermeßgeräten und auf das Wiederauffüllen der Nährstofflösung beschränkt. Die Bildung von Eisenoxiden im PUR stellte kein Problem dar. Grundwasser mit Eisenkonzentrationen bis zu 25 mg/l wurde ohne vorherige Eisenentfernung behandelt. Zur Beseitigung des überschüssigen Schlammes kann das PUR aus dem Bioreaktor entfernt werden. Das gereinigte PUR ist wiederverwendbar.

Bei manchen Standorten kann das behandelte Grundwasser unmittelbar ins Oberflächenwasser eingeleitet werden, bei anderen ist eine vorgängige Reinigung mittels Sandfilter oder Aktivkohle erforderlich, bevor eine Einleitung zulässig ist.

Tabelle 11.1. Praxiserfahrungen BIOPUR® bei der Behandlung von Grundwasser in den Niederlanden

Gelände	Kapazität (m^3/Std.)	Hydraulische Verweilzeit (Std.)	Influent (µg/l)	Effluent (µg/l)	Wirksamkeit (%)
Raalte 1	15	0,25			
BTEX			100–750	< 0,5	99,9
Mineralöl			110–200	< 100	> 90
Raalte 2	4	0,9–1,2			
BTEX			300–1980	< 1	> 99,9
Mineralöl			40–330	20	> 66
Zeeland	6	0,87–1			
BTEX			135–460	< 1	> 79
Mineralöl			50–2300	< 100	> 84
Utrecht	13	0,5			
BTEX			390–1300	3–5	99
Mineralöl			323–1000	< 50	> 80
Amersfoort	10	0,4			
BTEX			10390	7	> 99
Mineralöl			1300	< 100	> 92
Borculo	5	1			
BTEX			420–2600	0,4–17	> 95
Mineralöl			6000–18000	40	> 95

Aus den Ergebnissen wird deutlich, daß BIOPUR® eine bewährte Technologie zur biologischen Behandlung von mit verschiedenen Kohlenwasserstoffen verunreinigten Grundwasser ist. Das Festfilmsystem ist sehr kompakt, es können ein hoher Grad an Bioaktivität und hohe Wirksamkeitsgrade erzielt werden.

11.7 Simultanbehandlung von Grundwasser und Bodenluft

Mit BIOPUR® können sowohl flüchtige Verbindungen in extrahierter Bodenluft als auch gelöste Schadstoffe in hochgepumptem Grundwasser biologisch abgebaut werden. Dabei wirkt BIOPUR® als Wäscher und als Biofilmreaktor in einem. Die erste Behandlungsanlage im Praxismaßstab mit einem effektiven Volumen von 10 m^3 wurde auf einem Gelände in Raalte (Niederlande) erprobt (Abb. 11.1).

In der Umgebung einer Tankstelle war der Boden mit BTEX und Mineralöl verunreinigt. Dabei variierten die Konzentrationen an flüchtigen Kohlenwasserstoffen im Grundwasser von 100–1000 µg/l und diejenigen in der Bodenluft von 0,2–160 ppm. Der Boden wurde mittels in-situ-Biostimulation und der Extraktion von Grundwasser und Bodenluft saniert. Infolge der Grundwasserentnahme vergrößerte sich die ungesättigte Zone im Boden. Mittels Bodenluftextraktion wurden flüchtige Verbindungen abgesogen und atmosphärische Luft gelangte in den Boden. Dies führte zu einer Stimulation der im Boden befindlichen Biomasse, die organischen Verbindungen abzubauen. Die extrahierte Bodenluft und das entnommene Grundwasser wurden mit BIOPUR® behandelt.

Die hydraulische Verweilzeit im Reaktor betrug ca. 15 Minuten und die Gasverweilzeit lag unter 3 Minuten. Den verschiedenen Kompartimenten des Reaktors wurde Umgebungsluft zugeführt. Gemessen an der Gesamtbelastung betrug die Behandlungswirksamkeit über 98%. Die im Zusammenhang mit der Einleitung des Grundwassers erhobenen Mindestanforderungen, nämlich 100 µg Aromate bzw. 1 mg Mineralöl pro Liter, wurden eingehalten. in den Abgasen wurden keine flüchtigen Verbindungen nachgewiesen (<0,1 ppm). Die BTEX-Konzentration im Abwasser betrug normalerweise <1 µg/l; für die zuständigen Wasserbehörden bildete dies den wichtigsten Grund dafür, eine direkte Einleitung des Abwassers in Oberflächengewässer zu genehmigen.

Die Abbildungen 11.3–11.4 geben eine Übersicht des Ablaufes von in-situ-Sanierungsmaßnahmen. Abbildung 11.3 zeigt die kumulative Beseitigung von Benzin, Abb. 11.4 die Entwicklung der Kohlenwasserstoffkonzentration im Boden. Die endgültige Konzentration von nicht-flüchtigen Kohlenwasserstoffen lag zwischen 260 und 100 mg/kg TS.

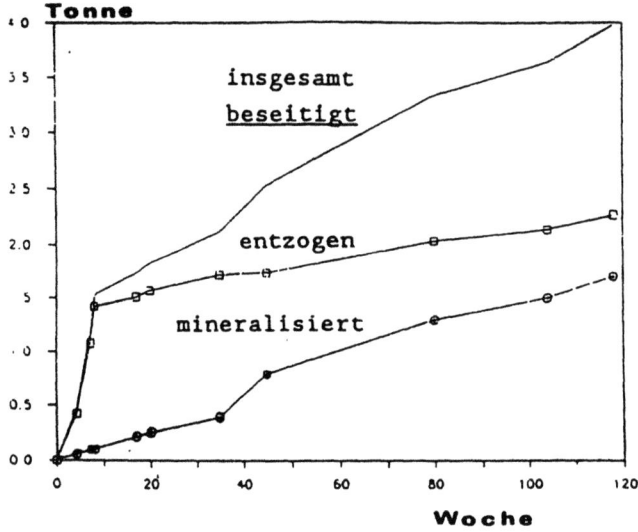

Abb. 11.3. Kumulative, aus dem Boden entfernte Kohlenwasserstoffmenge

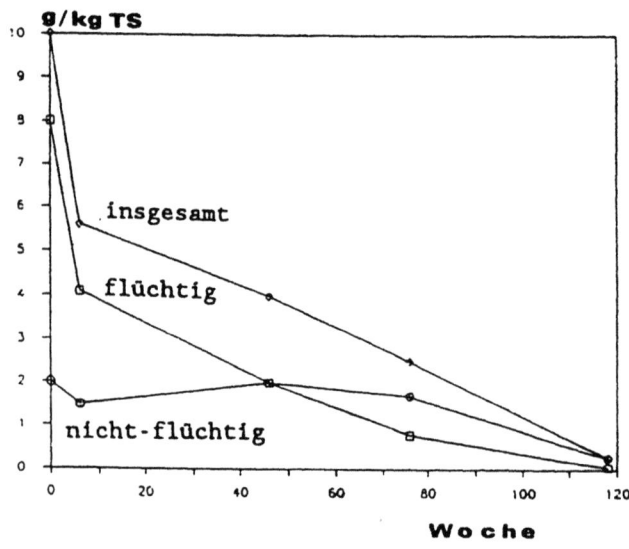

Abb. 11.4. Übersicht der durchschnittlichen Kohlenwasserstoffkonzentration im Boden

Die durch Bodenluftextraktion aus dem Boden entfernten Kohlenwasserstoffe werden mittels BIOPUR® abgebaut. Der biologisch abgebaute Anteil ist eine Folge der in-situ-Biostimulation.

Die Ergebnisse der Praxiserprobung von BIOPUR® zur Behandlung von Grundwasser und Bodenluft attestieren dem System eine gute Eignung für in-situ-Bodensanierungsprojekte, in deren Rahmen Bodenluft und Grundwasser extrahiert werden. Eine Kostenschätzung für das Gelände in Raalte zeigte, daß die in-situ-Biostimulation rund 30% geringere Kosten verursacht als der Einsatz herkömmlicher Techniken.

11.8 Kosten

Um die Kosten für das BIOPUR®-System mit denjenigen anderer Grundwasserreinigungstechniken vergleichen zu können, wurden für vier verschiedene Behandlungstechniken Kostenschätzungen erstellt. Bei der Einzelfallstudie wurde von einer Grundwasserkontamination mit 5 mg BTEX/l und 10 mg Mineralöl/l ausgegangen, die im Verlauf von 2 Jahren zu extrahieren sei.

Tabelle 11.2 zeigt die Ergebnisse dieser Einschätzung. Die genannten Preise basieren auf niederländischen Normen. Im Schätzpreis enthalten sind Installation, Demontage und Miete der Anlage, sowie Unterhalt und eine allfällige Nährstoffzugabe. Im Vergleich zu den in Tabelle 11.2 aufgeführten Kosten sind die Zusatzkosten für eine Behandlung der Bodenluft bei einem Luft/Wasser-Verhältnis von ca. 5 so gut wie unerheblich.

Tabelle 11.2. Kostenvergleich für verschiedene Grundwasserreinigungssysteme (alle Preise in niederländischen Gulden)

Kapazität (m³/Std)	10	20	40
Wäscher und Aktivkohle (Gasphase)	1,16	0,87	0,72
Wäscher und Kompostfilter (Gasphase)	0,85	0,54	0,36
Tauchtropfkörper	0,78	0,65	0,59
BIOPUR®	0,60	0,50	0,35

11.9 Zukünftige Forschungsarbeiten

Dem BIOPUR®-System werden mittels Inokulierung des Grundwassers Mikroorganismen zugegeben (10^4 Mikroorganismen/ml), die sich im PUR festsetzen.

Unter gewissen Bedingungen besteht die Möglichkeit, dem System spezifische Mikroorganismen beizugeben, mit deren Hilfe schwer abbaubare halogenierte Kohlenwasserstoffe abgebaut werden können. In der Fachliteratur finden sich Beschreibungen von Mikroorganismen, mit deren Hilfe schwer abbaubare Kohlenwasserstoffe wie Perchlorethylen (Per), Trichlorethylen (Tri) und 1,1,1-Trichlorethan (TCA) abgebaut werden können (Oldenhuis et al. 1988). TAUW untersucht zur Zeit den biologischen Abbau von Per, Tri und TCA unter anaerobischen und methanotrophen Bedingungen. Im Umweltlabor von TAUW laufen derzeit Pilotversuche über den Einsatz methanotropher Bakterien für den biologischen Abbau von Tri, Per und TCA. Vorläufige Ergebnisse weisen für alle betroffenen Verbindungen Wirkungsgrade von über 90% aus.

Im Laufe des Jahres 1994 wird sich TAUW auf die Praxisforschung des biologischen Abbaus chlorhaltiger flüchtiger Verbindungen konzentrieren.

11.10 Marktentwicklung BIOPUR®

Zur Zeit befinden sich an rund 15 Standorten in Deutschland und den Niederlanden BlOPUR-Systeme im Praxiseinsatz. All diese Projekte hat TAUW in Zusammenarbeit mit einem Sub-Unternehmer bearbeitet. Seit Anfang 1993 sind fünf Unternehmer in Deutschland und den Niederlanden im Besitz einer BlOPUR-Lizenz. Dank der breiten Einsatzmöglichkeiten und niedrigen Kosten des Systems wird erwartet, daß sich BIOPUR® auf dem Umweltmarkt eine Position erobern wird. Dies umsomehr, als die Nachfrage nach kompakten und mobilen Sanierungssystemen stetig wächst.

11.11 Schlußfolgerungen

BIOPUR® ist ein auf dem Markt erhältliches Biofilmverfahren, das insbesondere für den biologischen Abbau xenobiotischer Stoffe in Grundwasser und Bodenluft geeignet ist. Mit dem System können hohe Konzentrationen an Biomasse erreicht werden. Im Verlauf der letzten 3 Jahre konnte mit dem Einsatz des Systems breite Erfahrung gesammelt werden. Mit dem kompakten BIOPUR®-System lassen sich kurze hydraulische Verweilzeiten erzielen. Aus vergleichenden Kostenschätzungen geht BIOPUR® als kostengünstiges System mit geringen Unterhaltskosten hervor. Unter gewissen Bedingungen kann das System zum biologischen Abbau chlorhaltiger flüchtiger Verbindungen eingesetzt werden. Die bisher erzielten Ergebnisse belegen, daß BIOPUR® eine bewährte Technologie für die on-site-Behandlung von Grundwasser und/oder Bodenluft, z.B. an Tankstellen, ist.

11.12 Literatur

Bouwer EJ (1992) Microbial remediation strategies. Potentials and limitations. Presented at: Eurosol: European Conference on Integrated Research for Soil and Sediment Protection and Remediation. Maastricht, September 6–12

Oldenhuis R, Kujik L, Lammers A, Janssen DB, Witholt B (1988) Degradation of chlorinated and non-chlorinated aromatic solvents in soil suspensions by pure bacterial cultures. Appl Microbiol Biotechnol 30:211–217

Urlings LGCM, Spuy F, Coffa S, van Vree HBRJ (1991) Soil vapour extraction of hydrocarbons: In situ and on-site biological treatment. In: Hindue RE, Olfenbuttel RF (eds) In situ bioreclamation. Butterworth-Heineman, Boston, pp 321–336

Van der Hoek JP, van Veen F, Urlings LGCM (1989) A rotating disc biological contactor used on pesticide contaminated groundwater containing chlorinated organics. Presented at: Hastech International Conference. San Francisco USA, September 27–29

Van Vree HBRJ, Urlings LGCM, Cuperus JG, Geldner P (1992) In situ bioremediation of PAH, applying nitrate as an alternative oxygen source at laboratory and pilot plant scale. Presented at: Eurosol: European Conference on Integrated Research for Soil and Sediment Protection and Remediation. Maastricht, September 6–12

12 Dynamische Bodenbearbeitung und intensive Prozeßkontrolle zur biologischen Sanierung kontaminierter Böden

R. Eisermann, B. Daei[1]

12.1 Biologische Bodensanierungsverfahren – eine Einführung

Die Anwendung biologischer Bodensanierungstechniken zur Reinigung kontaminierter Böden gilt heute als Stand der Technik. Allein auf dem deutschen Markt werden von über hundert Firmen Leistungen zur biologischen Sanierung angeboten. Die Erfahrung der einzelnen Anbieter ist dabei sehr unterschiedlich. Während einige Unternehmen bisher mehrere 10.000 Tonnen Boden saniert haben, verweisen andere Unternehmen lediglich auf Labor- bzw. Technikumserfahrungen.

Besonders bei Verunreinigungen mit Öl-Kohlenwasserstoffen können mit biologischen Sanierungsverfahren beachtliche Erfolge erzielt werden. Prinzipiell sind auch andere organische Verbindungen wie BTEX, Phenole, organische Säuren oder einige PAK biologisch abbaubar.

Alle biologischen Sanierungsverfahren nutzen die metabolische Fähigkeit der Mikroorganismen, die im Boden vorliegenden Schadstoffe als Nahrungsquelle zu verwenden. Biologische Verfahren stellen im Vergleich zu anderen Verfahren, z.B. thermischen oder chemisch-physikalischen, die ökologisch vernünftigste und in der Regel auch die ökonomisch günstigste Lösung dar. Sie produzieren keine Reststoffe und in den meisten Fällen keine Abluft und kein Abwasser und benötigen einen vergleichsweise geringen Energieeinsatz.

Sanierungsverfahren lassen sich generell in "in-situ" (der Boden wird nicht bewegt) und "ex-situ" (die kontaminierten Bereiche werden ausgekoffert) Maßnahmen unterscheiden. Letztere können "on-site" (auf dem kontaminierten Gelände) oder "off-site" (auf einem anderen Gelände) durchgeführt werden (Filip 1992).

Die ex-situ Techniken der biologischen Bodensanierung lassen sich in statische und dynamische Varianten unterteilen.

Bei statischen Verfahren wird das kontaminierte Erdreich mit Dünger und Zuschlagstoffen vermischt und zu einer Miete oder einem Tafelberg aufgeschichtet. Je nach Verfahrensanbieter werden unterschiedliche Dichtbahnen und

---

[1] LOBBE-XENEX GmbH, Stenglingser Weg 4-12, D–58642 Iserlohn

Drainage- oder Belüftungssysteme installiert. Der Boden wird nach Aufschichten der Miete nicht mehr bewegt, sondern über die installierten Systeme durch einen Spülkreislauf mit dem notwendigen Sauerstoff und Nährstoffen versorgt. Es ist dabei nicht zu vermeiden, daß sich in der Bodenmatrix Kanäle bilden, die von den Medien gut durchströmt werden, andere Bereiche hingegen nicht optimal mit Wasser, Nährstoffen oder Sauerstoff versorgt werden. Der Abbau verläuft langsam, da die Stimulation der Biozönose, die für den mikrobiologischen Abbau der Schadstoffe verantwortlich ist, nur in begrenztem Maße gesteuert werden kann.

Dynamische Verfahren bieten gegenüber statischen Verfahren viele Vorteile: Auch bei dieser Bearbeitungstechnik wird das Material in Mieten oder in Biobeeten auf abgedichtetem Untergrund aufgeschichtet. Die Abdichtung gegenüber dem Untergrund erfolgt in der Regel mit einer 2 mm starken HDPE-Deponiefolie, ferner sind die Mieten eingehaust. Das Erdreich wird in regelmäßigen Abständen gelockert und homogenisiert. Alle Bereiche des Bodens werden so mit Sauerstoff und Nährstoffen versorgt. Anwenderspezifisch wird das Material mit organischen Zuschlagstoffen und/oder mit Mikroorganismen versetzt, um das Abbaupotential der Bodenbiozönose zu verstärken. Die Mikroorganismen können aus dem zu behandelnden Boden isoliert oder anderen Ursprungs sein.

12.2 Die XENEX®-Verfahren zur biologischen Bodensanierung

XENEX hat zwei dynamische Verfahren zur biologischen Reinigung von ölkontaminiertem Erdreich entwickelt, das XENEX®-Mietenverfahren und das XENEX®-Biobeetverfahren.

Bei beiden Techniken werden dem Boden durch Inokulation autochthone Mikroorganismen und speziell abgestimmte Nährstoffe zugesetzt. Die Unterschiede dieser beiden Verfahren liegen in der Art der mechanischen Bearbeitung. Die Auswahl des Verfahrens richtet sich in erster Linie nach der Bodenstruktur.

Die Vorteile dieser Bearbeitungstechniken und einer regelmäßigen Prozeßkontrolle lassen sich wie folgt darstellen:

Durch die häufigen mechanische Bearbeitung des Bodens (in der Regel einmal pro Woche bis vierzehntägig) ist die Zugabe organischer Zuschlagstoffe nicht notwendig. Der Boden behält seine bodenphysikalischen Eigenschaften. Er bleibt verdichtungsfähig und kann nach der Behandlung auch bei Tiefbaumaßnahmen Verwendung finden. Das zu behandelnde Volumen wird nicht vergrößert.

Bei Zugabe von z. B. Stroh oder Rindenmulch lagern sich die Kontaminanten häufig adsorptiv an die organische Matrix und entziehen sich zunächst dem analytischen Nachweis. So kann ein Abbau vorgetäuscht werden (van Afferdon et al. 1991, Lotter et al. 1993, Mahro et al. 1993).

Bei der Bodenbearbeitung wird die Ausgasung von Kohlenwasserstoffen in der Halle kontrolliert. Die bisherigen Erfahrungen zeigten eindeutig, daß die Grenz-

werte für Olefin-Kohlenwasserstoffe nach TA-Luft in den Hallen während der Bearbeitung in der Regel nicht überschritten werden.
Das folgende Beispiel repräsentiert durchschnittliche Verhältnisse während der Bearbeitungsphase:

- Bodenmenge: 1000 m³/Halle;
- Kontamination: MKW Kettenlänge n-Alkane C-16 bis C-38;
- Konzentration: ca. 5000 mg/kg;
- gemessene KW-Belastung der Luft während des Bearbeitungsvorganges bei moderaten Hallentemperaturen (ca. 25°C): 13–30 mg/m³ Luft, Grenzwert nach TA-Luft von 150 mg/kg Olefin-Kohlenwasserstoffe.

Handelt es sich um Böden aus Akutschäden und nicht um Erdreich von Altlastenstandorten, ist häufig eine Abluftfassung und -Reinigung erforderlich, unabhängig von der einzusetzenden Sanierungstechnik. Häufig sind die leichtflüchtigen Bestandteile der Ölfraktion aus dem von Altlasten stammenden Erdreich bereits ausgegast.

12.2.1 Das Mietenverfahren

Beim Mietenverfahren werden die Mieten in einer Höhe von 1,8 m mit einer Basisbreite von 3,5 m aufgeschichtet. Der Mietenumsetzer (Abb. 12.1), der mit Tankanlage und Injektorsystem für Nährstoffe und Mikroorganismen ausgerüstet ist, verfügt über eine gekapselte Fahrerkabine mit Aktivkohlefilterung und Überdrucksicherung.

Dieses Verfahren eignet sich insbesondere für feinkörnige Böden und Material mit hohem Schluffanteil. Durch die rotierende Walze werden die Bodenagglomerate aufgebrochen. Die Versorgung der Biozönose wird auch in Böden gewährleistet, die zu hoher Verdichtung neigen.

12.2.2 Das Biobeetverfahren

Der Boden wird zur Bearbeitung flächig in 90 cm Schichtstärke ausgebreitet. Die Behandlung erfolgt mit einem Spezialmeliorationsgerät (XENEX-Patent), welches von einem Ackerschlepper gezogen wird. Das Gerät arbeitet mit vier Werkzeugen, die in ellipsenförmigen Bewegungen in den Boden einstechen, ihn anheben und in die Einstichkanäle zurückfallen lassen. Dadurch zerfallen die Bodenaggregate in eine lockere Krume. Mittels Injektorsystem werden Nährstoffe und Mikroorganismen in den Boden während des Einstechvorganges gesprüht (Abb. 12.2).

12.3 Prozeßkontrolle

Neben der mechanischen Bearbeitung ist die genaue Kenntnis über die spezifischen Erfordernisse der Biozönose unabdingbar. Im ersten Schritt wird die prinzipielle Abbaubarkeit der Kontaminanten im Labor untersucht (Dechema 1992). Speziell der optimale Nährstoffbedarf muß bestimmt und während der Bearbeitung kontrolliert und reguliert werden. Die häufige Kontrolle, als integraler Bestandteil des XENEX®-Verfahrens, ermöglicht es, schnell auf die sich während des Abbauvorganges ändernden Bedingungen zu reagieren. Nährstoffe werden in regelmäßigen Abständen dosiert zugegeben. Einerseits wird dadurch eine kurzfristige Überdüngung, die sich negativ auf die Biozönose auswirken kann, vermieden, andererseits kann eine unzureichende Nährstoffversorgung sofort ausgeglichen werden.

Zur Förderung der Abbaukapazität der Biozönose werden vor der eigentlichen Sanierung aus dem zu behandelnden Material standorteigene Mischkulturen isoliert und ihre spezifischen Nährstoffanforderungen bestimmt. Ihr Abbaupotential wird charakterisiert und optimiert. Sie werden anschließend in geeigneter Menge kultiviert, um während der Bearbeitung dem Boden zugesetzt zu werden. Diese spezifische Vorgehensweise des XENEX®-Verfahrens ermöglicht es, daß alle Bereiche des Bodens mit den schadstoffabbauenden Mikroorganismen beimpft werden. Die eigenständige Wanderung von Bakterien im Boden ist als gering anzusehen. Deshalb wird erst durch die mechanische Bearbeitung mit gleichzeitiger Ausbringung von Nährstoffen und Bakterien in die kontaminierte Bodenmatrix gewährleistet, daß der Abbau in allen Bereichen des Bodens stattfindet.

12.4 Anwendungsbeispiele

Diese intensive mechanische Bearbeitung mit Prozeßkontrolle und -steuerung ermöglicht es, Sanierungen in für biologische Verfahren kurzen Zeiträumen oder unter erschwerten Bedingungen erfolgreich durchzuführen. Beispielhaft sei die Sanierung eines mit Mineralölkohlenwasserstoffen kontaminierten Sedimentschlammes dargestellt (Daei und Eisermann 1993). Das feinkörnige und sehr bindige Material (10.000 m^3), zu Beginn fast fließfähig, wurde mit dem XENEX®-Verfahren saniert. Die Behandlung erfolgte in wöchentlichen Abständen. Innerhalb einer Vegetationsperiode konnte das Sanierungsziel von 1000 mg/kg erreicht werden. Dieses Material ist ein deutliches Beispiel für die vorteilhafte Anwendung dynamischer Methoden zur Sanierung. Wäre ein statisches Verfahren zur Anwendung gelangt, hätte sich das Material bedingt durch diese Struktur so verdichtet, das keinerlei Sauerstoffaustauch möglich gewesen wäre und somit der Schadstoffabbau nicht erfolgt wäre.

Ein weiteres Beispiel zeigt, daß bei normalen Bodenverhältnissen eine Sanierung auch in sehr kurzen Zeiträumen durchgeführt werden kann. Nach einem Autobahnunfall wurde das kontaminierte Erdreich in einer Zelthalle aufgeschichtet. Innerhalb von drei Monaten (August bis Oktober) war bei einer Ausgangsbelastung von 5000 mg/kg durch die intensive Bearbeitung das Sanierungsziel von <500 mg/kg im Original und <0,2 mg/l im Eluat erreicht. Der Boden konnte an der Entnahmestelle wieder eingebaut werden. Die Konzentration der Kohlenwasserstoffe in der Hallenluft wurde regelmäßig kontrolliert. Sie lag stets unter den zulässigen Grenzwerten. Ohne diese intensive Bearbeitung hätte der Boden nicht vor dem Ende der Vegetationsperiode eingebaut werden können.

Abb. 12.1. Mietenumsetzer

Abb. 12.2. Das Bodenmeliorationsgerät

12.5 Literatur

Daei B, Eisermann R. (1993) Bioremediation of a sediment pollution with XENEX system – a practical aproach. In: Eijsckers H, Hamers R (eds) Integrates soil and sediment research; a basic for proper protection. Kluwer Academic Publishers, p 609ff

Dechema (1992) Labormethoden zur Beurteilung der biologischen Bodensanierung. Dechema Fachgespräche Umweltschutz, Frankfurt a.M.

Filip Z (1992) Biologische Sanierungsverfahren. In: Weber H (Hrsg) Altlasten. Springer Verlag, Berlin Heidelberg New York

Lotter S, Brumm A, Bundt J, Heerenklage J, Paschke A, Steinhardt H, Stegmann R (1993) Kohlenstoffbilanz eines PAK kontaminierten Bodens während des biologischen Abbaus durch Kompostzugabe. In: Arendt H (Hrsg) Altlastensanierung 93. Kluwer Academic Publishers, p 1257ff.

Mahro B, Kästner M (1993) Mechanismen des mikrobiellen Abbaus von polyzyklischen aromatischen Kohlenwasserstoffen (PAK) in Boden-Kompost-Mischungen. In: Arendt H (Hrsg) Altlastensanierung 93. Kluwer Academic Publishers, p 1217ff.

van Afferdon M, Weissenfels W (1991) Einfluß der Bioverfügbarkeit auf den mikrobiellen PAK-Abbau in Böden. 9. Dechema Fachgespräch Umweltschutz, Frankfurt a.M.

13 Bodensanierung durch gesteuerte Mietentechnologie

M. Stracke[1]

13.1 Zusammenfassung

Im folgenden Beitrag wird das Bodentechnologische Forschungszentrum Neusiedl (Niederösterreich) vorgestellt. Diese Anlage zur Behandlung von Kohlenwasserstoff (KW)-kontaminierten Materialien weist einen hohen Standard an Emissionsschutz auf und ist speziell auf die Milieusteuerung und die Prozeßdatenerfassung ausgerichtet. Daher ist sie eine wesentliche Grundlage für die Erforschung von Prozessen im Zusammenhang mit dem mikrobiologischen KW-Abbau im industriellen Maßstab.

Die Anlage ist seit Mai 1993 in Betrieb und hat eine Jahreskapazität von rund 5000 t/a.

13.2 Einführung

Das Bodentechnologische Forschungszentrum Neusiedl/Zaya (Niederösterreich) ist eine Anlage zur mikrobiologischen Behandlung von mineralölkontaminierten Böden. Sie befindet sich auf dem Gelände der ÖMV AG und wurde aufgrund einschlägiger Voruntersuchungen unter spezieller Berücksichtigung verfahrenstechnischer Details von Proterra, einer 100% ÖMV Tochterfirma, geplant und wird nun auch seit Mai 1993 von ihr betrieben.

Die Anlage besteht im wesentlichen aus einer Behandlungshalle mit einer Größe von 1200 m^2 und einer zugehörigen Freifläche von etwa 3400 m^2, welche zur Materialzwischenlagerung und -vorbereitung dient. Das Material kann per LKW auf der Straße oder mit der Bahn antransportiert werden.

Der weitere Anlagenausbau ist durch Errichtung bzw. Adaptierung weiterer Behandlungshallen vorgesehen.

Der Zweck der Anlage liegt neben der Dekontamination von KW-belasteten Erdmaterialien im industriellen Maßstab (ca. 5000 t/a) auch darin, durch die gute

---

[1] Proterra, Gesellschaft für Umwelttechnik GmbH, Gerasdorfer Straße 151, A–1210 Wien

Steuerbarkeit der Milieubedingungen wie Temperatur, Feuchtigkeit, Sauerstoffversorgung in Kombination mit der vollautomatischen Datenerfassung einen Beitrag zur Erforschung der mikrobiologischen Abbauprozesse zu liefern.

Des weiteren ist die verfahrenstechnische Prozeßoptimierung die Grundlage für eine wirtschaftlich interessante und fachlich fundierte on-site Sanierung.

13.3 Materialannahme und -vorbereitung

Die vor der Materialannahme erforderliche Annahme- bzw. Eignungsanalytik gibt Informationen über vorhandene Schadstoffe und den Nährstoffhaushalt des Bodens und umfaßt zusätzlich auch mikrobiologische Tests, welche Aufschluß über eventuelle Toxizität des Bodens geben.

Der Nährstoffhaushalt und Wassergehalt wird vor der Einbringung in die Behandlungshalle durch entsprechende Zugaben geregelt, wenngleich auch durch ein Bewässerungssystem die Nachregelung in der Behandlungshalle möglich ist. Weiterhin erfolgt vor der Einbringung des Materials in die Behandlungshalle eine Ausscheidung von Grobstoffen und eine Homogenisierung des Materials durch Bodenfräsen. Gegebenenfalls wird hierbei auch Strukturmaterial zugegeben.

Ausschlaggebend ist – wie auch bei anderen Behandlungsverfahren – die Kornverteilung des zu behandelnden Bodens.

Wie die Erfahrungen aus den ersten Betriebsmonaten zeigen, weist das gegenständliche Behandlungsverfahren speziell hinsichtlich dieses Kriteriums eine Stärke auf, da durchaus auch tonig-schluffige Böden erfolgreich behandelt werden konnten (siehe 13.6).

13.4 Emissionsschutz

Die Halle verfügt über eine Luftabsaugvorrichtung, wodurch in der Halle ein Unterdruck angelegt wird, so daß von der Halle aus luftförmige Emissionen hintenangehalten werden. Die überschüssige Luft wird über einen groß dimensionierten Biofilter ausgeschieden. Die Abluftwerte dieses Filters liegen deutlich unter dem geforderten Kohlenwasserstoff-Grenzwert von 50 mg/m^3.

Obwohl die Behandlungshalle unterkellert ist, wurde unterhalb der Belüftungssteine eine Dichtungsschicht aus einer HDPE-Folie eingezogen.

Ebenso ist die gesamte zu der Anlage gehörende Freifläche mit einem doppelten Dichtungssystem versehen, in welchem sich eine zwischenliegende Kontrolldrainage befindet. Das Niederschlagswasser von der abgedichteten Freifläche wird für die Befeuchtung der Mieten herangezogen.

13.5 Behandlung und Prozeßsteuerung

Das Behandlungsverfahren beruht auf der Mietentechnik. Die Schütthöhe beträgt ca. 1,2 m; es wird größtes Augenmerk auf die Milieusteuerung gelegt.

Die Behandlungshalle ist in vier Sektoren geteilt, so daß vier individuell behandelbare Mieten aufgelegt werden können. Dies ist insbesondere für die Untersuchung von Einflüssen verschiedener Parameter, wie z.B. Nährstoff, Sauerstoff, Temperatur, Strukturmaterial etc. von Bedeutung, da hierbei in der Regel die Steuerungsparameter für zwei Mieten genau gleich eingestellt werden, andererseits aber die Datenerfassung und eventuelle Nachregelungen individuell erfolgen können.

Für die einzelnen Mieten kann über einen Belüftungsboden, welcher die Belüftung der Mieten von unten her ermöglicht, die

– Temperatur,
– Feuchtigkeit und
– Geschwindigkeit (und damit der Druck)

der Zuluft entweder manuell eingegeben, oder über die entsprechenden Sollwerte in den einzelnen Mieten geregelt werden. Die Regelbarkeit in der Behandlungshalle entspricht nahezu jener eines Festbettreaktors.

Die Anlage wird über einen PC gesteuert, die Aufzeichnung aller Meß- und Regelgrößen erfolgt automatisch. Die Werte können über eine Telefonleitung abgefragt werden und zusätzlich kann über diese Leitung auch der Behandlungsprozeß gesteuert werden.

Beispielhaft für die Datenerfassung zeigt Abb. 13.1 einen Ausschnitt von etwa 3 Stunden, welcher bei der Testphase registriert wurde. Die genaue Datenerfassung ermöglicht eine detaillierte Auswertung der Parameter, wie z.B. Belüftung, O_2–Gehalt, Energieverbrauch, Abbauzeit etc. In den Mieten selbst werden über Meßsonden CO_2-Konzentration, O_2-Gehalt, Temperatur und Bodenfeuchtigkeit gemessen, automatisch registriert und nachgeregelt. Damit kann das Behandlungsverfahren spezifisch an die besonderen Eigenschaften des Bodens und seiner Kontamination angepaßt werden.

13.6 Erfahrungen aus dem bisherigen Betrieb

Neben dem Ziel der Materialbehandlung werden in dieser Anlage auch diverse Untersuchungen z.B. über den Einfluß der Strukturmaterialien, der Sauerstoffversorgung, des Nährstoffgehaltes diverser Zusatzmittel etc. untersucht, wozu jeweils zwei Mieten mit gleichem Ausgangsmaterial unter gleichen Bedingungen parallel gefahren werden.

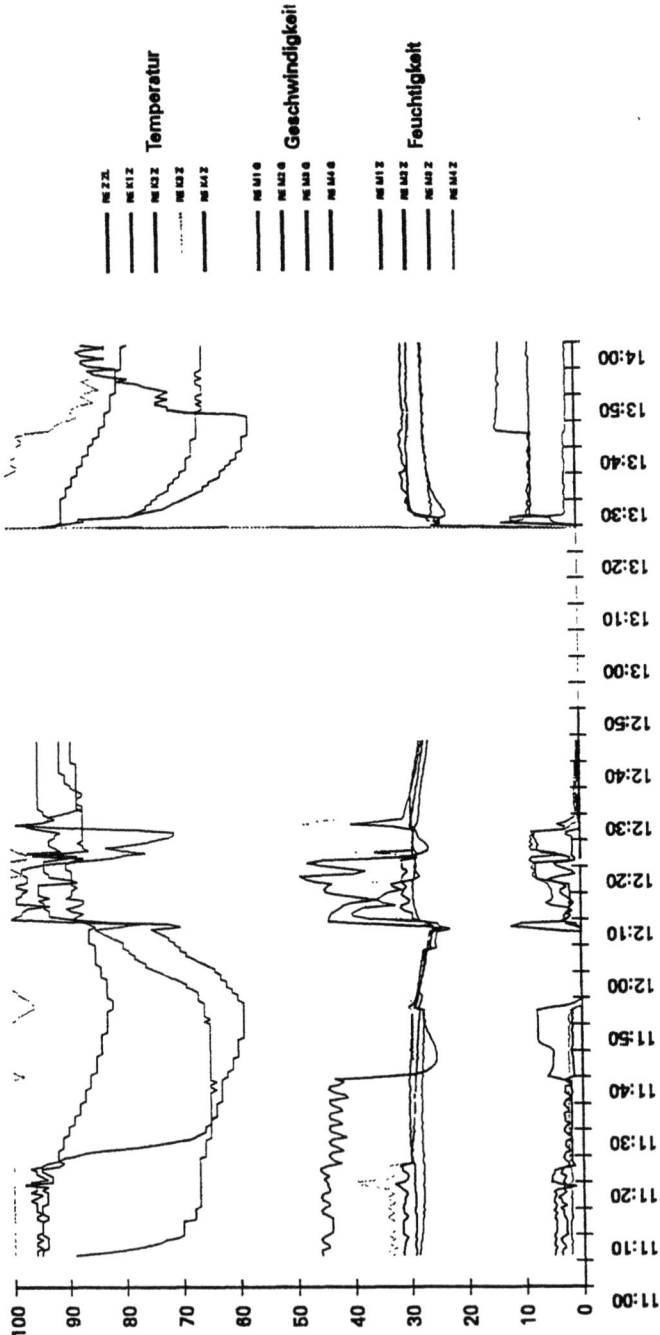

Abb. 13.1. Beispiel für die Datenerfassung im Bodentechnologischen Forschungszentrum Neusiedl

Generell kann unmittelbar nach dem Aufsetzen einer Miete ein starker Anstieg der Mietentemperatur beobachtet werden (Abb. 13.2).

Diese endogene Wärmeentwicklung wird im Laufe der Zeit immer schwächer und geht nach etwa 9 Wochen gänzlich zurück.

Parallel dazu zeigen die aus den wöchentlich entnommenen Bodenproben erhaltenen Gaschromatogramme (FID) eine starke Veränderung (Degradation), welche auch im Absolutgehalt (IR Analyse) nachvollziehbar ist. Abb. 13.3 zeigt drei ausgewählte Chromatogramme, welche zeigen, daß durch die vorgenommene Bodenbehandlung insbesondere auch jene längerkettigen Fraktionen >C_{20} abgebaut wurden, welche sich unter den gegebenen Bedingungen sicher nicht über die Luft austragen lassen.

Im angeführten Beispiel konnte schon bei dem ersten Behandlungsdurchgang in dieser Anlage nach rund 4,5 Monaten der behördlich vorgeschriebene Grenzwert für die Wiederausbringung des Materials erreicht werden, wobei die Ausgangskontamination bei 10.000–15.000 mg/kg lag und das Material als Schluff, sandig, tonig, also als feinkörniger Boden zu klassifizieren war.

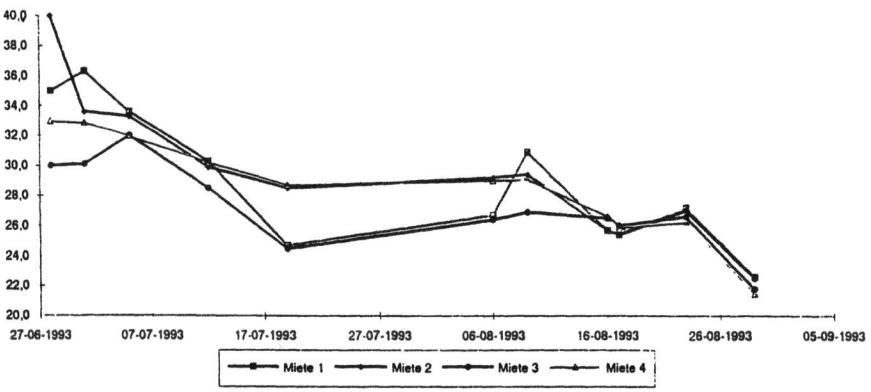

Abb.13.2. Temperaturverlauf in den einzelnen Mieten

13.7 Ausblick

Die aus der Sanierung im industriellen Maßstab gewonnenen Erkenntnisse werden in der on-site Technologie umgesetzt. Dafür liegen die rechtlichen Voraussetzungen gemäß dem Abfallwirtschaftsgesetz bereits vor.

Zusätzlich werden die Daten im Zuge von Forschungsarbeiten in Zusammenarbeit mit Universitäten ausgewertet.

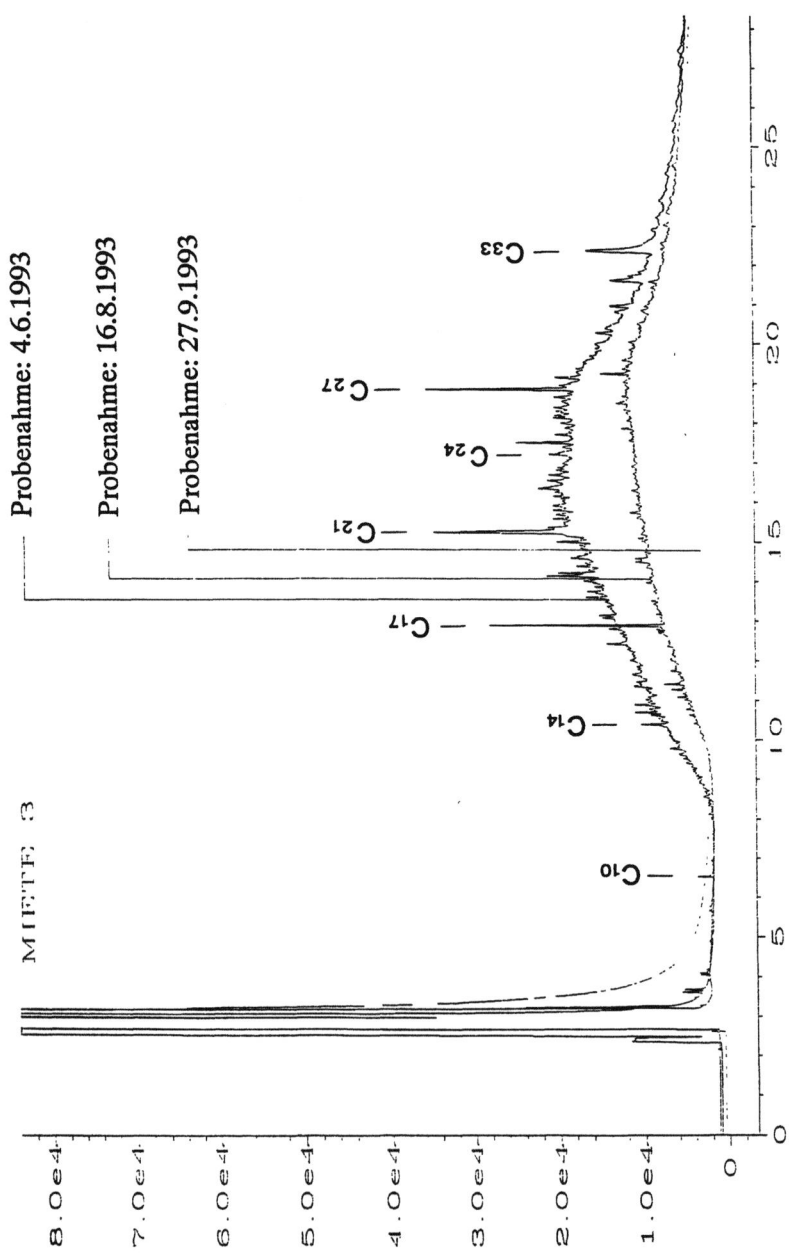

Abb. 13.3. Gaschromatogramme zu Beginn, während und nach der Bodenbehandlung

14 Biologische Bodensanierung nach dem Terraferm-Verfahren

H. Wentner[1]

14.1 Einführung

Die Altec-Alpine Umwelttechnik GmbH in Arnoldstein (A) bringt das von der Firmengruppe "Umweltschutz Nord" entwickelte "Terraferm-Biosystem Erde" zur Anwendung.

In der mikrobiologischen Bodenbehandlungsanlage im Industriepark Arnoldstein werden seit 1992 ölverunreinigte Böden (Schlüsselnr. 31423 der ÖNORM S 2100, vom 1. März 1990) und eingeschränkt sonstige verunreinigte Böden (Schlüsselnr. 31424 der ÖNORM S 2100, vom 1. März 1990) mikrobiologisch behandelt. Es handelt sich dabei ausschließlich um Verunreinigungen durch Mineralölkohlenwasserstoffe, die in Motoröl, Heizöl, Benzin, Dieselöl, Kerosin, Rohöl usw. enthalten sind.

Die Jahreskapazität dieser Anlage beträgt ca. 12.000 Tonnen, wobei der gereinigte Boden vorerst für Rekultivierungszwecke im Bereich einer ehemaligen Blei-Zinkhütte Verwendung findet.

Die Regeneration belasteter Böden durch mikrobiellen Abbau beruht auf der Fähigkeit von Bakterien und Pilzen, Schadstoffe als Energie- und Nährstoffquelle zu nutzen. Man weiß heute, daß fast alle organischen Schadstoffe durch Mikroorganismen umgewandelt oder abgebaut werden können.

Großtechnische Anwendungen mikrobiologischer Reinigungsverfahren liegen vor allem im Bereich von Mineralölverunreinigungen vor. Erfolge konnten jedoch inzwischen auch beim Abbau von aromatischen, chlorierten polycyclischen-aromatischen und polychlorierten Kohlenwasserstoffen erzielt werden. Daneben erweisen sich viele andere Chemikalien als biologisch abbaubar.

Die ökologische Bedeutung der Bodenreinigung durch Mikroorganismen liegt zum einen darin, daß die Schadstoffe als solche tatsächlich beseitigt und nicht nur verlagert werden. Zum anderen ist durch die hohe Qualität des Endproduktes ein hochwertiges, biologisch aktives Bodenmaterial gegeben, das eine gute Eignung sowohl zur Wiederverwendung in Landwirtschaft und Gartenbau als auch zur Deponieabdeckung, als Lärmschutzwall oder zur Bodenverfüllung besitzt.

---

[1] ALTEC-Alpine Umwelttechnik GmbH, Schillerstraße 2, A–8700 Leoben

Deshalb ist diese Art der Schadstoffeliminierung eine echte Wertstoffrückführung im Sinne einer umweltbewußten, ressourcenschonenden Wirtschaftsweise.

14.2 Voraussetzungen

Neben dem Vorhandensein von Mikroorganismen, die über entsprechende Stoffwechselpotentiale verfügen, müssen im Boden geeignete Milieubedingungen herrschen, damit der Schadstoffumsatz schnell und vollständig erfolgt.

Die mikrobiologische Bodenreinigung durch die Intensivrotte im Terraferm-Verfahren ist darauf ausgelegt, die Parameter während des gesamten Behandlungszeitraumes im Optimum zu halten. Um dies zu gewährleisten, wird eine gründliche Voruntersuchung jedes angelieferten Bodens durch die biologisch-chemischen Labors vorgenommen. Die einzelnen Schritte dieser Untersuchung sind in einem Biotest- und Optimierungssystem zusammengefaßt.

14.3 Bodenbearbeitung

Der sortierte und klassifizierte Boden wird einer umfangreichen Bodenvorbereitung unterzogen. Diese beinhaltet das Brechen großer Steine und Betonstücke, die Zugabe organischer Substrate zur Verbesserung der Bodenstruktur, die Beimischung mineralischer Nährstoffe und Spurenelemente zur Versorgung der Bodenmikroorganismen, die Anreicherung des Bodens mit adaptierten Bakterien und Pilzen sowie das massive Einbringen von Sauerstoff (Abb. 14.1).

Der biologische Schadstoffabbau erfolgt schließlich in einem dynamischen Fermentationssystem, in dem alle Parameter, wie Temperatur, Sauerstoffgehalt, Nährstoffversorgung und Mikroorganismenbesatz im Optimum gehalten werden.

14.4 Qualitätsprüfung

Der gereinigte Boden wird erneut einer sorgfältigen chemischen und biologischen Prüfung unterzogen.

Der gesamte Prozeß von der Annahme bis zum Abtransport des gereinigten Bodens wird ständig durch die biologisch-chemischen Labors überwacht und gesteuert. Damit ist gewährleistet, daß keine gefährlichen Reststoffe im Boden verbleiben und die vorgeschriebenen Grenzwerte eingehalten werden.

14.5 Vorteile des Terraferm-Verfahrens

Durch die Einstellung und Aufrechterhaltung kontrollierter Abbaubedingungen dauert der Abbau mit dem Terraferm-Verfahren drei bis fünf Monate. Die Restkonzentrationen liegen dann im Bereich der natürlicherweise in Böden anzutreffenden Gehalte. Die Abbauzeiten sowie die Schadstoffart und -konzentration wirken sich entscheidend auf die Preisgestaltung der Bodenreinigung aus. Die Mobilität der eingesetzten Spezialmaschinen ermöglicht es, die Bodensanierung sowohl in stationären Anlagen als auch bei größeren Schadensfällen vor Ort vorzunehmen.

Damit ist das "Terraferm-Biosystem Erde" zu einem ökologisch sinnvollen, ökonomisch vorteilhaften und hinsichtlich Zeit- und Platzbedarf weitgehend optimierten mikrobiologischen Bodensanierungsverfahren entwickelt worden, das für eine breite Palette organischer Schadstoffe Anwendung findet.

Abb. 14.1. Erdaufbereitungsanlage im Bodenreinigungszentrum Arnoldstein

15 Anwendung mikrobiologischer Abfallbehandlungsverfahren

P. Braun[1]

15.1 Einführung

Das Unternehmen Freudenthaler & Co. Umwelttechnik in Inzing (A) ist seit 8 Jahren erfolgreich als Sammler und Beseitiger von gefährlichen Abfällen tätig. Im Bereich Abfallbehandlung/Abfallbeseitigung werden unter anderen die Technologien Ultrafiltration, Zentrifugation, Oxidation (von Cyaniden, Nitriten), Reduktion (von Chromaten) und Schwermetallseparation angewendet. Unter dem besonderen Gesichtspunkt der Anwendung möglichst umweltschonender Methoden und der Wiederverwertbarkeit der aufgearbeiteten Stoffe stehen auch die im folgenden beschriebenen mikrobiologischen Verfahren zur Verfügung.

15.2 Behandlung von Sandfang- und Ölabscheiderinhalten

Die zu konditionierenden Öl-, Sand-, Wassergemische werden nach der Abtrennung der groben mechanischen Verunreinigungen einer Flotation unterzogen. Dabei wird der Großteil der Mineralölbelastung abgetrennt und kann der Verbrennung zugeführt werden. Die in der nachgeschalteten Siebung und Filtration über eine Kammerfilterpresse anfallende Sandfraktion wird zur weiteren Verminderung der anhaftenden Kohlenwasserstoffe in die später beschriebene Biobeetanlage eingebracht.

Das aus der Kammerfilterpresse ablaufende Klarwasser ist noch immer mit Kohlenwasserstoffen kontaminiert und muß nun die für die Einhaltung der Abwassergrenzwerte entscheidende Stufe durchlaufen: In einem 20 m^3 Bioreaktor werden im Durchlaufverfahren die Kohlenwasserstoffe von schadstoffangepaßten Mikroorganismen abgebaut. Das dabei erzielte Abwasser weist Kohlenwasserstoffkonzentrationen von weniger als 5 mg/l auf. Dieses Abwasser wird zum

---

[1] Freudenthaler & Co. GmbH Umwelttechnik KG, Schießstand 8, A–6401 Inzing

größten Teil im Betrieb als Prozeßwasser wiederverwendet, etwa zur Beregnung der Biobeete, zur Reinigung von Fahrzeugen, als Spülwasser und als Löschwasserreserve.

15.3 Biobeetanlage

Bei der Sanierung oder Stillegung von Tankstellen oder bei Unfällen mit Tankfahrzeugen fällt immer wieder Erdreich an, welches mit Kohlenwasserstoffen kontaminiert ist. Als Alternative zur Verbrennung, die nur mehr totes Material ergibt, und zur Deponierung, bei der Deponieraum unnötigerweise verschwendet wird, kann das biologisch gereinigte Erdreich wieder nutzbringend verwendet werden.

In der analytischen Voruntersuchung wird der Grad der Kontamination ermittelt. Darauf aufbauend werden die Mengen an erforderlichen schadstoffadaptierten Mikroorganismen und an Nährstoffen bestimmt.

Die Mikroorganismen und Nährstoffe werden bei der Einbringung des belasteten Materials in die Biobeetanlage zugegeben. In der Folge müssen die für einen optimalen Schadstoffabbau notwendigen Faktoren wie Sauerstoff, Feuchtigkeit und Temperatur eingestellt und eingehalten werden. Bei Beendigung der Behandlung wird der Behandlungserfolg, das heißt die Einhaltung der festgelegten Schadstoffgrenzwerte, durch ein unabhängiges Institut überprüft und das Erdreich kann nach erfolgter Freigabe wieder eingesetzt werden.

15.4 Behandlung von mit organischen Schadstoffen kontaminierten Abwässern

Bei vielen gewerblichen und industriellen Abwässern ist es möglich, durch den Einsatz von speziell der jeweiligen Problematik angepaßten Mikroorganismen die Schadstoffbelastung wieder auf die gesetzlichen Einleitgrenzwerte zu verringern.

In der ersten Behandlungsstufe werden die Abwässer neutralisiert, um einen für den Schadstoffabbau günstigen pH–Wert einzustellen. Im eigentlichen Reinigungsprozeß werden in einem Bioreaktor die jeweils ausgewählten Starterkulturen angesiedelt und mit langsam steigenden Abwassermengen belastet. Der Abbau der Kontamination wird laufend analytisch beobachtet. Im Idealfall kann nach Durchlaufen der diskontinuierlichen Startphase ein kontinuierlicher Betrieb erreicht werden.

Die gereinigten Abwässer können wieder als Prozeßwasser eingesetzt oder der örtlichen Kläranlage zugeführt werden.

16 Biologische Bodensanierung nach dem Arjobas-Verfahren

E. Joas, D. Pressler, W. Zahn[1]

16.1 Einführung

Die Firma ETB beschäftigt sich zusammen mit den Firmen Arjobas und Proterra mit der mikrobiologischen Behandlung von ölkontaminierten Böden. Das Behandlungszentrum in Edt bei Lambach verarbeitet jährlich ca. 10.000 Tonnen. Anhand eines konkreten Behandlungsbeispieles sollen der verfahrenstechnische Ablauf und die mikrobielle Behandlung vorgestellt werden.

Ca. 1.000 Tonnen Kohlenwasserstoff-kontaminierter Boden stellen eine Charge dar. Bei dem gegenständlichen Einsatz handelt es sich vorwiegend um Roh-, Heiz- und Dieselöle, der Boden ist ein Gemisch aus lehmigen und schottrigen Komponenten mit einem Lehmanteil von über 15%. Die Eingangsanalysen entsprechen der Verunreinigung von ca. 20.000 mg KW/kg TS. Die Behandlung einer derartigen Charge unterliegt folgenden exakt definierten Bedingungen und Terminen.

1. Zeitlicher Ablauf der Behandlung   6 Monate

2. Maximale Durchschnittskonzentration der Restverunreinigung an extrahierbaren Mineralöl-Kohlenwasserstoffen   200 mg/kg TS

3. Maximale Durchschnittskonzentration der Verunreinigung im Eluat an extrahierbaren, polaren Stoffen   <0,1 mg/l

Die Behandlung des kontaminierten Erdreiches wird im Behandlungszentrum Lambach durchgeführt. Die Temperaturen in den Hallen schwanken jahreszeitlich bedingt zwischen 0 und 30°C. Die Durchschnittstemperatur der im Abbau befindlichen Erdmaterialien liegt zwischen 20 und 25°C. Die Behandlung der kontaminierten Böden erfolgt nach der Methode Arjobas und beruht auf der Anwendung des Pilzpräparates "Vitalisator".

---

[1] ETB Erdtechnologie- und Behandlungszentrum GmbH, Linzer Straße 19, A–4650 Edt bei Lambach

16.2 Verfahrensbeschreibung

16.2.1 Einsatz der Verfahrenstechnologie

Für Kohlenwasserstoff-Verunreinigungen in Böden liegt ein technisches Konzept vor, das für

– Dekontaminierung von Verunreinigungen in Böden durch Öl und Ölprodukte,
– Metabolisierung und Inaktivierung bzw. Mineralisierung weiterer organischer Problemstoffe,
– Beschleunigung, Oxidation und Rekultivation der mit Ölprodukten kontaminierten Böden.

geeignet ist.

Das Pilzpräparat "Vitalisator" ist ein flüssiges Emulsionsprodukt, das aufeinander abgestimmte Pilzpopulationen enthält und unter definierten Bedingungen Kohlenwasserstoffe sowohl metabolisiert als auch mineralisiert.

Die Art und Weise der Anwendung beruht sowohl auf der Wirkung der mit dem Präparat zugegebenen Pilzpopulationen, als auch auf der Stimulation der Aktivität der Biozönose durch Zugabe von adäquaten Nähr- und Wirkstoffen.

Die im Präparat enthaltenen Pilzstämme zeichnen sich durch hohe Oxidationsleistung insbesondere gegenüber Kohlenwasserstoffen aus, und zwar sowohl bei aliphatischen, als auch zyklischen Strukturen. Durch irreversible Abbauvorgänge entstehen primär ökologisch inaktive Metabolite, die sekundär einer weiteren Mineralisierung unterworfen werden.

Das Präparat "Vitalisator" wird für den Bioabbau von Kohlenwasserstoffen mit dem Ziel der Reinigung des Bodens und der Sicherung eines natürlichen Belebungsgrades für weitere bakterielle Selbstreinigungsvorgänge eingesetzt.

Anwendungsmöglichkeiten von "Vitalisator" sind kontaminierte Böden und Schlämme, wie sie als Altlasten oder bei Unfällen anfallen.

Das Biopräparat wird in flüssiger Form hergestellt und hat eine Konzentration an 10^{10}–10^{11} Pilz- und Bakterienzellen pro Gramm TS. Im Behandlungszentrum Edt bei Lambach wird das kontaminierte Material in Mieten aufgesetzt und beimpft.

Die Durchführung erfolgt mittels Fräs- bzw. Wendegerät und durch direktes Einspritzen der Mikroorganismen. Zusätzlich werden dem kontaminierten Boden je nach Bedarf Düngemittel, Kohlenstoffträger und Komposte zugesetzt.

Je nach Kontamination und Bodenart erfolgt die Zugabe des Biopräparats zwei- bis dreimal. Zudem ist es für den Behandlungserfolg notwendig, die Mieten im feuchten Zustand zu halten, wobei ein TS-Gehalt von 65–70% angestrebt wird.

Alle 3–4 Wochen wird das Material mit einem Mietenfräsgerät umgesetzt, wobei eine Materialzerkleinerung, die Schaffung neuer Angriffsoberflächen für Mikroorganismen und die Verbesserung des Sauerstoffeintrages erfolgt.

16.2.2 Verfahrenstechnologie

Das Prinzip des Bioabbaus mittels Arjobas-Verfahren besteht in der Nutzung von Pilzpopulationen, welche Enzyme ausscheiden. Diese Enzyme metabolisieren auch schwerabbaubare Verbindungen.

Aus den mikrobiologischen Gesetzmäßigkeiten geht hervor, daß die Effektivität des Bioabbaus einerseits von den geeigneten Lebensbedingungen der Mikroorganismen wie Wärme, Wasser, Sauerstoff, Nährstoffe, u.a., andererseits von der Menge der vorhandenen Kohlenwasserstoffkontamination und von der Zusammensetzung und Struktur des Bodens abhängt.

16.2.3 Behandlung des kontaminierten Erdreiches mit dem ETB-Biosafe-Verfahren (Biologie nach Arjobas)

Das in erster Linie mit Mineralölen kontaminierte Erdreich wird zunächst einer analytischen Beurteilung unterzogen und, sofern es für einen biologischen Abbau geeignet ist, übernommen. Vor der eigentlichen Behandlung wird die Korngröße >60 mm ausgesiebt. Das auf diese Weise vorbereitete Material wird anschließend nach einem bereits aufgrund der Laboruntersuchungen festgelegten Rezept, z.B. mit Komposten, Sägespäne als Kohlenstoffträger, Gesteinsmehl, Stickstoffträgern usw. mit einer Spezialfräsmaschine aufgeschlossen und vermischt, wobei bereits zu diesem Zeitpunkt die Nährlösung mit den Mikroorganismen aufgebracht wird. Anschließend erfolgt das Aufsetzen des Materials in einer Schichthöhe bis 2,5 m. Der Verfahrensablauf des zu behandelnden Materials ist in Abb. 16.1 dargestellt.

Der mikrobiologische Abbau der Kohlenwasserstoffe zu CO_2 und H_2O erfolgt gemäß dem eingesetzten Verfahren ausschließlich im aeroben Bereich und leicht saurem bis neutralem Milieu.

Die Überwachung der Abbautätigkeit geschieht in erster Linie durch eine genaue Messung der Temperatur und Feuchtigkeit im Mietenkörper. Durch die Höhe der Temperatur kann auf Intensität des Kohlenwasserstoff-Abbaus, aus einer gleichmäßigen Temperaturverteilung über den gesamten Bereich der Charge auf einen homogenen Abbau der Kohlenwasserstoffe geschlossen werden. Beginnt die Temperatur bei annähernd gleichen Umgebungstemperaturen stetig abzusinken, so ist dies ein sicheres Zeichen, daß der für den Abbau der Kohlenwasserstoffe erforderliche Sauerstoffpartialdruck fällt und sich somit die Abbaugeschwindigkeit reduziert. Durch ein Umsetzen und Belüften der Charge wird die Mikrobiologie und somit die Abbaugeschwindigkeit wiederum optimiert.

Nach den Forderungen der Oberösterreichischen Landesregierung müssen für die Wiederverwertung des behandelten Materials folgende Kriterien erreicht werden:

- KW-Eluat: <0,1 mg/l
- Gesamt KW-Gehalt: <200 mg/kg TS

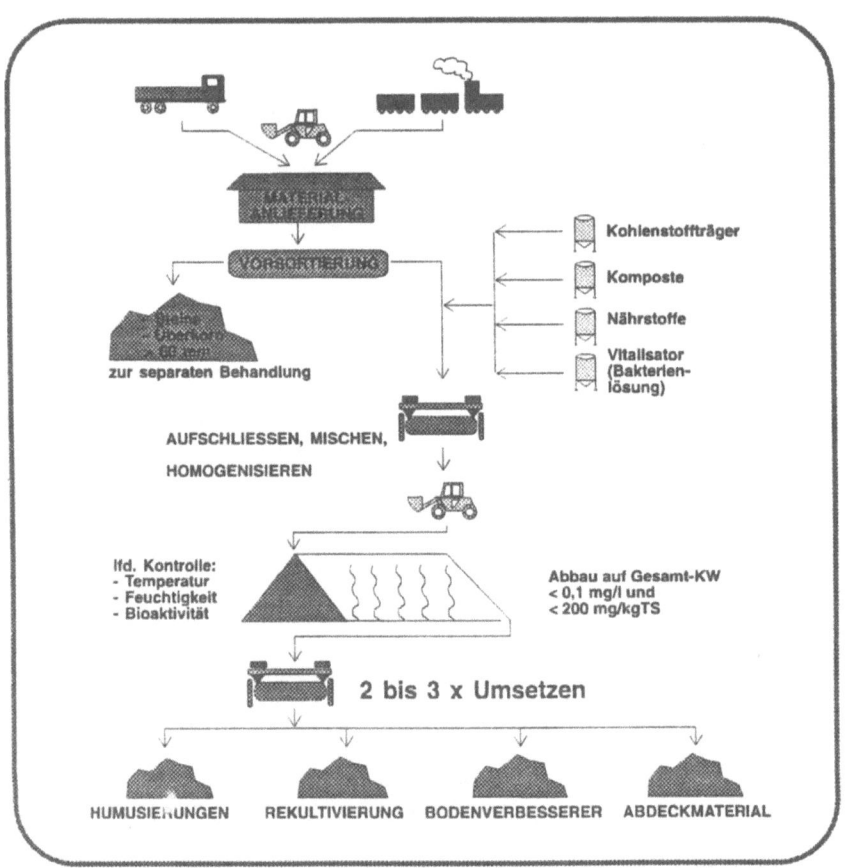

Abb. 16.1. Verfahrensablauf des zu sanierenden Materials

Der Eluattest wird gemäß DIN 38414-DEV S4 durchgeführt. Zur Bestimmung des Gesamtgehaltes an Mineralölsubstanzen ist ein Kaltauszug mit Abtrennung der polaren Verbindungen nach DIN 38409-H18 vorgesehen. Auf diese Weise werden alle Kohlenwasserstoffe bis zu einer Kettenlänge von C40 erfaßt. Alle über C40 liegenden Verbindungen sind wasserunlöslich, entsprechen in ihrem Umweltverhalten Inertmaterialien und können somit zu keiner Beeinträchtigung der Umwelt führen. Um die oben angeführten Werte erreichen zu können, ist ein drei- bis viermaliges Umsetzen mit einer Gesamtbehandlungsdauer von 4–6 Monaten, abhängig von der Ausgangsbelastung, erforderlich.

Aus Abb. 16.2 ist zu ersehen, daß die mikrobielle Reinigung des ölkontaminierten Bodens in nur 180 Tagen durchgeführt werden konnte.

Arjobas-Verfahren 179

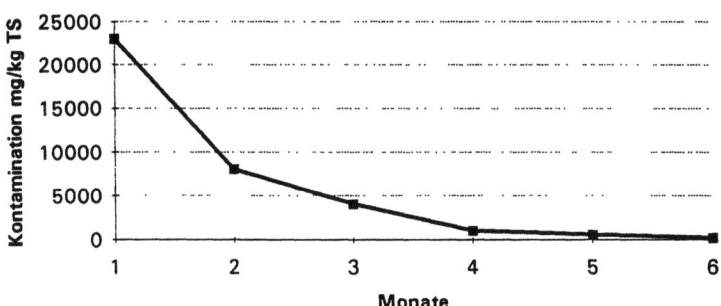

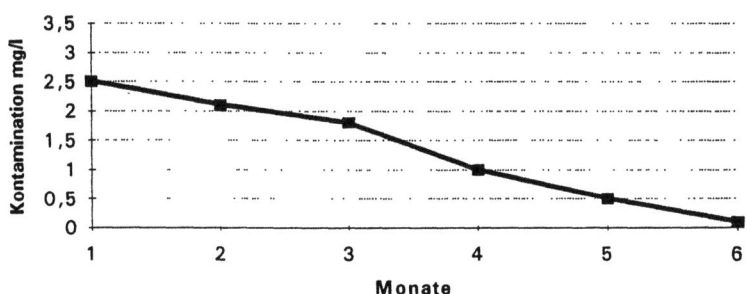

Abb. 16.2. Mikrobielle Reinigung eines ölkontaminierten Bodens

17 BIOCRACK – ein Nährstoffkonzentrat eröffnet neue Möglichkeiten der biologischen Bodensanierung

J. Bochberg[1], H. Warning

Die Herstellung eines ausgeglichenen C-N-P-Verhältnisses ist neben hinreichender Belüftung und Bodenfeuchte eine essentielle Bedingung für das Gelingen einer biologischen Sanierungsmaßnahme. Ein Problemfeld stellt dabei häufig die ausgewogene und zugleich schadstoffnahe Verteilung des Nährstoffes dar. Die Verbreitung des Schadstoffs im Boden vollzieht sich oft nach "chaotischen" Prinzipien, die technisch nur schwer zu simulieren sind. Auch bei Mietenverfahren ist eine wirklich 100%ige Homogenisierung des kontaminierten Bodenmaterials technisch nicht immer zu gewährleisten oder schlicht unwirtschaftlich.

Häufig stellt sich bei rein biologischen Sanierungsmaßnahmen auch die Frage der Schadstoffverfügbarkeit, ein Problem, das oft durch Kopplung mit mechanischen oder hydraulischen Techniken zu lösen versucht wird. Auch dabei stößt man meist auf Grenzen, die dem Wünschenswerten durch das ökonomisch Machbare aufgezeigt werden.

Die Firma COGNIS, ein 1991 gegründetes Tochterunternehmen der Firma Henkel mit den Geschäftsfeldern Bio- und Umwelttechnologie, hat sich der Herausforderung gestellt, diesen gordischen Knoten zu lösen. In der biotechnologischen Forschung wurde BIOCRACK entwickelt, ein flüssiges Wirkstoffkonzentrat zur Sanierung von Böden, die mit organischen Schadstoffen belastet sind. Ein Hauptaugenmerk galt insbesondere Mineralölkohlenwasserstoffen und ihrer Entfernung durch in-situ Maßnahmen.

Bisher waren in-situ-Sanierungen nicht immer umweltverträglich abzuwickeln. Die Anwendung von handelsüblichem Mineraldünger als Nährstoffquelle führt zu einer kritischen Bodenbelastung mit grundwassergefährdenden Stoffen wie Ammonium oder Nitrat, und die Schadstoffmobilisierung durch Verwendung hoch oberflächenaktiver Tenside sorgt häufig für eine ungewollte Auswaschung des Kontaminats ins Grundwasser; ein Effekt, der meist nur durch intensive Kontrolle und aufwendige hydraulische Maßnahmen im Griff gehalten werden kann. Damit wurden der Anwendung von in-situ-Verfahren bei der Bodensanie-

---

[1] COGNIS Soil Cure GmbH, Henkelstraße 67, Gebäude Y20, D–40191 Düsseldorf

rung häufig ökonomische Grenzen gezogen, die diese an sich umwelt- und ressourcenschonende Technologie nicht verdient hat.

Die daraus abgeleiteten Rahmenbedingungen für die Entwicklung von BIOCRACK verlangten daher ein Produkt, das sich leicht und schadstoffnah im kontaminierten Boden verteilt, die Bioverfügbarkeit des Kontaminats erhöht, ohne unerwünschte Auswascheffekte zu begünstigen, und darüber hinaus selbst leicht und schnell abgebaut wird ("readily biodegradable" gemäß Modifiziertem OECD-Screeningtest). Diese Forderungen werden durch das spezielle Rezepturdesign des Nährstoffkonzentrats BIOCRACK erfüllt.

Die Verwendung lipophiler Grundsubstanzen als Nährstoffträger, die zu 95% als Lebens- oder Futtermittelinhaltsstoffe zugelassen sind, sorgt einerseits für die umweltschonende Einsetzbarkeit der Anwendungslösung – was sich auch in der Einstufung mit Wassergefährdungsklasse 0 nach DIN zeigt –, andererseits auch für eine optimierte Nährstoffverteilung durch ölähnliches Bodenbenetzungsverhalten mit vergleichbarer Haftung an der Bodenmatrix. Deshalb führt auch die Erhöhung der Bioverfügbarkeit des Schadstoffes durch BIOCRACK nicht zu den gefürchteten Auswascherscheinungen ins Sicker- bzw. Grundwasser. Dies wurde in realitätsnahen Säulenexperimenten an der FH Aachen im September 1993 bestätigt: Boden wurde mit einer Belastung von 10.000 mg/kg Heizöl EL in Säulen sechs Wochen lang einer simulierten Dauerregenperiode mit 30 l/m^2/Tag ausgesetzt.

Das optimale Zusammenwirken der BIOCRACK-Nährstoffe bewirkt eine nachhaltige Vermehrung der mikrobiellen Schadstoffabbauer. Beobachtet wurden Vermehrungen um drei bis vier Zehnerpotenzen innerhalb von 28 Tagen. Der intensivierte mikrobielle Schadstoffabbau bewirkt eine Beschleunigung der biologischen Nahrungskette ohne nachhaltige Zugabe systemfremder Stoffe. Alle Inhaltsstoffe von BIOCRACK sind leicht und schnell biologisch abbaubar und beeinflussen das Ökosystem nicht.

Die Verwendung von BIOCRACK ist bei allen klassischen Sanierungstechniken möglich. Sowohl für die Mietentechnologie als auch für die in-situ-Anwendung ist BIOCRACK einfach anzumischen und auszubringen. Die Standard-Anwendungslösung (Verdünnung 1:20 mit Wasser) kann durch angelernte Kräfte am Ort der Kontamination hergestellt werden. Die Ausbringung erfolgt je nach Schadenslage durch oberflächliche Verrieselung oder Drainage- und Infiltrationstechniken (Abb. 17.1). Bei Mieten- bzw. Biobeetsanierungen empfiehlt sich außerdem die Einarbeitung der ersten Anwendungsmenge während des Mietenaufbaus.

Seit der Markteinführung im Mai 1993 ist BIOCRACK in zahlreichen verschiedenartigen Sanierungsfällen zum Einsatz gekommen. Die Gesamtmenge behandelten Erdreichs beträgt derzeit etwa 22.000 Tonnen. Das Spektrum der Anwendungsfälle reicht dabei von der "klassischen" Miete nach einer Tankleckage über in-situ-Sanierungen von Überfüllungen und Leitungsdefekten bis hin zu Spezialanwendungen wie der Dekontamination von Sandfanginhalten und der Sanierung einer Altlast, die durch Produktionsrückstände aus der Fettverarbeitung verursacht wurde. Dieser Fall soll näher erläutert werden. Beim Rückbau eines ehemaligen Tanklagers für Fettrohstoffe (pflanzliche und tierische Fette als Ausgangsprodukt für die Fettspaltung) fiel ein fetthaltiger Tankrückstand an. Der Fettgehalt dieses Rückstandes betrug ca. 15%.

Zunächst wurde versucht, das Fett in einem Recyclingbetrieb zurückzugewinnen. Der dafür erforderliche hohe Energieaufwand machte dieses Verfahren aber unwirtschaftlich. Eine Deponierung auf einer Sonderabfalldeponie wäre ebenfalls mit hohen Kosten verbunden gewesen.

Als Problemlösung bot sich ein mikrobieller Abbau des Fettes durch den Einsatz von BIOCRACK an. Da sich in dem Tankrückstand teilweise größere Fettklumpen befanden, wurde der Einsatz eines Strukturverbesserers erforderlich. Der Rückstand wurde deshalb im Verhältnis von etwa 1:1 mit Holzshredder vermischt und zu einer ca. 1 m hohen Miete aufgeschichtet.

Diese Miete wurde mit BIOCRACK-Lösung 1:4 in Wasser berieselt. Für ca. 150 Tonnen Rückstand kam eine Tonne BIOCRACK zum Einsatz.

Bereits nach kurzer Zeit stieg die Temperatur in der Miete um 15–20 K, obwohl in der Ausgangsprobe nur geringe Keimzahlen nachgewiesen wurden. Nach ca. 9 Monaten betrug der Fettgehalt des Materials weniger als 1%. Das Mietenprodukt hat jetzt eine erdig-humusartige Struktur. Es wird großflächig auf einer ehemaligen Aschehalde als Abdeckmaterial ausgebracht.

Abb. 17.1. In-situ-Sanierung mit BIOCRACK: Infiltration der Anwendungslösung bei einer Pipeline-Leckage mit versickertem Schadstoff

18 Einsatz kombinierter Technologien bei biologischen in-situ und on-site Sanierungen

P. Niederbacher, P.J. Rissing[1]

Biologische Sanierungsverfahren werden häufig in Kombination mit anderen Sanierungstechnologien eingesetzt, um den Sanierungsvorgang zu beschleunigen, angestrebte Sanierungsziele zu erreichen oder komplexe Schadensprobleme zu lösen.

Die wohl häufigste Verfahrenskombination wird mit Bodenluftabsaugungen eingegangen. Die Bodenluftabsaugung entfernt physikalisch leichtflüchtige organische Verbindungen und sorgt gleichzeitig für die für den mikrobiologischen aeroben Abbau notwendige Sauerstoffversorgung. Typische Anwendungsbeispiele sind die Sanierung frischer Heizöl- und Diesel- sowie alter Vergaserkraftstoffschäden. Die Kombination wird sowohl in-situ als auch on-site eingesetzt. Je nach standortspezifischen Randbedingungen kann mit oder ohne Zusatz von Nährstoffen gearbeitet werden.

Wird die Kombination um eine gezielte Wasserverrieselung bzw. Reinfiltration erweitert, ergibt sich eine weitere Steigerung der Sanierungsleistung. Untersuchungen an Tankstellenstandorten haben ergeben, daß ca. 57% des Sanierungserfolges in der ungesättigten Zone auf Bodenluftabsaugung, 37% auf mikrobiologischen Abbau und 6% auf den Sickereffekt zurückzuführen sind.

In der gesättigten Zone lassen sich mikrobiologischer Abbau und Air Stripper als in-situ Prozeß miteinander kombinieren (in-situ Stripper; Air Sparging). Die Anwendung ist auf leichtflüchtige organische Verbindungen beschränkt. Erfahrungen der Boden- und Grundwassererkundungs- und Sanierungsgesellschaft m.b.H. liegen vor allem mit Vergaserkraftstoffen vor.

---

[1] BGT Boden- und Grundwassererkundungs- und Sanierungsgesellschaft mbH, Keplerplatz 14, A–1101 Wien

19 Das Bio-Puster-Verfahren

R. Angeli[1]

19.1 Geruchstabilisierung bei der Altlast Donaupark

19.1.1 Aufgabenstellung

Im Zuge der Vorarbeiten für die damals geplante EXPO 95 in Wien mußte 1991 eine Altlast zwischen der UNO-City und der A 22 entlang der neuen Donau abgetragen werden. Auf dem Gelände wurde vornehmlich zwischen 1945 und 1962 Bauschutt aber auch Hausmüll deponiert. 1964 wurde die Deponie für eine internationale Gartenausstellung abgedeckt und bepflanzt. Eine Reihe von Gebäuden wurde errichtet.

Die Ausschreibung verlangte den Abtrag von mehr als 1 Million Tonnen Material in der extrem kurzen Zeit von 9 Monaten, wobei 800.000 Tonnen in nur 6 Monaten umzulagern waren. Das Material bestand zu ca. 40% aus reinem Abbruchmaterial und zu 60% aus Bauschutt mit organischen Verunreinigungen und Hausmüll. Besonderes Gewicht wurde darauf gelegt, während des Aushubs für die Umgebung Belästigungen durch Lärm und Geruch zu vermeiden.

Die Wiener UNO-City sowie das Konferenzzentrum, ein Erholungsgebiet entlang der Neuen Donau und eine Wohnbebauung in Hauptwindrichtung lagen in unmittelbarer Nachbarschaft zur Altlast. Aus Gründen des Arbeitsschutzes mußte auf die explosive Wirkung des Methan und die Toxizität begleitender Gase, wie Ammoniak, Schwefelwasserstoff und anderer Rücksicht genommen werden. Diese komplexe Problemstellung mit einem extrem kurzen Zeithorizont mußte vor den Augen einer für Umweltfragen sensibilisierten Öffentlichkeit gelöst werden.

Eine Reihe von Möglichkeiten wurden erörtert. Eine davon war die Vereisung der kompletten Deponie vor Abtrag und Transport, eine andere die Einhausung der Altlast und der Abtransport des Materials über Förderbänder im bestehenden Kanalsystem bis an die Grenzen des verbauten Stadtgebietes.

---

[1] PORR Umwelttechnik AG, Kelsenstraße 7, A–1031 Wien

19.1.2 Die Lösung

Eine Arbeitsgemeinschaft bestehend aus drei Firmen erhielt den Auftrag der Anwendung des Bio-Puster-Verfahrens. Die unter anaeroben Bedingungen lagernde Altlast sollte in einem aeroben Prozeß saniert werden. Durch das Einblasen von mit Sauerstoff angereicherter Luft sollten die vorhandenen aeroben Bakterien aktiviert werden. Ein fortschreitender Rotteprozeß mit nur geringer Geruchsentwicklung sollte die Folge sein.

Das System besteht aus zwei wesentlichen Komponenten, dem Druckluft- und dem Absaugesystem. Das Drucklufsystem besteht aus Kompressoren, welche Windkessel versorgen. Flüssiger Sauerstoff aus einem Tank wird in einem Verdampfer vergast. Letzterer ist über eine Mischkammer mit den Windkesseln verbunden. Die Druckluft wird hier um 10–20% mit Sauerstoff angereichert, das bedeutet 28–34 Volumenprozent Sauerstoff in der Luft. Eine Meß- und Kontrolleinrichtung gewährleistet eine vollautomatische Regulierung der Sauerstoffversorgung. Die Druckluftverteilung besteht aus der Hauptversorgungsleitung und Verteilleitungen, den "Bio-Pustern" und den Drucklanzen. Der Bio-Puster selbst ist ein Druckkessel an der Spitze einer Drucklanze, der kontinuierlich versorgt wird und in einem wählbaren Intervall (im gegenständlichen Fall 3 sec.) schlagartig mit wählbarem Druck (hier 4 bar) eine bestimmte Luftmenge in das Substrat schießt. Die Drucklanzen werden in Bohrlöcher gesetzt und verdämmt (Abb. 19.1).

Das Absaugsystem besteht aus Sauglanzen, die ebenfalls in Bohrlöcher eingebracht werden, Saug- und Sammelleitungen, einer Saugpumpe, einem Wasserkühler und Biofiltern. Das Saugsystem hat einerseits die Aufgabe, die gewünschte Strömungsrichtung der Luft zu gewährleisten, andererseits keine Gase über die Bodenoberfläche entweichen zu lassen, sondern ausschließlich über die Biofilter. Dazu wird mehr Luft abgesaugt als eingeblasen.

Nachdem die Belüftung abschnittsweise in Feldern erfolgte, wurden an den Rändern die Sauglanzen enger gesetzt, um die schadstoffhaltige Luft nicht an den offenen Aushubböschungen oder in Gebäude austreten zu lassen.

Zur Sortierung wurden die behandelten Altlastabschnitte nach Abschluß der Belüftung mit herkömmlichen Erdbaugeräten ausgehoben und mit LKWs zu einer Sortieranlage transportiert. Die Komponente <30 mm (ca. 260.000 Tonnen), die im wesentlichen die organischen Anteile enthielt, wurde abgesiebt. Sie hatte das Aussehen und den Geruch von reifem Kompost. Sie wurde auf eine Deponie verfrachtet und dort für eine spätere Abdeckung in einer Dicke von über 10 m verdichtet eingebaut zwischengelagert.

Die ursprüngliche Lagerungsdichte betrug 1,4 Tonnen/m^3. Die Dichte im Zwischenlager 1,9 Tonnen/m^3 (neben der Entgiftung und Geruchsstabilisierung ist auch der wirtschaftliche Gewinn durch Einsparung von Deponievolumen bemerkenswert).

Nach nunmehr 2 Jahren herrschen in der Miete noch immer aerobe Verhältnisse, was auf eine optimale Stabilisierung schließen läßt. Das anfallende Material

>30 mm wurde händisch nachsortiert und nach entsprechender Prüfung auf verschiedene Deponien verlagert.

Für begleitende Messungen wurde ein ausführliches Meßprogramm durchgeführt. Es umfaßte die Erkundung vor Beginn der Behandlung mit Profilaufnahmen, Analysen, Eluierversuchen und Bodengasmessungen (Abb. 19.2–19.6).

Während der Altlastbehandlung wurde das ein- und ausgetragene Gas, sowie Temperaturverteilungen in den Belüftungsabschnitten untersucht. Mit Tracergasmessungen wurde die Gasausbreitung bestimmt. Schließlich wurde die Umgebungsluft auf Schadstoffe hin untersucht und das ausgehobene Altlastmaterial analysiert und eluiert.

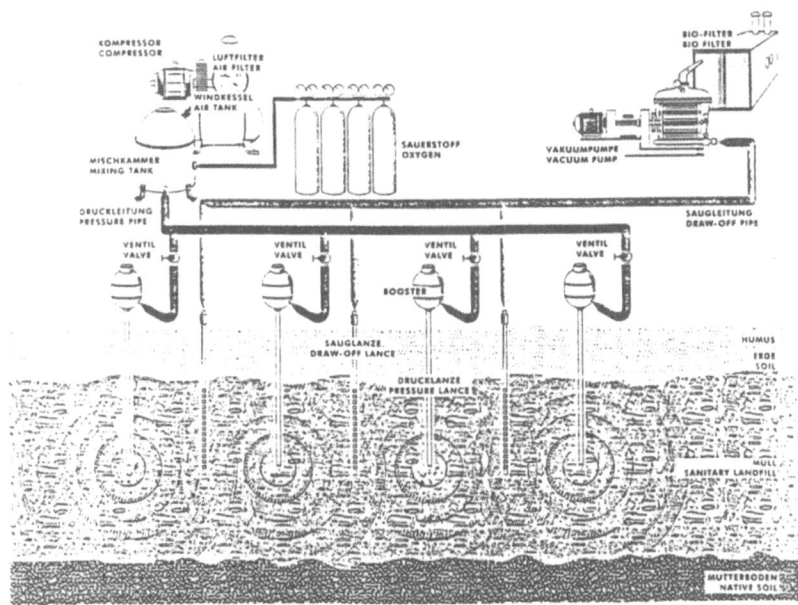

Abb. 19.1. Verfahrensschema für das Bio-Puster-Verfahren

19.2 Wirkung des Verfahrens

Innerhalb von wenigen Stunden war vor allem das Methan aus dem Altlastkörper ausgeblasen und ein steiler Temperaturanstieg als Zeichen des aeroben Metabolismus setzte ein. Nach 10–20 Tagen Behandlung war das Material soweit gerottet, daß es nahezu geruchlos ausgehoben werden konnte.

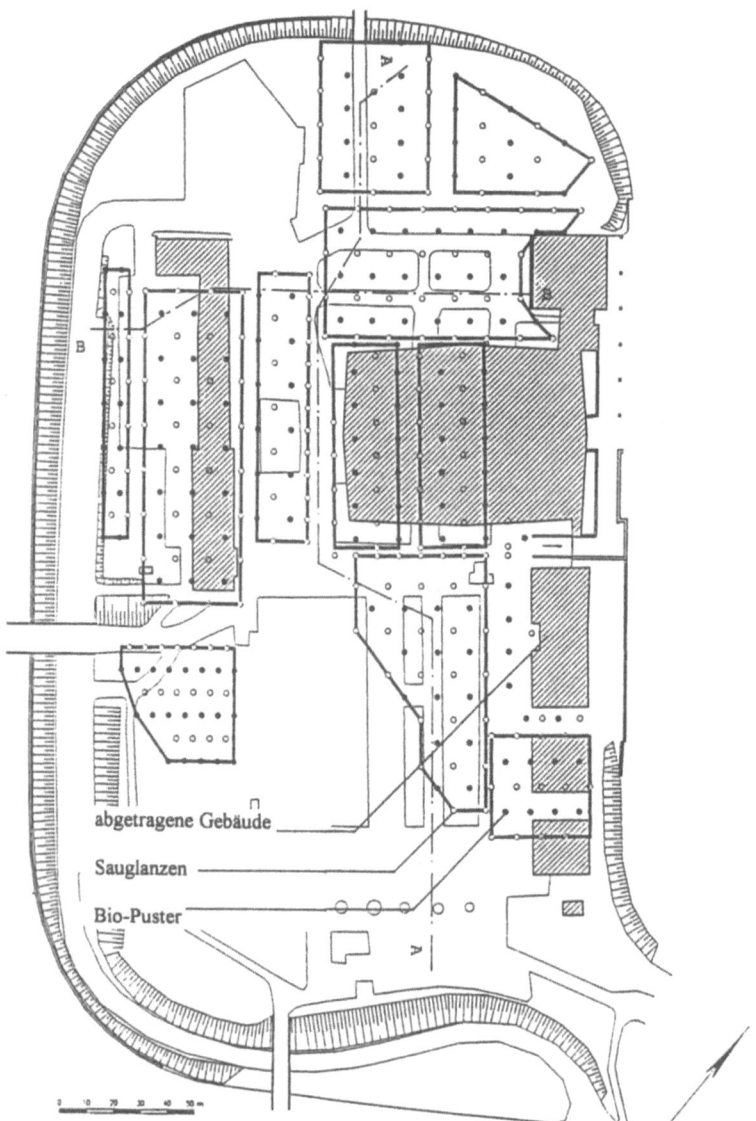

Abb. 19.2. Altlast Donaupark: Belüftungsfelder

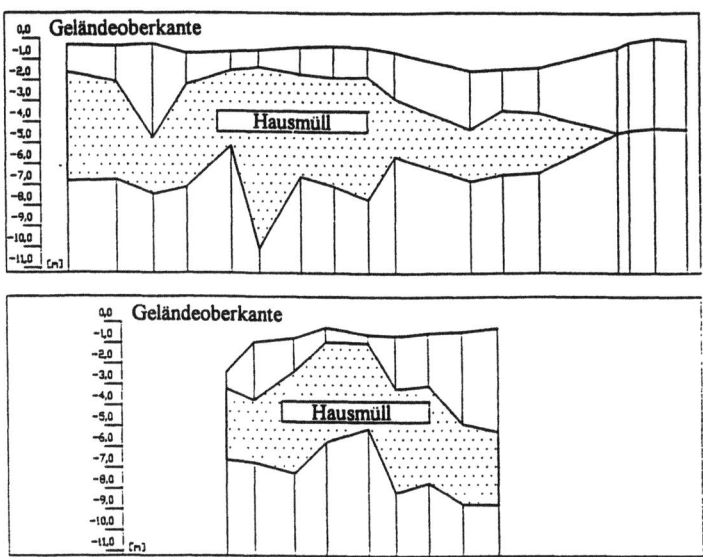

Abb. 19.3. Altlast Donaupark: Schnitt A–A, B–B

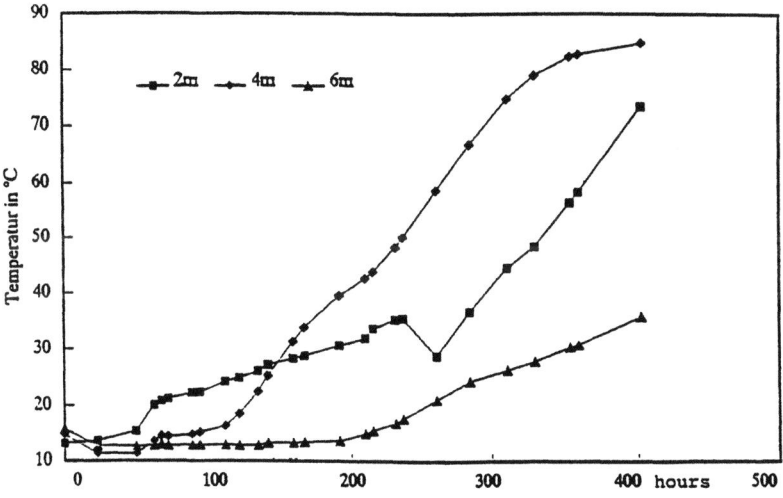

Abb. 19.4. Altlast Donaupark: Beispiel für Temperaturverteilung und -anstieg während der Bio-Puster-Behandlung

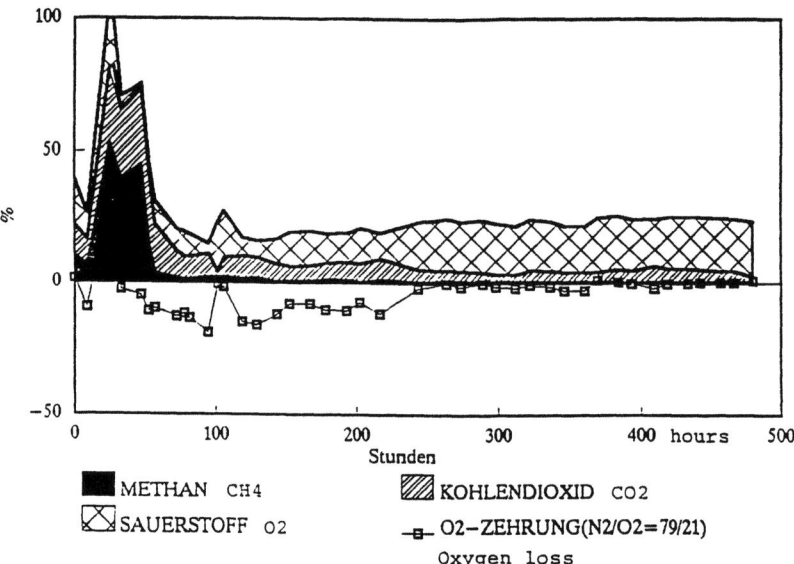

Abb. 19.5. Altlast Donaupark: typische Gasbilanz, Pkt. 4010/1

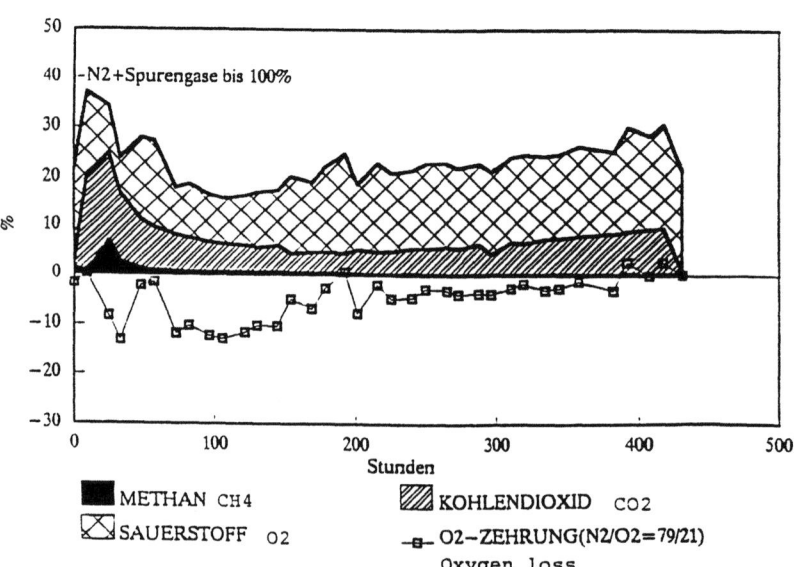

Abb. 19.6. Altlast Donaupark: typische Gasbilanz, Pkt. 4092

Offensichtlich waren für die die aeroben Mikroorganismen durch das Bio-Puster-Verfahren in kürzester Zeit optimale Lebensbedingungen geschaffen worden, so daß deren Abbau- und Umbauleistung optimal erfolgen konnte.
Wodurch war das möglich? Durch kontinuierliche Belüftung mit zwangsweise niedrigem Druck werden nur große Bodenkanäle durchströmt, die Luft sucht den kürzesten Weg an die Bodenoberfläche. Durch die stoßartige Belüftung mit hohem Druck werden auch kleinere Hohlräume in größeren Entfernungen versorgt. Das nicht durchströmte Substrat wird durch Diffusion mit Sauerstoff versorgt. Dieser Prozeß ist langsam und ineffizient.

Durch den höheren Druck werden auch dichtere Substratbereiche aufgebrochen, aus durchnäßten Bereichen wird das Porenwasser ausgetrieben.

Für die Effektivität und Geschwindigkeit der Sauerstoffversorgung ist in jedem Falle auch der Konzentrationsunterschied des Sauerstoffs in der Luft und des gelösten Sauerstoffs im Bodenwasser maßgeblich. Deshalb ist eine Sauerstoffanreicherung der eingebrachten Luft wesentlich.

19.3 Bodenreinigung in-situ

Es lag nahe, die Verwendung der ursprünglich für die Geruchstabilisierung entwickelten Methode für die Bodenreinigung in-situ zu überlegen.

Vorteile der Bodenreinigung in-situ

a) Ein Aushub ist nicht erforderlich.
b) Die Oxydation der Schadstoffe erfolgt tatsächlich an Ort und Stelle. Nur gasförmige Sekundärprodukte werden weitertransportiert. Sie können, wenn erforderlich, durch das Absaugsystem erfaßt und z.B. über Biofilter oder Aktivkohlefilter aufgefangen werden.
c) Bodenreinigung in-situ ist auch unter Gebäuden oder an schwer zugänglichen Stellen möglich.
d) Druck, Frequenz, Lanzenabstände und Luftmengen lassen sich den Gegebenheiten gut anpassen und während der Abbaugänge verändern, was zur Wirtschaftlichkeit und Effektivität beiträgt.

Grenzen des Verfahrens

a) Die Kontamination muß durch aerobe Mikroorganismen abbaubar sein.
b) Der Boden darf nicht im Grundwasser liegen.
c) Der Boden braucht ein gewisses Porenvolumen.
d) Große Findlinge, Fundamente usw. können das Verfahren stören.

e) Große Lanzenlängen bedeuten kleinere Druckstöße. Deshalb verteuert große Tiefe des zu reinigenden Bodens das Verfahren, da Voraushübe oder Schächte hergestellt werden müssen.

Was kann mit dem Verfahren zusätzlich bewirkt werden?
a) Mit der eingeblasenen Luft kann auch Wasser eingedüst werden.
b) Mit dem Wasser werden auch Nährstoffe für die Mikroorganismen mitgeliefert.
c) Mit dem Wasser können auch Bakterienkulturen eingetragen werden (wobei überprüft werden muß, ob diese die Druckunterschiede vertragen).
d) Die freigesetzte Oxidationstemperatur kann bei geringer organischer Belastung und langsamem Abbau sehr niedrig sein. Um die Abbauvorgänge zu beschleunigen, kann die Bodentemperatur durch Einblasen vorgewärmter Luft angehoben werden.

19.4 Lysimeterversuche

Es wurde eine Lysimeteranlage gebaut, mit der das Bio-Puster-Verfahren simuliert und an verschiedensten ungestörten oder gestörten Bodenproben getestet werden kann. Ein solcher Versuch an einem Boden mit einer Kontamination durch schwerflüchtige lipophile Stoffe erbrachte sehr gute Ergebnisse.

Die Ausgangskontamination von 5.500 mg/kg konnte in 15 Versuchswochen bei Raumtemperatur auf 162 bzw. 407 mg/kg abgebaut werden, wobei sich die Böden in den beiden Lysimetern vornehmlich in der unterschiedlichen Einbaufeuchte unterschieden. Anhand der Lysimeterversuche, die von laufenden Gasmessungen begleitet werden, lassen sich die Abbauvorgänge qualitativ und quantitativ feststellen und auch theoretisch sehr gut nachvollziehen (Abb. 19.7–19.10).

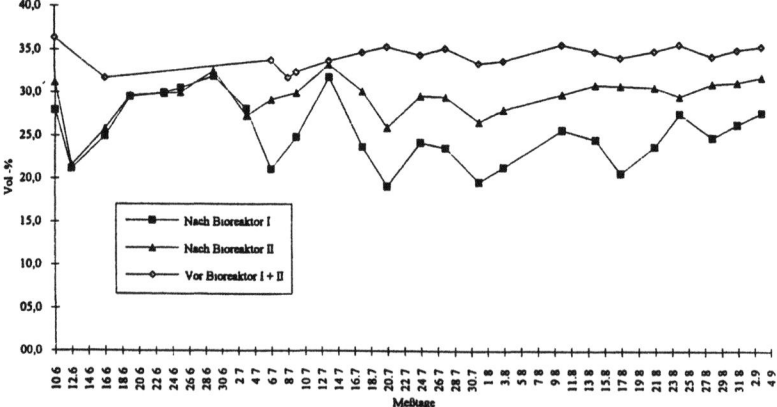

Abb. 19.7. Lysimeterversuche an lipophilen Stoffen: Sauerstoffmessungen

Bio-Puster-Verfahren 195

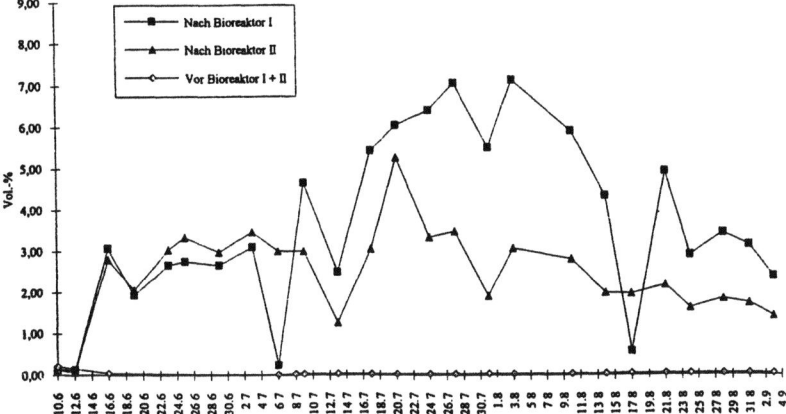

Abb. 19.8. Lysimeterversuche an lipophilen Stoffen: Kohlendioxidmessungen

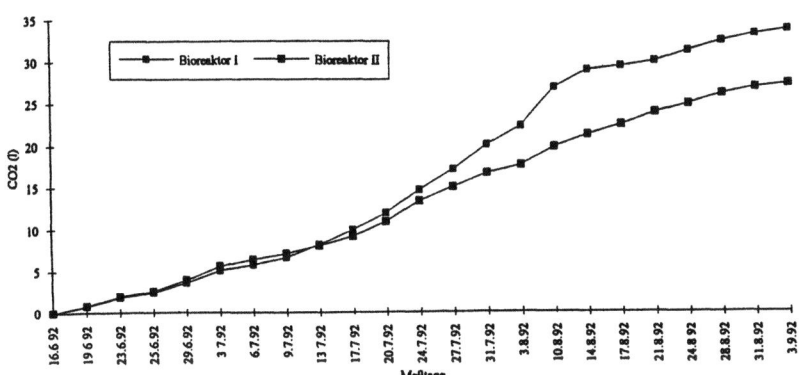

Abb. 19.9. Lysimeterversuche an lipophilen Stoffen: Summenlinie CO_2-Fracht

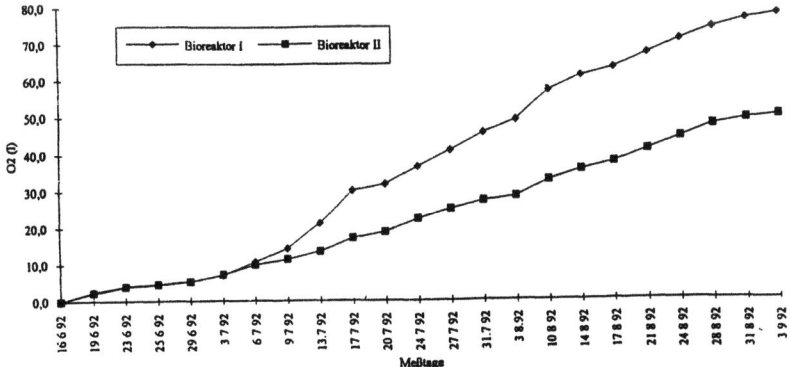

Abb. 19.10. Lysimeterversuche an lipophilen Stoffen: Summenlinie Sauerstoffzehrung

19.5 Sanierung eines Tankstellenstandortes in Dresden

Derzeit wird mit dem Bio-Puster-Verfahren in Dresden ein ehemaliger Tankstellenstandort gereinigt. Die ursprünglich vorhandene Kontamination war 100–300 mg BTX/kg bzw. 5000–8000 mg/MKW/kg Boden (TS).

Es war geplant, die BTX mit Hilfe einer Bodengasabsaugung und nachgeschalteten Aktivkohlefiltern zu entfernen, anschließend den Boden auszuheben und in einer off-site Anlage die MKW biologisch zu behandeln. Durch die Kombination der Bodengasabsaugung mit dem Einsatz von Bio-Pustern kann auf den Aushub und die off-site-Reinigung verzichtet werden. Die biologische Aktivität im Boden äußerte sich durch einen Temperaturanstieg von 15 auf 30°C innerhalb von 4 Wochen und einem MKW-Abbau von 5000–8000 mg/kg auf 1500 mg/kg in der selben Zeit. Der Temperaturanstieg unterstützt darüber hinaus den Austrag der leicht flüchtigen Schadstoffe, so daß für diese Komponenten eine gegenüber der ursprünglichen Planung verkürzte Sanierungsdauer erwartet wird (Abb. 19.11–19.12).

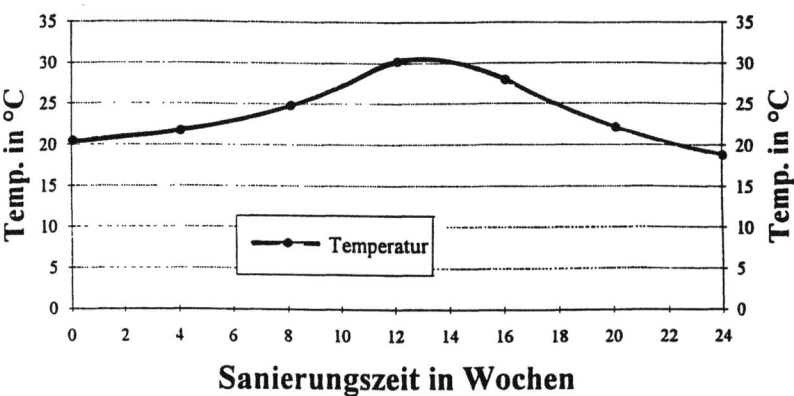

Abb. 19.11. Tankstellenstandort Dresden: Temperaturverlauf im Boden

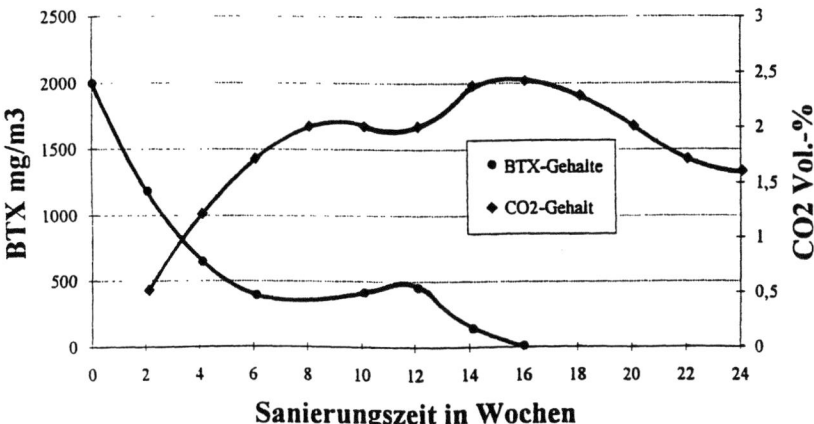

Abb. 19.12. Tankstellenstandort Dresden: Schadstoffe in der Abluft

19.6 Ausblick

Derzeit ist eine Kompaktanlage für die Versorgung von bis zu 60 Bio-Pustern im Bau. Sie wird im Jänner 1994 zur Verfügung stehen und bei der Sanierung der Fischer-Deponie zum Einsatz kommen. Darüber hinaus gewährleistet die Anlage einen kurzfristigen Einsatz auch für andere größere Vorhaben.

20 In-situ Sanierung von Mineralölverunreinigungen mit Hilfe einer Sauerstoff-Infiltrationstechnologie

H. Schnepf[1]

20.1 Einführung

Seit 1987 werden von der Fa. INTERGEO (vormals SAKOSTA Austria) auch "in-situ" Sanierungsverfahren – vor allem bei Verunreinigungen der ungesättigten Bodenzone oder des Grundwassers mit schwerflüchtigen Kohlenwasserstoff-Verbindungen eingesetzt. Die Sanierungsmaßnahmen konnten durch verfahrenstechnisch optimierte Infiltrationen von sauerstoffangereicherten Wässern in die Bodenzone in relativ kurzer Zeit (in der Regel unter 2 Jahren) abgeschlossen werden.

20.2 Ausgewählte Referenzprojekte

Stellvertretend für die bisher durchgeführten Sanierungsprojekte werden zwei Sanierungsprojekte präsentiert.

20.2.1 Projektbeispiel 1: In-situ Sanierung eines kombinierten Mitteldestillat- und Benzinschadens in Kärnten (A)

Sanierungsverfahren
"Hydraulische Sanierung" mit zentralem Absenkbrunnen inkl. fest installiertem Ölskimmersystem auf der Grundwasseroberfläche und horizontaler Verrieselungsanlage (zur Reinfiltration von sauberem Grundwasser), kombiniert mit Bodenluftabsaugeinrichtungen zur Eliminierung der leichtflüchtigen Mineralöl-Kohlenwasserstoffe aus der ungesättigten Bodenzone.

---

[1] INTERGEO Umwelttechnologie und Abfallwirtschaft GmbH, Jakob-Haringer-Straße 8, A–5020 Salzburg

200 H. Schnepf

- Dokumentation über die Sanierung der ungesättigten Bodenzone und des Grundwassers.
- Konzeption einer Verrieselungsanlage (Abb. 20.1).

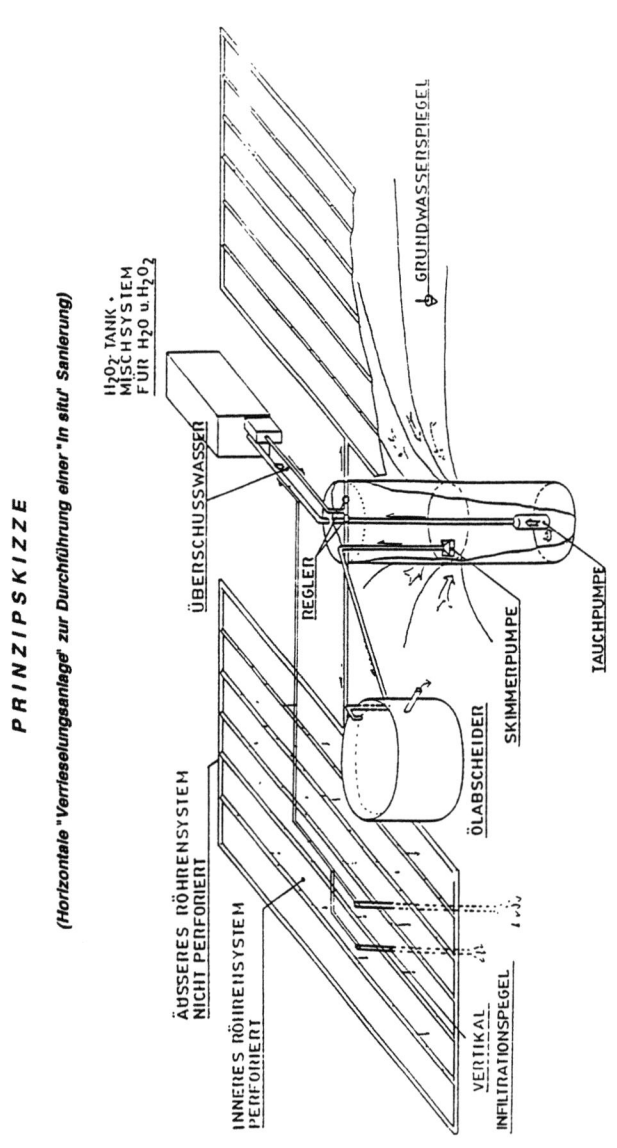

Abb. 20.1 Konzeption einer Verrieselungsanlage zur Durchführung einer in-situ Sanierung (Prinzipskizze)

20.2.2 Projektbeispiel 2: In-situ Sanierung eines Mitteldestillatschadens in Italien

Sanierungsverfahren

"Hydraulische Sanierung" mit mehreren Absenkbrunnen und Ölabtrennung von der GW-Oberfläche. Begleitende oxidative Zerstörung der Mineralöl-KW mit Infiltration von entsprechenden Dosierungen von Wasserstoffperoxid (unterhalb der Toxizitätsgrenze von 1.000 mg/l) im Trägermedium Wasser über horizontale und vertikale perforierte Infiltrationssysteme

– Sanierungskonzeption, Verfahrenstechnische Überlegungen.
– Begleitende Beweissicherungsanalytik (O_2, CO_2, pH, k_f-Wert, Bodenfeuchte).
– Dokumentation der Sanierungseffizienz.

20.3 Verfahrenstechnische Überlegungen

Grundsätzlich ist festzuhalten, daß sich Wasserstoffperoxid in minimalen Dosierungen als Sauerstoffquelle zur Verbesserung eines mikrobiellen Schadstoffabbaus bzw. zur abiotischen Oxidation von Mineralöl-Kohlenwasserstoffen im Boden eignet.

Eine verfahrenstechnisch optimierte Konzeption der technischen Sanierungsanlagen (Dimensionierungen der Sanierungsbrunnen, Horizontale- und vertikale "Verrieselungsanlagen" etc.) ist Grundvoraussetzung eines Sanierungserfolges.

Wesentliche zu beachtende Faktoren bei der Anwendung dieser "Sauerstoffinfiltrationstechnologie" in der kontaminierten Bodenzone sind der Durchlässigkeitsbeiwert (k_f-Wert), der pH-Wert, die relative Bodenfeuchte, der CO_2-Gehalt, der TOC-Gehalt sowie die dem Infiltrationswasser beizugebende Wasserstoffperoxid-Konzentration.

Abhängig von den o.g. Parametern wird die dem Infiltrationswasser zuzufügende Wasserstoffperoxid-Konzentration ermittelt (s.u.).

In Projektbeispiel 1 wurden neben schwerflüchtigen Kohlenwasserstoffen auch z.T. massivere Kontaminationen mit leichtflüchtigen "Benzin"-Kohlenwasserstoffen nachgewiesen, welche mit Hilfe von vier Bodenluftabsaugeinrichtungen eliminiert werden konnten.

Durch den Einsatz einer genau berechneten H_2O_2-Konzentration im Verrieselungswasser verringert sich die Schadstoffkonzentration in der ungesättigten Bodenzone, da durch die Bereitstellung von Sauerstoff (aus H_2O_2) die Mineralöl-Kohlenwasserstoffe abgebaut werden.

Der Anstieg des Kohlendioxidgehaltes in der Bodenluft des Sanierungsbereiches zeigt, daß die (Mineralöl)Kohlenwasserstoffverbindungen bereits teilweise zerstört bzw. zu Kohlendioxid und Wasser umgewandelt werden.

Der mikrobiologische Kohlenwasserstoffabbau ist ein stark sauerstoffzehrender Vorgang, welcher sich in grober Näherung durch folgende Stöchiometrie beschreiben läßt:

$$(CH_2)_x + 3x/2\ O_2 \longrightarrow x\ CO_2 + x\ H_2O$$

Diese stöchiometrische Gleichung ist allerdings nur bedingt repräsentativ, da der durch Metabolismus und Biomassebildung verursachte Sauerstoffverbrauch nicht berücksichtigt wird.

Generell ist anzumerken, daß die Wirksamkeit von Wasserstoffperoxid (Eindringtiefe in die ungesättigte Bodenzone mit dem Medium Wasser) wesentlich von der verfügbaren Wegsamkeit (Porosität) bzw. dem k_f-Wert in der Bodenzone abhängig ist.

Somit kann grundsätzlich gesagt werden, daß die Wahrscheinlichkeit eines rascheren Sanierungserfolges bei sandigen Kiesen höher als bei feinsandigen Schluffen ist, wobei Tonminerale aufgrund ihrer höheren Kationenaustauschkapazitäten auch in feinsedimentären Böden noch Sanierungserfolge zulassen.

In schluffigen bzw. tonigen Partien, wo die Tonminerale Illit und Kaolinit überwiegen, sind in-situ Sanierungserfolge eher unwahrscheinlich.

20.4 Sanierungsergebnisse

Bei Sanierungsbeginn am 15. Juli 1992 lag beim Projektbeispiel 2 (Italien) eine Ausgangskonzentration von ca. 3750 mg/kg Kohlenwasserstoffen (gemäß DIN 38409 H 18) pro kg Trockensubstanz vor.

Bis zum 30. Juli 1992 wurde lediglich mit reinem Wasser verrieselt und es lösten sich die leichterflüchtigen Komponenten, so daß Ende Juli 1992 die Schadstoffaustragskurve eine asymptotische Tendenz bekam und sich (ohne Einsatz von Wasserstoffperoxid) in den nächsten Monaten im Bereich zwischen 2500–2000 mg Kohlenwasserstoffe/kg TS bewegt hätte.

Am 30. Juli 1992 erfolgte eine genau dosierte Wasserstoffperoxidzugabe zum Verrieselungswasser. Bis zum 24. August 1992 verringerten sich die Konzentrationen an Mineralöl-Kohlenwasserstoffen im Boden auf ca. 920 mg KW/kg TS.

Zu Testzwecken wurde die H_2O_2-Zugabe bis zum 8. Sept. 1992 wiederum ausgesetzt, was in einer Stagnierung des Schadstoffabbaus resultierte.

Eine wiederholte Zugabe einer berechneten Dosierung von Wasserstoffperoxid zum Infiltrationswasser (am 8. September 1992) führte schließlich innerhalb einer Woche zu einer (vorläufig dokumentierten) Endkonzentration von ca. 500 mg Mineralöl-KW/kg TS.

Somit verringerte sich innerhalb von knapp 7 Wochen durch den Einsatz einer dosierten Menge von Wasserstoffperoxid (und 0,3% Natriumpyrophosphat) die

Mineralöl-KW Konzentration (gemäß DIN 38409 H 18) an der Teststelle von ca. 3750 mg KW auf ca. 500 mg KW/kg TS.

Eine direkte in-situ Oxidation der Mineralöl-Kohlenwasserstoffe zu "polaren Kohlenwasserstoffverbindungen" konnte analytisch nicht nachgewiesen werden.

Zusammenfassend ist festzustellen, daß nach fast 6jährigen Feld- und Projektversuchen bei der Anwendung der o.g. Sanierungstechnologie durch die Fa. Intergeo (mit)erkannt wurde, daß diverse Parameter in einer gewissen Gesetzmäßigkeit (Bandbreite ihrer Konzentrationen und Verhältniszahlen) einander zugeordnet sein sollten.

Bei vorgegebenem pH-Wert (welcher sich durch die Erhöhung der Bodenfeuchte durch die Verrieselung von Wasser und durch die Bildung von CO_2 als Folge des Schadstoffabbaus verringert, d.h. in Richtung des "sauren" Milieus strebt und somit stabilisiert werden muß) und einem vorgegebenen k_f-Wert kann die erforderliche Wasserstoffperoxid-Konzentration für das zu verrieselnde Wasser errechnet werden.

Anhand einer Verhältniszahl kann bei unterschiedlichen k_f-Werten (welche in Feld- und Laborversuchen ermittelt wurden) die für die Sanierung optimale Wasserstoffperoxid-Konzentration ermittelt werden.

Es ist sehr wichtig, die zu verrieselnde Wasserstoffperoxid-Konzentration möglichst präzise zu ermitteln, da bei einer Unterdosierung von H_2O_2 im Infiltrationswasser ein in-situ Sanierungserfolg (in Bezug auf eine Elimination der Kohlenwasserstoffe) in der ungesättigten Bodenzone eher unwahrscheinlich ist. Bei einer Überdosierung von H_2O_2 besteht die Gefahr einer "direkten Oxidation" von (Mineralöl)KW zu polaren Verbindungen mit allfälligem toxischen Gefährdungspotential.

Der Einsatz dieser in-situ Sauerstoff-Infiltrationstechnologie kann bei präziser Ermittlung der erforderlichen (intermittierenden) Zudosierung von H_2O_2 ins Infiltrationswasser sowie einer sorgfältigen Planung der technischen Sanierungseinrichtungen (Brunnen, Verrieselungsanlagen etc.) sanierungstechnisch erfolgreich sein kann. Dies wurde durch Sanierungserfolge in der Praxis bereits bewiesen.

21 Biotechnologische Boden- und Altlastenreinigung aus der Sicht des Umweltbundesamtes, Wien

H. Gaugitsch, M. Schamann, M. Schneider[1]

Zusammenfassung

Aus der Sicht des Umweltbundesamtes stellen biotechnologische Verfahren zur Boden- und Altlastensanierung für bestimmte Anwendungsfälle eine vielversprechende und umweltverträgliche Sanierungstechnologie dar. Probleme existieren derzeit mit der Abschätzung der für Österreich notwendigen Anlagenkapazitäten. Weiterhin erschwert das Fehlen von spezifischen Grenz- und Zielwerten für kontaminierte Böden den Einsatz von Reinigungsverfahren, vor allem biologischer Verfahren, und die Bewertung des Reinigungserfolges der eingesetzten Verfahren. Mögliche negative ökologische Auswirkungen des Einsatzes von ortsfremden (ökosystemfremden) oder gentechnisch veränderten Mikroorganismen im Rahmen einer Sanierung (Bodenreinigung) müssen durch eine Vorabbewertung auf der Grundlage von fachlichen Beurteilungskriterien minimiert werden.

In einer Arbeitsgruppe des OECD Wissenschafts- und Technologiedirektorats zum Thema Umweltbiotechnologie (Biotechnology for a Clean Environment), an der auch ein Vertreter des Umweltbundesamtes teilnahm, wurde festgestellt, daß biotechnologische Verfahren für den Umweltbereich in den letzten 5 Jahren stark an Bedeutung gewonnen haben. Für die weitere Zukunft wird von dieser Expertenrunde ein verstärkter Einsatz biotechnologischer Verfahren zur Erhaltung, der Wiederherstellung und nicht zuletzt der Verbesserung des Zustands der Umwelt erwartet (OECD 1994). Diese Expertenmeinung wird auch durch Umfragen in relevanten Industriebetrieben in Europa bestätigt. Anwendungsgebiete für umweltbiotechnologische Verfahren bestehen für die Bereiche Wasser (Oberflächen- und Grundwasser), Luft bzw. Abluft und Boden.

Während im Bereich Oberflächenwasser biotechnologische Verfahren seit Ende des letzten Jahrhunderts zur Reinigung oder Aufbereitung von Abwässern eingesetzt werden, so galt dies für die Medien Grundwasser, Boden und Luft bis

---

[1] Umweltbundesamt, Spittelauerlände 5, A–1090 Wien

vor kurzem nur für Einzelfälle. Erst in den letzten Jahren haben sich biologische bzw. biotechnologische Verfahren auch in der großtechnischen Anwendung und in der Praxis durchsetzen können. Diese Verfahren finden jetzt auch vermehrt Anwendung in der kommerziellen Sanierung von kontaminierten Böden. Caplan (1993) schätzt den weltweiten Markt für biotechnologische Sanierungsverfahren auf 11,5 Milliarden US$ für die nächste Dekade, während Prieels (1993) für Europa allein zu einem maximalen Marktvolumen von 12,5 Milliarden ECU im Jahr 2000 kommt. Interessant ist in diesem Zusammenhang, wie sich die Umweltgesetzgebung auf Forschung und Anwendung innovativer Technologien auswirken kann.

Vor diesem Hintergrund ist das Interesse des Umweltbundesamtes an dem Themenkreis der biotechnologischen Bodensanierung zu sehen. Jedenfalls sind es im wesentlichen die folgenden Gründe, die eine Beschäftigung des Umweltbundesamtes mit der Thematik bio(techno)logische Bodenreinigung besonders interessant erscheinen lassen:

1. Aufgrund der österreichischen Gesetzeslage – relevant sind hier das Altlastensanierungsgesetz in Zusammenhang mit dem Umweltförderungsgesetz, aber auch das Wasserrechtsgesetz und die Gewerbeordnung – ist offensichtlich, daß für eine ganze Reihe von Altlasten (kontaminierten Standorten) eine Sanierung in den nächsten Jahren durchzuführen sein wird.

Im österreichischen Altlastenatlas, der gemäß Altlastensanierungsgesetz vom Umweltbundesamt geführt wird, sind bis jetzt 89 Altlasten erfaßt (Stand Anfang Dezember 1993). 31 dieser erfaßten Altlasten sind Altindustriestandorte. Insgesamt sind bei 15 dieser Altlasten die Ursachen der Umweltbeeinträchtigung in einer Kontamination des Bodens mit Mineralölen zu suchen. Bei einer geschätzten Zahl von zirka 20.000 Verdachtsflächen für Österreich, von denen derzeit angenommen wird, daß eine Beeinträchtigung der Umwelt möglich ist, kann gegenwärtig aufgrund noch fehlender erforderlicher Erhebungen und Untersuchungen die Zahl der noch notwendigen Sanierungsfälle und die jeweils entsprechenden Sanierungsmaßnahmen nicht einmal geschätzt werden. Erst ein fortgeschrittener Stand der Erfassung und Untersuchung von Altindustriestandorten (der Verdachtsflächen) als heute wird eine Abschätzung der für Österreich notwendigen Anlagen- bzw. Sanierungskapazitäten sowie die jeweiligen Anteile der einzusetzenden Technologien erlauben.

Ein Vergleich mit den Vereinigten Staaten von Amerika zeigt, daß die Datengrundlage bei der Erfassung bei weitem besser ist als in Österreich und den meisten anderen europäischen Ländern. In den USA sind ungefähr 32.000 potentiell gefährliche Verdachtsflächen bereits systematisch erfaßt und registriert. Von diesen erfaßten Verdachtsflächen sind größenordnungsmäßig 1300 vorrangig zu sanieren. Bei den Sanierungsversuchen werden vermehrt biologische Verfahren getestet (Luftig und Newton 1993). Derzeit sind rund 22% aller im Rahmen des SITE-Programms (Superfund Innovative Technology Evaluation Program) untersuchten Technologien mit Biotechnologie verknüpft, und geschätzte 9% aller

Altlasten, die im Rahmen des Superfunds saniert werden, verwenden biotechnologische Verfahren (Hoyle 1993). Insgesamt scheint die Umsetzung von Forschungsergebnissen in die Anwendung biotechnologischer Verfahren im Bereich der Bodenreinigung in den USA schneller zu geschehen als in Europa (Reiss und Drouet 1991). Dabei spielt die Frage nach der effektivsten und kostengünstigsten Methode für eine (Boden-)Reinigung eine wichtige Rolle. Vor allem natürlich dann, wenn die Reinigung bzw. Sanierung von kontaminierten Böden aus Mitteln der öffentlichen Hand gefördert oder finanziert wird, wie zum Beispiel durch den US-Superfund oder wie im österreichischen Umweltförderungsgesetz vorgesehen. Derzeit kann aufgrund fehlender allgemein anerkannter Bewertungskriterien für die Einsetzbarkeit von Sanierungs- bzw. Reinigungstechnologien auch bei gleichartigen Kontaminationen ausschließlich nach lagespezifischen Analysen eine Aussage über die am sinnvollsten einzusetzende Technologie getroffen werden. "Sinnvoll" ist in diesem Zusammenhang so zu verstehen, daß ein Optimum an Reinigungsleistung zu ökonomisch möglichst vorteilhaften Bedingungen erbracht wird. Erste "Handbücher" für eine solche Vorabbewertung des Einsatzes einer bestimmten Technologie, wie das von der US Environmental Protection Agency, sind seit kurzem verfügbar.

2. Biotechnologische Verfahren stehen in Konkurrenz zu chemisch-physikalischen und thermischen Verfahren, die nicht notwendigerweise für alle Verunreinigungen die beste oder kostengünstigste Alternative darstellen.

Neben der Wirksamkeit und Verläßlichkeit der eingesetzten Methode bzw. Technologie ist natürlich auch deren Umweltverträglichkeit ein wichtiges Selektionskriterium. Eine Verlagerung der Belastung aus dem Boden in die Luft oder in Oberflächengewässer ist nicht sinnvoll. Bei Schadstoffen wie z.B. Erdölfraktionen sind Verfahren, die auf der mikrobiellen Stoffwechseltätigkeit beruhen, wohl die umweltverträglichsten. Sie setzen diese Schadstoffe mit geringem Energie- und Stoffeinsatz im optimalen Fall ausschließlich zu Wasser und Kohlendioxid um. Der geringe Energie- und Stoffeinsatz dürfte auch einer der Gründe für die inzwischen anerkannte ökonomische Konkurrenzfähigkeit biotechnologischer Verfahren sein. Hoyle (1993) geht von einer Gesamtkostenersparnis von 33–66% bei der Verwendung biotechnologischer Verfahren im Vergleich zu herkömmlichen Verfahren aus. Tabelle 21.1 gibt einen Kostenvergleich zwischen verschiedenen Verfahren zur Bodensanierung wieder, der auf Untersuchungen in den Niederlanden basiert (Hesselink und Stoop 1993), Tabelle 21.2 zeigt die Einschätzung aus österreichischer Sicht (Braun et al. 1992).

Die Verfolgung des Standes der Technik umweltrelevanter Verfahren ist eine Aufgabe des Umweltbundesamtes, die eine Auseinandersetzung und Beschäftigung auch mit der Umweltbiotechnologie notwendig macht (Umweltbundesamt 1991, 1993). Derzeit arbeitet das Umweltbundesamt an einer Studie über "Umweltbiotechnologie in Österreich". Diese Studie soll einerseits den Status der Forschung und Anwendung von Umweltbiotechnologien, unter anderem auch der biotechnologischen Bodenreinigung, in Österreich analysieren, andererseits einen

Tabelle 21.1. Kosten, Energieverbrauch und Materialbilanz einiger Bodenreinigungstechnologien (Hesselink und Stoop 1993)

Technik	Materialeinsatz	Reststoffe	Energieverbrauch (kWh/t)	Kosten (DFl/t)
in situ				
Biotechnologie	Wasser, Sauerstoff, Kompost	CO_2, Biomasse und organische Abbauprodukte, Wasser	20	70-150
Chem. Extraktion	Absorbens, Wasser, (Regenerationsmittel)	Abwasser, verbrauchtes Absorbens, verschmutztes Regenerationsmittel	20	15-150
Elektroreklamation	Spüllösung	verschmutzte Spülmittel, konzentrierte Schadstoffe	100-500	150-300
Dampfstrippen	Wasser	Abwasser und beladene Abluft	85-200	250-300
on/off site				
land-farming, Mieten	Düngemittel	CO_2, Wasser	10-30	50-140
Chem. Extraktion	Absorbens, Regenerationslösung	Verschmutztes Absorbens, verschmutztes Regenerationsmittel, Schlamm	20-30	120-240
Thermische Behandlung	----	Abgas, "tote Erde"	250-700	100-300

Tabelle 21.2. Kosten für verschiedene Verfahren zur Bodensanierung (Braun et al. 1992)

Sanierungsverfahren	Kosten (öS/t Boden)
Deponierung	1.400 - 3.500
Thermische Verfahren	700 - 14.000
Chemisch-physikalische Verfahren	650 - 4.200
Biologische Verfahren	400 - 2.000
in-situ	80 - 800

Vergleich mit dem Ausland durchführen. Ziel der Studie ist es, den Status quo sowie einen allfälligen Handlungsbedarf darzustellen.

Eine weitere Fragestellung ist natürlich die Selektion eines bestimmten Reinigungsverfahrens für eine spezifische Problemstellung. Derzeit gibt es bis auf wenige Ausnahmen (vergleiche z.B. Schindlbauer und Hackl 1993) nur wenig standardisierte Parameter für die Abschätzung der Eignung eines spezifischen Verfahrens zur Bodensanierung. Wie bereits erwähnt, muß jede zur Sanierung anstehende Fläche aufwendig und kostenintensiv untersucht werden. Aus dieser Untersuchung lassen sich dann jeweils die entsprechenden Sanierungsmaßnahmen ableiten und konkrete Technologien auswählen. Probleme treten jedoch immer wieder bei speziellen Kontaminationen beim Scale-up von Laboruntersuchungen bzw. Pilotanlagen auf technische Maßstäbe auf. Dies vor allem dann, wenn es sich um noch nicht gut erforschte Schadstoffe oder komplexe Schadstoffgemische handelt. Eine international heftig diskutierte Frage in diesem Zusammenhang ist, ob ein biologisches Reinigungsverfahren in-situ, on-site oder ex-situ angewandt werden soll. Vor allem bei in-situ Verfahren besteht das Problem der Überprüfung der Dekontaminierung, also des Erfolgs oder der Bewertung des Erfolgs einer Sanierung. Auch für diesen Bereich gibt es bereits erste Richtlinien vom amerikanischen National Research Council (Macdonald und Rittman 1993), die allerdings keine internationale Gültigkeit besitzen.

3. Wie sauber ist sauber? Anders formuliert, was können biotechnologische Verfahren?

Neben der OECD beschäftigen sich eine Reihe von Organisationen mit der biologischen Bodenreinigung. Bei fast allen Diskussionen steht dabei auch die Frage nach den erreichbaren Reinigungszielen im Vordergrund. Unter gegebenen ökonomischen Rahmenbedingungen (Zeit, Kapitaleinsatz, Kapazitätsbelegung) können biologische Verfahren keine vollständige Entfernung der zur Behandlung anstehenden Schadstoffe erreichen. Dies ist im allgemeinen auch nicht sinnvoll oder notwendig. Die Frage der Reinigungsleistung bzw. des Reinigungsziels ist damit neben der für Verwaltung und Überwachungsbehörden wichtigen Frage der Bewertung des Erfolgs einer Sanierung (Reinigung) auch eine ökonomische.

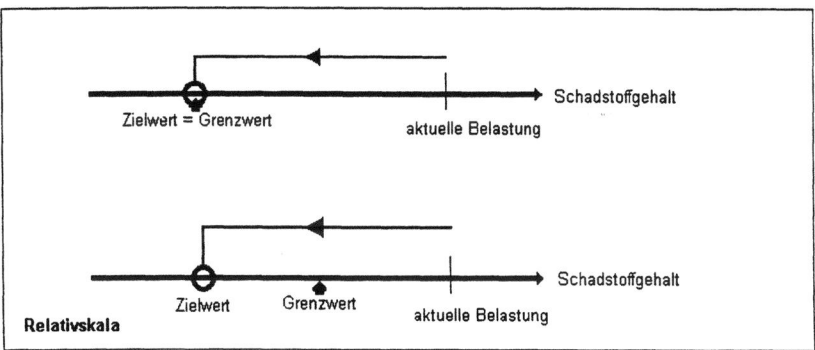

Abb. 21.1. Modelle zur Bewertung von Bodenkontaminationen und Sanierungskriterien (nach W.J.F. Visser 1993, verändert)

Derzeit existieren zwei verschiedene Prinzipien zur Beurteilung eines kontaminierten Bodens. Abb. 21.1 soll die beiden verschiedenen Prinzipien darstellen, die international zur Anwendung kommen. Ein System setzt die Schadstoffgehalte, ab denen eine Bodenreinigung erfolgen muß, mit jenen gleich, die bei einer

Sanierung erreicht werden müssen. Das zweite System legt als Zielvorgaben strengere Grenzwerte als jene fest, ab denen eine Behandlung stattzufinden hat. Bei beiden Systemen stellt sich natürlich das Problem der Festlegung der Höhe der Grenzwerte. Die Festlegung von Reinigungszielen ist auch für die Einsatzmöglichkeiten von biologischen Verfahren von Relevanz.

Derzeit gibt es österreichweit keine entsprechenden gesetzlichen Grenzwerte für die Beurteilung von Bodenkontaminationen und keine allgemein anerkannten Regeln, die eine einheitliche Bewertung des Erfolges einer Bodenreinigung zulassen. Dieses Manko könnte unter Umständen auch dazu führen, daß an sich vorteilhafte biotechnologische Verfahren nicht zum Einsatz kommen, da ein Sanierungserfolg aufgrund der fehlenden Randbedingungen nicht garantiert werden kann. In Österreich wurden erste grundlegende Arbeiten für eine Beurteilung von Bodendekontaminationsverfahren abgeschlossen (Braun et al. 1992).

4. Die Möglichkeiten der Gentechnik werden auch im Gebiet der Umweltbiotechnologie als mögliche zukünftige Problemlösungskapazität diskutiert.

Verfahren zur biotechnologischen Boden- und Altlastensanierung können die Freisetzung selektionierter natürlich vorkommender oder gentechnisch veränderter Mikroorganismen in die Umwelt bewirken. In beiden Fällen ist, vor allem im Falle einer in-situ Anwendung, eine Vorabbewertung der möglichen ökologischen Auswirkungen vom Standpunkt des vorsorgenden Umweltschutzes unbedingt notwendig (Gaugitsch et. al. 1992). Die freigesetzten Mikroorganismen müssen am Standort überleben und sich vermehren, um ihrer Aufgabe – in unserem Fall dem Abbau von Schadstoffen – gerecht zu werden. Im Falle von unerwünschten Auswirkungen auf Ziel- und Nichtzielökosysteme ist eine Rückholbarkeit dieser Organismen kaum möglich. Darüber hinaus ist auch der Stand des Wissens im Bereich der "Mikrobiellen Ökologie" international sehr lückenhaft, nur ein geringer Prozentsatz der Bodenorganismen und ihrer Interaktionen ist derzeit bekannt (Colwell et al. 1988).

Das Umweltbundesamt hat in Zusammenarbeit mit der Forschungsstelle für Technikbewertung der Österreichischen Akademie der Wissenschaften Beurteilungskriterien für Freisetzungen gentechnisch veränderter Organismen (GVO) erarbeitet (Torgersen et al. 1993). Für die im Bereich Bodenreinigung derzeit interessantesten Mikroorganismen wurde der Kriterienkatalog des Anhangs II der EG-"Freisetzungs"-Richtlinie 90/220 als im wesentlichen problemadäquat erachtet. In Ergänzung (Nentwich 1993) dazu werden folgende Fragen als besonders relevant erachtet:

− Genaue Charakterisierung des Empfängerorganismus, bisherige Verwendung und Erfahrung.
− Zusammenhängende Darstellung der genetischen Konstruktion.
− Auswirkungen, falls das eingeführte Gen außerhalb des GVO in der Umwelt verbleibt.
− Möglichkeiten für die Beurteilung von nicht-GVOs oder von Alternativen nach den gleichen Kriterien.

– Beziehung zu anderen Vorschriften und Beurteilungskriterien, denen der Organismus in der Folge voraussichtlich unterworfen werden wird.

Innerhalb des OECD Umweltdirektorates läuft derzeit unter Mitarbeit des Umweltbundesamtes ein Projekt zur wechselseitigen Akzeptanz von Daten im Falle der Produktentwicklung von GVOs zum Zwecke des Schadstoffabbaus. Unter anderem soll dabei der minimal erforderliche Datensatz für die Beurteilung der Umweltverträglichkeit von freigesetzten Mikroorganismen entwickelt werden.

Da im Falle der biotechnologischen Boden- und Altlastensanierung der mögliche Beitrag zum Umweltschutz offensichtlich ist, bei neuen biologischen Verfahren andererseits ein gewisses Restrisiko erhalten bleibt, müssen schließlich auch Kriterien für eine Nutzen-/Risikoanalyse solcher Vorhaben entwickelt werden.

Literatur

Braun R, Kandeler E, Bauer E, Pennerstorfer Ch (1992) Beurteilung biologischer Bodendekontaminationsverfahren. Endbericht, IAM/BOKU und Bundesanstalt für Bodenwirtschaft, Wien

Caplan JA (1993) The worldwide bioremediation industry: prospects for profit. Trends in Biotechnology 11:320–323

Colwell RR, Somerville C, Night I, Straube W (1988) Detection and monitoring of genetically-engineered micro-organisms. In: Sussman M, Collins CH, Skinner FA, Stewart-Tull DE (eds) The release of genetically-engineered micro-organisms. Academic Press, London

Gaugitsch H, Kienzl K, Palmetshofer A, Torgersen H (Hrsg; 1992) Freisetzungen gentechnisch veränderter Organismen: Wege zur Beurteilung ökologischer Auswirkungen. Tagungsberichte Band 6. Umweltbundesamt, Wien

Hesselink PGM, Stoop MH (1993) Perspektieven en ontwikkelingen in de milieubiotechnologie. TNO Report. IMW-R 93/226, TNO

Hoyle R (1993) Off to a fast start – and a promising, if uncertain, future. Biotechnology 11:460–463

Luftig SD, Newton M (1993) Superfund remedial measures. Vortrag bei einem Treffen der OECD Ad Hoc International Working Group on Contaminated Land, Wien, 1993

Macdonald JA, Rittmann BE (1993) Performance standards for in situ bioremediation. Environ Sci Technol 27:1974–1979

Nentwich M (1993) Spezifische nationale Spielräume bei der Umsetzung der EG-Richtlinie "über die absichtliche Freisetzung genetisch veränderter Organismen in die Umwelt" (RL/90/220/EWG) anläßlich eines EWR- bzw. EG-Beitritts Österreichs. Report UBA-93-074. Umweltbundesamt, Wien

OECD (1994) Biotechnology for a clean environment. OECD, Paris

Prieels AM (1993) Development of an environmental bio-industry: European perceptions and prospects. EF/92/18/EN. Office for Official Publications of the European Communities, Luxembourg

Reiss T, Drouet D (1991) Technometric comparison of bioprocess-based environmental technologies in industrialized countries. Report for OSD, Paris

Schindlbauer H, Hackl A (1993) Bodenbelüftung nach Mineralölunfällen. Endbericht eines Forschungsprojekts des Bundesministeriums für Umwelt, Jugend und Familie und der Magistratsabteilung 45 der Stadt Wien. Forschungsinstitut für Chemie und Technologie von Erdölprodukten, Wien

Torgersen H, Palmetshofer A, Gaugitsch H (1993) Beurteilungskriterien für Freisetzungen gentechnisch veränderter Organismen. Monographien 28. Umweltbundesamt, Wien

Umweltbundesamt (1991) Gen- und Biotechnologie: Nutzungsmöglichkeiten und Gefahrenpotentiale; Handlungsbedarf für Österreich zum Schutz von Mensch und Umwelt. Monographien 28. Umweltbundesamt, Wien

Umweltbundesamt (1993) Ergebnisse einer Online-Recherche zum Thema: Biologische Bodenkontamination. UBA-IB-423 Umweltbundesamt, Wien

Visser WJF (1993) Contaminated land policies in some industrialized countries. Report TCB R02(1993). Technical Soil Protection Committee, The Hague

Springer-Verlag und Umwelt

Als internationaler wissenschaftlicher Verlag sind wir uns unserer besonderen Verpflichtung der Umwelt gegenüber bewußt und beziehen umweltorientierte Grundsätze in Unternehmensentscheidungen mit ein.

Von unseren Geschäftspartnern (Druckereien, Papierfabriken, Verpakkungsherstellern usw.) verlangen wir, daß sie sowohl beim Herstellungsprozeß selbst als auch beim Einsatz der zur Verwendung kommenden Materialien ökologische Gesichtspunkte berücksichtigen.

Das für dieses Buch verwendete Papier ist aus chlorfrei bzw. chlorarm hergestelltem Zellstoff gefertigt und im pH-Wert neutral.

MIX
Papier aus verantwortungsvollen Quellen
Paper from responsible sources
FSC® C105338

If you have any concerns about our products,
you can contact us on
ProductSafety@springernature.com

In case Publisher is established outside the EU,
the EU authorized representative is:
**Springer Nature Customer Service Center GmbH
Europaplatz 3, 69115 Heidelberg, Germany**

Printed by Libri Plureos GmbH
in Hamburg, Germany